이토록
쓸모 있는
리튬이온배터리
이야기

이토록
쓸모 있는
리튬이온배터리
이야기

발행일	2024년 12월 10일 초판 1쇄 발행
지은이	박명구
발행인	방득일
편 집	박현주·강정화
디자인	강수경
마케팅	김지훈

발행처	맘에드림
주 소	서울시 도봉구 노해로 379 대성빌딩 902호
전 화	02-2269-0425
팩 스	02-2269-0426
e-mail	momdreampub@naver.com

ISBN 979-11-989460-0-3 44400
ISBN 979-11-89404-03-1 44080 (세트)

우리가 몰랐던 전기차와 리튬이온배터리의 거의 모든 것

이토록 쓸모 있는 리튬이온배터리 이야기

박 명 구 지음

맘에 드림

마음껏 생각을 펼치는
과학 이야기 속으로

저는 이 책에서 전기자동차의 '심장'과도 같은 '리튬이온배터리'의 이모저모를 과학적으로 설명하고자 합니다. 특히 리튬이온배터리 안에서 무슨 일이 일어나는지, 어떤 원리로 전기에너지를 발생시키는지를 최대한 알기 쉽게 설명하려고 노력하였습니다.

물리적인 에너지와 화학적인 에너지 등 가장 기본적인 개념부터 시작해 중·고등학교 수준의 과학지식을 바탕으로 리튬이온배터리의 실체를 하나씩 풀어가고자 합니다. 또한 모든 내용을 가능하면 이야기식으로 알기 쉽게 전달하고 싶었습니다. 이런 이야기들을 발판 삼아 개념을 심화하거나, 응용력을 키우고, 좀 더 깊이 있게 공부하고 싶은 내용도 발견하기를 기대합니다.

다만 이것이 전기자동차의 배터리를 이해하는 데서 멈추지 않기를 바랍니다. 오히려 읽으면서 자유롭게 생각을 확장하고, 상상력 또한 마음껏 발휘해 볼 기회로 삼는다면 더 좋겠습니다.

본문에는 리튬이온배터리가 전기에너지를 만드는 것에 관한 다양한 실험들이 소개됩니다. 실험들 대부분은 까다로운 제반 조건과 실험 과정에서의 위험성 때문에 일상에서 무턱대고 시도해 볼 순 없습니다. 그래서 저는 여러분에게 **사고실험(Thought Experiment)**을 권합니다. 머릿속으로 생각하여 실험을 진행하는 것으로 과학자들도 자주 시도하는 방식이죠. 실험에 필요한 장치와 조건을 가정한 후 이론을 바탕으로 일어날 현상을 예측하므로, 언제 어디서든 가능합니다. 특히 본문에 담긴 다양한 그림을 참고하면 머릿속에서 생각을 펼치는 사고실험에 도움이 될 것이에요.

평소에도 다양한 상황에서 사고실험으로 여러 해결 방안을 떠올리는 연습을 자주 해보면 좋겠습니다. 이러한 시뮬레이션을 통해 살면서 부딪히게 될 어려운 문제들을 슬기롭게 풀어가는 힘을 키울 수 있을 테니까요!

박명구

일러두기

- **단위**: 이 책에 사용된 단위는 국제단위계(The International System of Units, 약자로는 프랑스어 'Système international d'unités'의 머리글자를 따라 SI Units로 알려짐)[1]의 표기법을 따랐다. 다만 단위에 익숙하지 않은 독자를 위해 대괄호([ ])에 넣어 표현하였으며, 우리나라 말의 단위를 나타내는 의존명사는 한글 표기법을 따랐다.[2]
- **곱셈기호**: 수식에서는 보통 곱셈기호를 생략하지만, 이 책에서는 수식에 익숙하지 않은 독자를 위해 곱셈기호를 표현하였다. 다만 화학반응식[3]과 전자배치는 해당 표기법을 따랐다.

※ (1)~(3) 자료 출처는 276쪽 참조.

저자의 글 • 004
프롤로그 • 008

01 메커니즘
에너지는 어떻게 만들어질까?

활활 태워라! 그러면 에너지가 솟을 것이다!　018
물리적인 에너지: 총합은 언제나 같다!　022
화학적인 에너지: 반응이 일어나면 뭔가 만들어지지!　042
전기에너지는 어떻게 대량생산되는 걸까?　054
모든 에너지의 중심에 있는 열에너지　070

02 배터리와 전기화학셀
배터리를 알아가며 친해져 볼까?

배터리가 전류를 저장하고 생산하는 법　074
직접적인 방식의 산화 환원 반응을 알아보자　077
간접적인 방식의 산화 환원 반응은 뭐가 다르지?　080
어떻게 자발적으로 반응이 일어났을까?　088

03 리튬이온배터리
방전과 충전은 어떻게 이루어질까?

리튬이온 전기화학셀의 내부가 궁금해?　100
방전의 의미는 무엇일까?　115
방전이 자발적으로 진행되는 이유는?　120
충전의 의미는 무엇일까?　125
방전과 충전을 학생들의 이동에 비유해 보자!　130

04 **성능과 안전성**

무엇이 리튬이온배터리의 품질을 좌우할까?

뭐니 뭐니 해도 많은 전류를 저장해야 해!　　　139

과충전은 위험해!　　　152

산화 환원 물질의 표준 사용량은 어떻게 정해질까?　　　158

흑연의 보호막은 어떤 역할을 하나?　　　163

과도한 방전도 위험해!　　　174

리튬이온 손실과 내부저항의 증가를 최소화하려면?　　　182

배터리의 수명은 어떻게 정할까?　　　196

배터리의 얼굴, 폼팩터를 알아보자!　　　201

전기자동차의 화재는 어떻게 발생할까?　　　206

리튬이온배터리의 성능을 높이기 위한 연구들　　　219

전고체배터리, 어디까지 알고 있니?　　　222

05 **지속가능한 미래**

전기자동차는 정말 친환경적일까?

지구온난화가 가져온 정책의 지각변동　　　232

소비문화를 바꾸는 기후변화와 그린워싱　　　234

전과정평가를 알아보자　　　237

전기자동차가 환경에 미치는 영향　　　240

왜 관점을 확장해야 하는가?　　　242

미래의 중심 에너지는 전기에너지다　　　248

에필로그 • 252

용어설명 • 258

미주(출처 및 참고자료) • 276

전동화 시대,
리튬이온배터리와 전기차 이야기

본격적인 이야기를 시작하기 전에 먼저 전 세계의 에너지 관련 이슈를 살펴봅시다. 특히 과도한 온실가스로 인한 지구온난화의 가속화 등 환경문제의 심각성과 인류의 당면 과제도 짧게 짚어보려 합니다.

탄소중립 시대의 핵심 키워드 중 하나가 바로 **전동화(Electrification)**입니다. 전동화란 석탄, 석유에서 발생한 열에너지에 의존했던 동력장치나 기술을, 예를 들면 내연기관자동차를 전기자동차로 바꾸는 것처럼, 재생가능에너지에 의존하도록 하는 것을 의미하지요.[1]★

이미 유럽과 미국 등은 전통적 제조업인 석유화학, 철강 공장까지도 무탄소 에너지인 전기로 가동하기 위한 준비를 마쳐가고 있습니다.[2] 전기에너지는 세상을 움직이는 힘인 거죠. 이러한 때에 리튬이온배터리 안에서 일어나는 일련의 메커니즘을 들여다봄으로써 전기에너지의 실체를 조금이나마 이해해 보고자 합니다. 나아가 지속가능한 에너지의 미래에 대해서도 고민해 보고 싶었습니다.

★ (1), (2), (3), …은 출처 및 참고한 자료 목록으로 276~300쪽에 번호순으로 정리하였다.

열에너지 사용 폭증과 환경오염

만약 전 세계에 갑자기 정전이 일어난다고 가정하면 어떻게 될까요? 단 하루라도 엄청난 혼란과 막대한 경제적 손실이 예상됩니다. 그만큼 전기에너지 없는 일상은 이제 상상하기 어렵습니다. 산업화 이후 전기에너지 사용량은 가파르게 증가해 왔습니다. 심지어 이젠 인공지능(AI)의 발전까지 더해져 전력 수요가 가히 폭발하고 있죠. 데이터센터에서 필요로 하는 엄청난 전력량을 감당하기 위해 폐기하려던 화력발전소마저 다시 운용하려는 상황이니까요.[3]

에너지 발전량의 증가와 비례하여 우리 인간의 삶은 날로 편리해졌지만, 반대로 지구는 조금씩 병들어갔습니다. 특히 우리 인류는 산업혁명을 기점으로 화석연료를 마구 채취하고, 이를 태워 발생한 열에너지를 전기에너지와 같은 필요한 형태로 전환하여 사용해 왔죠. 그런데 이것이 어느새 심각한 환경문제의 원인이 된 것입니다.

교통수단을 예로 들어볼까요? 현재까지 전 세계에서 자동차나 비행기, 선박 등에서 가장 많이 사용되고 있는 동력원은 '내연기관(Internal Combustion Engine)'입니다. 이는 열기관의 한 종류로, 내부에서 연료와 공기를 혼합하여 연소시키고 발생한 열과 팽창하는 가스의 압력을 이용하여 기계적인 에너지를 얻는 방식이에요. 가솔린, 경유, 액화석유가스, 액화천연가스[1] 등의 화석연료가 에너지

---

1. 액화천연가스는 장거리를 운행하는 트럭에 사용된다.

원으로 사용됩니다.[4] 내연기관은 오랜 시간에 걸쳐 기술적 발전을 거듭해왔습니다. 그만큼 성능이 우수하고, 비용도 저렴한 편이며, 빠른 주유 시간을 비롯해 운용 편이성이 높지요. 또한 고장으로 인한 부품 교체가 비교적 쉬운 점도 큰 장점입니다.

하지만 화석연료를 태우는 연소반응으로 자동차를 움직이는 데 필요한 에너지를 얻는다는 점이 문제입니다. 그 과정에서 온실가스[2]의 한 종류인 이산화탄소가 생성되고, 이것이 공기 중으로 마구 방출되면서 대기를 점점 뜨겁게 만들었으니까요. 실제로 전 세계 곳곳에서 내연기관차들이 뿜어대는 배기가스는 지구온난화의 주범 중 하나로 꼽힙니다.[5]

여러분도 지구온난화가 불러온 이상 기후로 가뭄, 폭염, 한파, 폭우, 폭설, 대규모 산불 등 자연재해가 빈번해졌다는 국내외 소식을 다양한 보도 매체를 통해 접했을 것입니다. 급속한 기후변화로 인해 이전에 경험하지 못했던 심각한 기상 현상을 자주 만나게 된 거죠. 특히 지구가 뜨거워질수록 지구상에서 빙하나 눈 덮인 설원이 줄어들면서 가뭄이 심해집니다. 그와 함께 모든 생명체에 필수적인 물이 부족해지고 있죠. UN에서도 지구온난화로 인한 물 부족의 심각성에 대해 경고합니다.[6]

....

2. 지구를 둘러싼 대기 중에 있으면서 지표에서 반사된 열을 특히 적외선을 흡수하여 지구로 다시 방출하여 대기의 온도를 올리는 역할을 하는 가스(Gas). 온실가스(Greenhouse Gas)는 다른 기체들 대비 절대량은 0.1[%] 정도로 매우 작지만, 마치 온실을 만들 때 사용하는 유리 판넬처럼 온실 안으로 들어온 태양열이 밖으로 나가지 못하게 하여 지구의 온도를 올린다.

이산화탄소는 정말 지구를 뜨겁게 할까?

지구의 온도가 점점 높아지는 온난화 현상은 대기 중 이산화탄소(CO_2)와 같은 온실가스의 양이 지속적으로 많아지는 현상과 밀접한 관계가 있습니다.[가] 좀 오래된 일이지만, 온실가스가 정말 지구의 온도를 높이는지에 관한 과학자들의 실험 중 하나를 소개합니다. 1856년에 여성과학자 유니스 푸트(Eunice Foote)가 최초로 실시한 실험인데, 이산화탄소를 주입한 유리병과 주입하지 않은 유리병을 각각 광원에 노출시키고 변화를 관찰한 거죠. 그러자 다른 모든 조건이 같을 때, 이산화탄소만 추가로 주입한 유리병의 온도가 더 높아진다는 것을 알아냈습니다(아래 그림 참조).

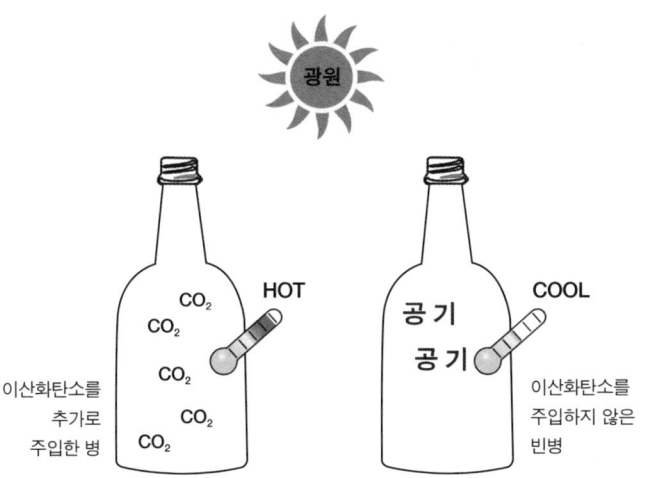

두 유리병의 내부 온도 차이
두 유리병의 다른 조건이 모두 같을 때, 이산화탄소를 추가로 주입한 유리병의 온도가 훨씬 더 높아진다.

지구의 온도를 올리는 온실가스는 비단 이산화탄소만이 아닙니다. 이산화탄소(CO_2)를 포함하여 메탄(CH_4), 아산화질소(N_2O) 등 7가지 종류가 대표적으로 알려져 있죠.[8]

배출되는 온실가스의 종류는 산업 분야와 연관성이 짙습니다. 예컨대 이산화탄소는 주로 화력발전과 자동차산업 분야에서, 메탄과 아산화질소는 목축업과 농업 분야에서 주로 방출됩니다. 냉방기, 반도체, 송배전 관련 산업 분야에서도 소량이지만, 여러 종류의 온실가스가 나오고 있지요. 그렇게 배출되는 온실가스 중 가장 큰 비율을 차지하는 것이 바로 이산화탄소로 약 80[%]나 된다고 합니다. 사람들이 온실가스 하면 흔히 이산화탄소를 떠올리는 이유이기도 하지요. 이산화탄소 한 가지만 놓고 보면 전체 이산화탄소 배출량 중 화력발전 분야가 약 38[%], 자동차 분야는 약 20[%]를 차지합니다 (2022년 기준). 따라서 이 두 분야에서의 이산화탄소 배출량을 줄일 수 있다면 지구 환경 전반에 매우 의미 있는 변화를 기대할 수 있을 것입니다.[9]

온실가스는 지구의 대기 온도를 적당히 따뜻하게 유지하는 역할도 하므로 인간을 포함한 다양한 생명체의 생존에 꼭 필요한 것이기도 합니다. 3[10] 다만 지금처럼 대기 중 이산화탄소의 비정상적인 증가 추세는 매우 우려스럽습니다.[11]

....

3. 식물은 햇빛, 이신화탄소, 물을 가지고 당과 산소를 만든다. 동물은 산소를 받아들이고 이산화탄소를 배출하며 식물을 먹어 당을 흡수한다. 자연에서는 이산화탄소가 식물(광합성)과 동물(세포호흡) 사이에 순환되는데, 이를 '탄소순환'이라 한다.

인류, 지구온난화를 일으키다!

꽤 오랜 시간 이런 비정상적 현상이 과연 인간의 활동 때문인지에 대해 과학자들 사이에도 의견이 분분했습니다. 하지만 지속적인 관찰과 연구 끝에 결국 인류가 산업발전을 위해 사용해온 화석연료(석유, 석탄) 때문임이 속속 밝혀졌습니다.[12]

미국 에너지부(Department of Energy)의 로렌스버클리연구소(Lawrence Berkeley Lab)는 11년간(2000~2010) 대기 중 이산화탄소 농도와 온도 변화를 관찰했습니다. 그 결과 지구온난화는 이산화탄소에 의한 것임을 밝혀냈고, 이를 2015년 《네이처(Nature)》 학술지에 보고했죠. 즉 인류가 문명생활에 필요한 열에너지를 얻으려 화석연료를 과도하게 연소시켰고, 그 과정에서 폭증한 이산화탄소가 대기에 계속 축적됨으로써 나타난 현상임을 명시한 것입니다.

인간의 활동으로 지구온난화가 일어난 만큼, 지구온난화를 늦추는 것도 사실상 우리 인간에게 달렸습니다. 가장 간단한 방법은 일상생활에서 화석연료 사용을 최대한 줄이는 것입니다. 그런데 이것이 말처럼 쉽지 않습니다. 특히 지금처럼 에너지 사용량이 폭발하는 시대에는 더더욱 그렇습니다. 지금 우리가 일상생활에서 누리는 것들, 즉 문명의 이기(利器)가 안겨준 모든 편리함을 포기한 채 원시 시대로 돌아가기를 원하는 사람은 없을 테니까요. 그럼에도 이 어려운 문제를 지혜롭게 해결하기 위해 전 지구적으로 개인은 물론 국가적으로도 다양한 노력을 기울이고 있습니다.

미션, 이산화탄소 발생을 줄여라!

여기에서는 **그린딜(European Green Deal Policy)**을 통해 기후변화 방지에 최우선 순위를 두고 있는 유럽연합(EU)의 사례[4]를 잠시 살펴볼까요? 그린딜은 파리협정 조항 이행의 일환으로 2019년 12월에 채택되었습니다. 1990년에 배출된 총온실가스 배출량을 기준으로 2030년까지 55[%] 수준으로 감축하고, 2050년까지는 제로(Zero, 0) 수준으로 만들려는 정책이죠. 이를 기초로 다양한 산업 분야에서 구체적인 법안과 규제를 만들고 있습니다.[13] EU는 기본적으로 보조금을 불법적인 것으로 여겨왔지만, 전기자동차에 대해서는 예외로 EU 소속국에서 보조금을 지급할 수 있도록 법 개정을 추진한 거죠.[14]

또한 주목할 만한 것이 바로 **전과정평가(LCA)**[5]입니다. EU에서 판매되는 리튬이온배터리의 경우 광물 채취, 최종 조립 및 생산, 유통 등 모든 단계에서 발생하는 이산화탄소의 총량을 관리하려는 조치입니다.[15]

탄소제로 실현을 위해 전기자동차를 보급하려는 이유는 앞서도 언급한 것처럼 글로벌 이산화탄소 배출 총량 중 화력발전에 이어 내연기관자동차의 배출량이 2위를 차지했기 때문입니다.

....

4. 미국의 인플레이션감축법(IRA, Inflation Reduction Act)도 기후변화 대응 방안의 하나로 전기자동차 구매에 따른 보조금 지급을 포함한다. 하지만 2024년 미 대선에서 IRA의 폐기를 공언해온 공화당의 도널드 트럼프가 47대 대통령으로 당선되며 본문에서는 삭제하였다. 출간 시점에서 IRA 전기차 세액공제 보조금 폐지 계획을 트럼프 정권 인수팀에서 논의 중으로 전해졌기 때문이다. 향후 기후변화 대응의 전반적 후퇴에 대한 우려가 높아지는 상황이며, 본문에서 언급한 유럽 그린딜 추진 또한 혼선을 겪을 전망이다.
5. 전과정평가에 관해서는 이 책의 '05 지속가능한 미래'에서도 만날 수 있다.

배터리는 어떻게 전기차를 움직일까?

전기자동차를 움직이게 하는 동력원은 바로 배터리입니다. 특히 '리튬이온배터리'는 오늘날 전기자동차에 압도적으로 많이 사용되지요.[16] 사용되는 양극재[6]에 따라 우리나라 배터리회사들이 강점을 갖고 있는 NCM(니켈-코발트-망간) 배터리, 중국 배터리회사들이 앞서가고 있는 LFP(리튬인산철) 배터리 등으로 나뉩니다.[7] 한편 음극재[8]로는 새롭게 시도되는 실리콘(Si)이나 리튬금속(Li Metal)도 있지만, 지금으로서는 흑연(Graphite)이 가장 널리 사용됩니다.[17]

그런데 혹시 왜 이런 재료들이 선택된 것인지, 또 리튬이온배터리가 어떻게 전기에너지를 만들어내는지 궁금했던 적은 없나요? 소형 전자제품도 아닌 무게가 상당한 전기자동차를 먼 거리까지 움직이게 하고, 경사가 심한 비탈길도 힘차게 오르게 하는 힘은 대체 어떻게 만들어질까요? 나아가 요즘 부쩍 전기자동차 화재에 관한 막연한 불안감이 높아지고 있는데, 멀쩡히 서 있던 자동차에서 왜 갑자기 이런 사고가 일어나는지도 궁금하지 않나요?

그럼 지금부터 여러분의 궁금증을 하나씩 풀어봅시다!

---

6. 방전될 때 환원반응이 일어나는 전극을 양극이라 하고 사용된 재료를 양극재라 함.
7. 최근 우리나라 배터리회사들도 LFP 배터리 기술을 빠르게 발전시키고 있다.
8. 방전될 때 산화반응이 일어나는 전극을 음극이라 하고 사용된 재료를 음극재라 함.

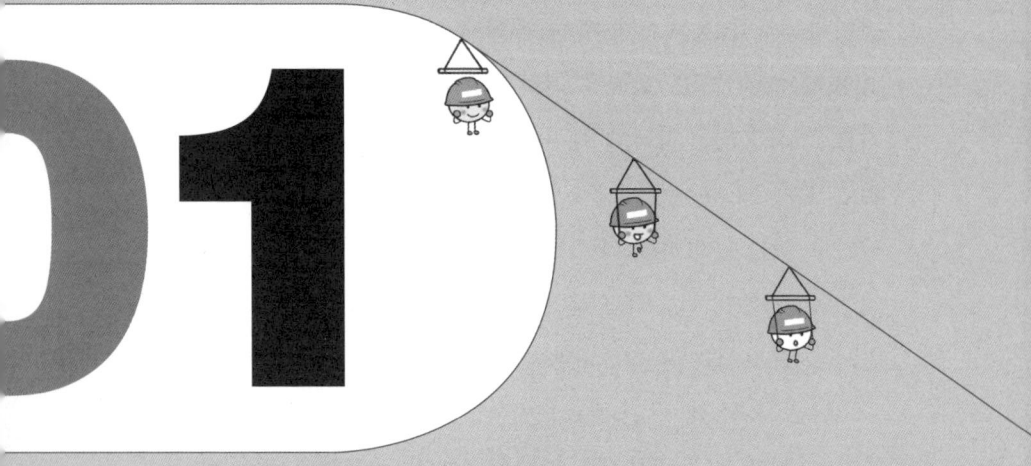

01

 메커니즘

에너지는 어떻게 만들어질까?

앞으로 이 책에서 여러분과 함께 비록 우리 눈으로 볼 순 없지만, 리튬이온 배터리 안에서 일어나는 일들, 즉 어떻게 전기자동차를 달리게 할 만큼 강력한 전기에너지가 만들어지는지 살펴볼 것입니다. 하지만 배터리에서 일어나는 일들을 제대로 이해하려면 우선 에너지가 무엇인지 그 실체와 기본적인 메커니즘부터 이해할 필요가 있습니다. 어쩌면 수업 시간에 이미 배워 알고 있는 독자도 있겠지만, 일반적인 내용을 중심으로 간략하게 짚어보려고 합니다.

활활 태워라! 그러면 에너지가 솟을 것이다!

에너지(energy)는 꼭 과학 시간에만 등장하는 말은 아닙니다. 사실 우리는 일상에서도 에너지라는 말을 꽤 자주 사용해요. 예컨대 시험을 앞두고 한꺼번에 밀린 공부를 하느라 진이 쏙 빠진 날이거나, 한 번에 일이 잘 풀리지 않아 여러 번 시도하며 몇 배로 힘을 쓴 것 같은 날이면 이런 생각이 절로 떠오르지 않나요?

"아오, 에너지가 바닥이야… 맛있는 것 먹으며 **에너지** 좀 보충해야지…"

또 등산이나 과격한 운동 등 평소보다 움직임이 많은 날에도 비슷한 생각이 날 거예요. 이렇게 에너지가 떨어진 것 같을 때 사람들은 어떻게 할까요? 등산하다가 힘이 들 때 사탕, 초콜릿, 에너지바 등을 먹으며 잠시 쉬다 보면 **에너지가 충전**되어 다시 산에 오를 만한 힘이 솟는 것 같을 거예요.

열심히 공부하다가 피로해져서 집중력이 확 떨어져도 마찬가지예요. 잠깐 쉬면서 뭔가 간식이라도 먹으면 다시 머리가 맑아지면서 공부가 잘될 것 같은, 즉 에너지가 충전된다는 느낌이 들지요. 그런데 느낌만 그런 것이 아닙니다. 실제로 우리 몸에서 에너지가 만들어지고 있으니까요.

에너지바를 먹으면 우리 몸에서 어떤 일이 일어나는지, 즉 어떻게 에너지가 충전되는지 그 원리를 살펴볼게요. 생물 시간에 배운 **세포호흡**을 한번 떠올려 볼까요? 에너지바를 먹으면 소화기관에서 분해되어 포도당(Glucose, $C_6H_{12}O_6$)으로 변환되고, 혈액순환을 통해 각 세포에 전달됩니다. 한편 호흡기관으로 들어온 산소(O_2)도 혈액순환을 통해 각 세포에 전달되지요. 이처럼 세포로 전달된 포도당과 산소는 물질대사에 참여하는데, 최종 결과는 식(1)과 같습니다. 이 과정에서 열이 방출되고 유기화합물(ATP)[0]도 만들어집니다.

$$C_6H_{12}O_2 + 6O_2 \rightarrow 6CO_2 + 6H_2O \cdots (1)$$

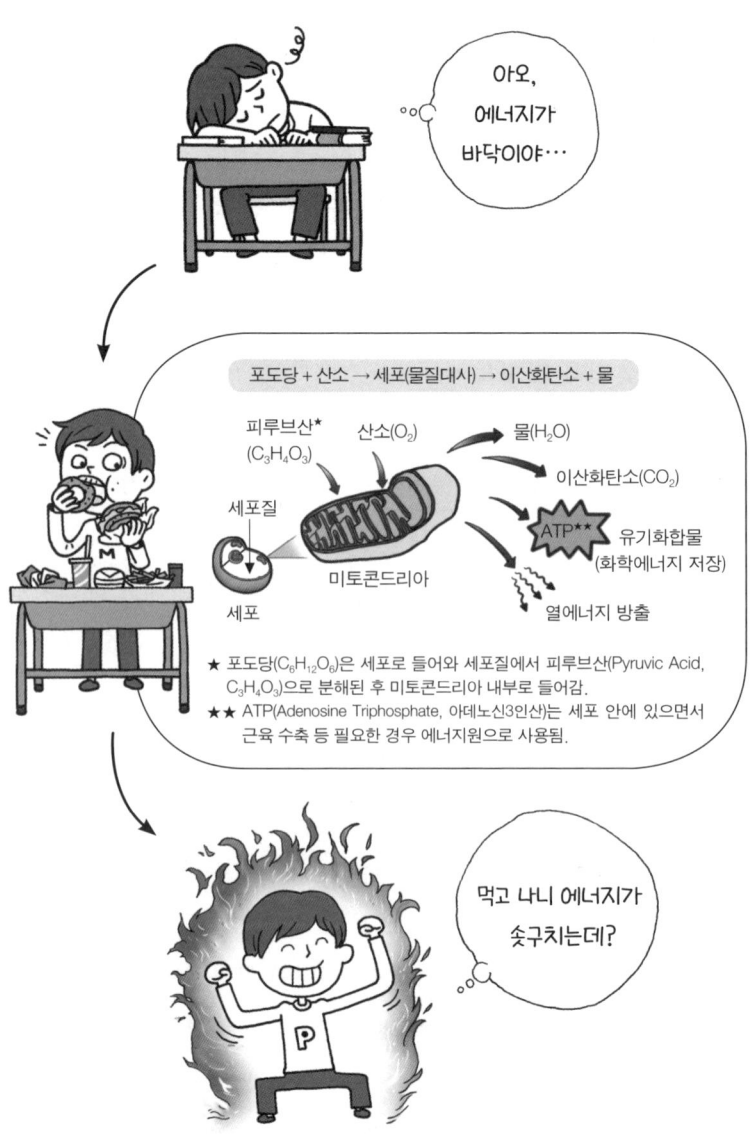

#세포로_전달된_#포도당이_#산소를_만나면_#열에너지가_나오지!

'연소' 하면 캠핑 때 피운 장작불이나 음식을 조리할 때 켠 가스불만 떠오르나요? 연소는 세상 모든 가연성 물질이 공기 중의 산소와 결합하면서 열과 불꽃을 내는 화학반응을 아우릅니다. 우리가 먹은 음식도 포도당으로 분해되어 산소와 함께 물질대사에 참여하는데, 이때 열이 방출되죠. 다만 세포 내에서 일어나는 포도당의 연소는 눈으로 볼 수 있는 장작의 연소와 비교해 세부적으로는 조금 더 복잡한 과정들을 거치고,[2] 세포 내에서 실제 불꽃이 발생하지도 않지만, 최종적인 결과는 동일하답니다. 그래서 포도당과 산소가 물질대사에 참여하는 것도 같은 용어를 사용하여, '연소'라 하죠.

이런 과정으로 얻어진 **열에너지**와 ATP가 바로 우리의 체온을 유지하고, 근육을 움직이는 등 다양한 생명 활동에 사용되는 것입니다. 그리고 물질대사에서 만들어지는 생성물인 물(H_2O)과 이산화탄소(CO_2)는 혈액순환을 통해 배설기관과 호흡기관으로 옮겨진 후 소변, 땀, 호흡(날숨) 등의 형태로 우리 몸 밖으로 배출되지요. 그런데 열에너지로 전기에너지를 생산하는 화력발전의 원리도 뜯어보면 19쪽 식(1)과 크게 다르지 않습니다. 다만 우리가 섭취하는 음식물 대신 '화석연료'를 태우는 점이 다르지요.

얼핏 복잡해 보이지만, 기본 원리는 생각보다 단순하지요? 그런데 앞으로 이 책에서 이야기할 배터리의 메커니즘을 이해하려면 한 발 더 나아갈 필요가 있습니다. 즉 물리적인 에너지, 화학적인 에너지에 대한 개념 이해가 필요해요. 그래서 지금부터 과학자들이 발견한 물리·화학적인 에너지에 대해서 차근차근 짚어봅시다.

물리적인 에너지: 총합은 언제나 같다!

먼저 물리적인 에너지부터 살펴볼까요? 여러분이 친구와 야구공으로 캐치볼을 한다고 가정해 봅시다. 야구공은 모터도 날개도 없지만, 적당한 힘을 주어 친구를 향해 던지면 친구의 글러브로 날아갑니다. 이처럼 물리적인 에너지는 어떤 물체가 외부에서 작용하는 힘을 받아, 그 힘의 방향으로 일정한 거리를 이동할 때 얻어집니다. 이때 외부에서 작용하는 힘, 예컨대 조금 전 캐치볼을 할 때처럼 던지는 힘은 물체(야구공)에 대해서 **일**을 하였다고 표현하기도 하죠.

▥〕 어떤 에너지가 또 다른 에너지로 바뀐다는 것

외부에서 작용하는 힘이 해준 일에 의해 물체가 얻는 에너지의 종류는 두 가지인데, **포텐셜에너지**[1]와 **운동에너지**입니다. 그리고 이 둘의 합이 일정하다는 것은 **에너지보존법칙**으로 잘 알려져 있지요. 이것이 바로 우리에게 가장 친숙한 **물리적인 에너지**의 주요 개념입니다. 구체적인 예를 들어 살펴볼까요?

필자가 살고 있는 과학도시 대전의 O테마파크에는 자이언트 드롭이라는 인기 놀이기구가 있습니다. 이미 타본 친구들도 있겠지만, 탑승할 차례가 되어 의자에 앉으면 이윽고 안전바가 내려옵니

---
1. 포텐셜에너지는 물체에 가해지는 힘의 종류에 따라 우리에게 친숙한 중력 포텐셜에너지 외에 전기력 포텐셜에너지, 자기력 포텐셜에너지, 탄성력 포텐셜에너지 등이 있다.

잠깐만! 관성의 법칙

지구 표면에 살고 있는 우리들은 지구의 인력을 가장 크게 받지요. 그런데 약하기는 해도 태양이나 달의 인력도 동시에 받고 있습니다. 그러니 우리 몸에는 여러 개의 중력이 작용하고 있는 셈이에요. 이처럼 물체에는 보통 한 개 이상의 힘이 작용합니다. 그래서 어떤 물체에 힘이 작용한다고 하면 그 힘은 바로 다양한 힘들이 각각의 작용 방향과 크기에 따라 상쇄 혹은 중첩되고 남은 최종적인 알짜힘(Net Force)을 의미하죠. 알짜힘의 작용 방향과 크기가 중요합니다. 만일 알짜힘이 영(Zero, 0)이라면, 즉 작용하는 여러 개의 힘이 모두 상쇄된 상태라면, 물체의 운동상태에는 아무런 영향력도 끼칠 수 없게 되지요. 운동하던 물체는 계속 운동하고, 정지해 있던 물체는 계속 정지해 있게 됩니다. 이것이 바로 뉴턴의 제1운동법칙으로 알려진 관성의 법칙이에요.

다. 그리고 서서히 올라가기 시작하여 건물 18층 높이인 54[m]에 이르면 정지하지요. 낙하 전 꼭대기에 잠시 머물러 있는 동안 아래를 흘깃 내려다보기만 해도 까마득한 높이에 오금이 절로 저립니다. 자유낙하가 시작되면 엄청난 가속과 함께 눈 깜짝할 사이에 지정된 위치로 내려와 멈추는데, 짧은 순간이지만 짜릿한 속도감을 만끽할 수 있죠. 이런 짜릿함은 **중력 포텐셜에너지**[2]와 관련이 있습니다.

지구 표면에 있는 모든 것, 즉 사람이건 동물이건 물체건 상관없이 중력의 반대 방향으로 힘을 가하여 일정한 높이까지 이동시키

⋯⋯⋯⋯⋯⋯⋯⋯
2. 중등교육과정 물리학에서 배우는 위치에너지가 바로 중력 포텐셜에너지의 근사이다.

수직 낙하 놀이기구 '자이언트 드롭'과 에너지보존법칙

낙하 직전 꼭대기에서 중력 포텐셜에너지가 최대치이고, 지면에 가까워질수록 중력 포텐셜에너지는 감소하는 대신 운동에너지가 증가한다. 어느 높이에 있건 특정 지점의 중력 포텐셜에너지와 운동에너지의 합은 일정하다.

면 모두 중력 포텐셜에너지를 얻습니다. 잠시 정지한 상태에서 자유낙하를 하도록 놓아주면 중력 포텐셜에너지가 운동에너지로 바뀌며 중력이 작용하는 방향으로 추락, 즉 움직이겠죠? 지표에 가까워질수록 속도가 증가하고, 지면에 닿기 직전에 중력 포텐셜에너지는 모두 운동에너지로 변환됩니다. 그리고 지면에 닿아 정지할 때 운동에너지는 열과 소리 등으로 발산되고, 중력 포텐셜에너지도 영(Zero, 0)이 되지요.

그런데 물체의 낙하 시점부터 지면에 닿기 직전까지 모든 순간순간에 운동에너지와 중력 포텐셜에너지의 합을 계산해 보면 각 에너지의 감소 혹은 증가가 아래의 식(2)와 같이 상호 균형을 이루면서 그 합이 일정하게 유지됩니다. 이것이 바로 **에너지보존법칙**이에요.

$$\triangle(운동에너지\ 변화) + \triangle(중력\ 포텐셜에너지\ 변화) = 0 \cdots (2)$$

▥ 운동 경로가 아무리 달라져도 변하지 않는 것

조금 전에는 수직, 즉 직선 경로로 이동하는 '자이언트 드롭'을 예로 들었습니다. 이번에는 워터파크로 한번 가볼까요? 예컨대 워터슬라이드의 경우 나선 경로를 따라 빙글빙글 돌면서 떨어지기도 하죠. 이처럼 운동 경로가 바뀌면 혹시 결과가 달라질까요?

이미 알고 있겠지만, 중력의 작용에 의한 중력 포텐셜에너지와 운동에너지의 합은 운동 경로에 따라 달라지지 않습니다. 경로가 직선이든 나선이든 상관없이 그 합은 매 순간 늘 동일하죠[3](아래의 보존력 실험 그림 참조).

중력처럼 물체의 운동 경로가 단순하건 복잡하건 상관없이 각 에너지의 증가 혹은 감소가 균형을 유지하여 그 합이 일정한 경우 이때 작용하는 힘을 특별히 **보존력**이라고 합니다. 우리 눈으로 직접 관찰할 수 있는 또 다른 예를 들어보면 나무 아래로 떨어지는 사과나 일정한 높이에서 아래로 떨어뜨리는 쇠구슬, 용수철에 매달린 추가 용수철의 탄성력으로 움직이는 것 등이 있습니다. 이런 경우들 모두 위치에너지와 운동에너지의 합인 역학적 에너지가 보존되므로 만유인력과 탄성력은 보존력이라고 할 수 있습니다.[4]

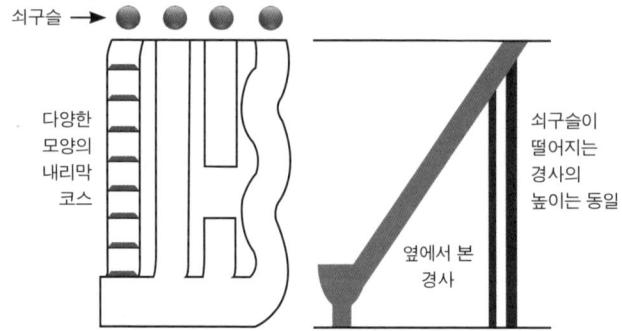

보존력 실험

그림처럼 쇠구슬이 낙하하는 내리막길의 운동 경로가 서로 다르더라도, 떨어지는 높이가 동일한 조건이라면(단, 마찰은 무시) 운동 경로와 상관없이 운동에너지와 중력 포텐셜에너지의 합은 늘 같다.

....

3. 경로에 따라 공기저항이나 마찰 등 조건이 다를 수 있지만, 공기저항과 마찰은 없는 것으로 가정하였다.

이제 물리적인 에너지를 바라보는 관점을 우리가 살아가는 지구 표면에서 태양계로 옮겨 볼까요? 지구를 포함한 태양계의 행성들은 모두 태양을 중심으로 저마다 일정한 주기로 각각의 궤도를 따라 공전 운동을 하고 있습니다. 태양계 행성 중 공전궤도가 심한 타원 형태인 수성[5]의 에너지 변화를 통해 함께 생각해 봅시다. 아래 그림에서 표현한 것처럼 수성이 태양에 가까워지는 동안에는 태양을 향해 가속되면서 운동에너지는 증가하고, 중력 포텐셜에너지는 감

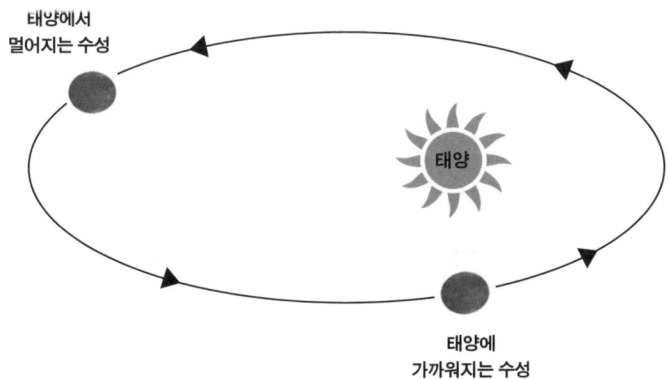

태양의 주위를 공전하는 수성

수성이 태양에 가까워질수록 가속되면서 운동에너지는 증가하고 중력 포텐셜에너지는 감소한다. 한편 태양에서 멀어지는 동안 감속되면서 운동에너지는 감소하고 중력 포텐셜에너지는 증가하여 결국 두 에너지의 합은 늘 일정하게 유지된다.

· ·

4. 뒤에서도 곧 설명하겠지만, 우리 눈으로 볼 순 없어도 원자의 핵과 전자처럼 전하를 띤 물체 사이에 작용하는 정전기력도 보존력이다. 일단 여기에서는 눈으로 볼 수 있는 큰 물체의 운동에만 주목해서 살펴보겠다.

5. 수성의 궤도가 갖는 타원율 값이 다른 행성의 궤도가 갖는 타원율 값에 비해 크다. 타원율(Elipticity) 값이 작아지면 궤도의 모양이 원에 점점 가까워지고, 커지면 원이 눌리듯 점점 더 심하게 타원이 된다.

소합니다. 한편 수성이 태양에서 멀어지는 동안에는 좀 전과 정반대로 감속되면서 운동에너지는 감소하고, 중력 포텐셜에너지는 증가하지요. 즉 수성이 공전 운동을 하는 모든 순간에 운동에너지와 중력 포텐셜에너지 각각의 증가 혹은 감소가 25쪽 식(2)에 나타낸 것처럼 상호 균형을 이루면서 두 에너지의 합은 늘 **영(Zero, 0)**으로 일정하게 유지됩니다.

지금까지 설명한 물리적인 에너지는 우리가 생활하면서 최소한 눈으로 볼 수 있는 물체 혹은 수성과 같이 태양계에 있는 행성의 운동과 관련된 것이었습니다. 이처럼 큰 물체의 운동 및 물리적인 에너지를 다루는 학문을 **고전역학(Classical Mechanics)**이라 합니다.

잠깐만! 고전역학[3]

고전역학은 물리적인 힘을 받은 물체의 움직임에 대해 탐구하는 과학의 한 분야입니다. 오늘날의 과학자들은 고전역학이 잘 맞지 않는 한계 상황을 잘 알고 있지요. 예컨대 전자의 반지름은 $2.8 \times 10^{-15}[m]$이고, 무게는 $9.1 \times 10^{-28}[g]$로 매우 작습니다.[4] 이런 작디작은 전자와 같은 기본입자의 움직임, 빛의 속도에 근접한 매우 빠른 속도로 움직이는 물체, 블랙홀(Black Hole) 주변처럼 매우 큰 중력을 받는 곳에 있는 물체의 움직임은 고전역학으로 설명이 잘 안 되니까요. 그렇지만 이러한 극단적인 상황을 제외한다면 우리의 일상생활에서 관찰될 수 있는 물체의 움직임은 과학자 뉴턴(Newton)이 기반을 놓은 고전역학으로 잘 설명될 수 있습니다.

▥ 원자 내부의 아주아주 작은 전자의 물리적인 에너지는?

세상에는 눈에 보이지 않아도 존재하는 것들이 많습니다. 예컨대 신념이나 신앙, 사상 등은 보이지 않지만, 사람들을 움직이는 힘을 발휘합니다. 보이지 않으니까 존재하지 않는다고 단정할 수 없는 이유이죠. 이 책에서 살펴볼 리튬이온배터리 안에서 일어나는 반응들도 마찬가지입니다. 쇠구슬의 움직임처럼 우리 눈으로 직접 볼 순 없지만, 리튬이온과 전자의 움직임으로 인해 에너지, 그것도 자동차를 움직일 만큼 큰 에너지가 만들어지지요.

그렇다면 전자처럼 보이지 않는 기본입자들의 움직임과 에너지도 고전역학으로 설명할 수 있을까요? 과거 과학자들도 이 점을 궁금해했습니다. 그래서 육안으로 볼 수 없는 원자 내부의 아주아주 작은 전자의 운동과 관련된 물리적인 에너지를 고전역학으로 계산하려는 실험을 했죠. 과학자들의 실험은 과연 성공했을까요? 이를 알아보기 위해 우리도 원자의 세계로 함께 들어가 보시죠. 아마 교과서에서 아래와 같은 원자의 구조를 본 적이 있을 것이에요.

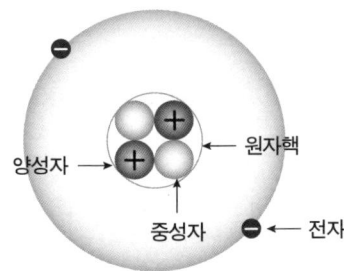

원자의 구조
원자의 중심에는 양성자와 중성자로 이루어진 원자핵이 존재하고, 바깥쪽으로 양성자와 반대 전하를 띤 전자가 있다. 원자의 구조를 알기 쉽게 표현한 것을 원자모델이라 한다.

이 그림에서 정리한 것처럼 원자의 중심에는 양성자와 중성자로 구성된 핵이 존재합니다. 여기에 덧붙여 원자를 구성하는 입자가 하나 더 있는데 바로 전자입니다. 양(+)의 전하를 띤 양성자와는 반대로 전자는 음(-)의 전하를 띠지요. 정전기(Static Electricity)는 이 양성자와 전자가 서로 반대의 전하를 띠기 때문에 발생하는 것입니다.

여러분도 정전기의 원리를 알고 있을 거예요. 풍선을 머리카락에 마찰시킨 후 떼면 머리카락이 풍선에 달라붙는 것을 예로 들어볼까요? 음의 전하를 띤 전자는 머리카락에서 풍선으로 이동할 수 있지만, 양의 전하를 띤 양성자는 이동하지 못하기 때문에 풍선은 전체적으로 음전하를 띠고, 머리카락은 양전하를 띠게 되어 결국 서로 끌어당기는 인력이 만들어집니다. 이렇게 서로 다른 두 물체가 마찰될 때 전자가 어느 한쪽 물체에서 다른 쪽 물체로 이동하여 발생하는 것이 바로 정전기입니다.[5] 이러한 원리로 양성자가 있는 핵과 전자 사이에 정전기력(인력)이 작용하므로 전자는 정전기력(인력)을 받으면서 운동합니다. 조금 전 설명했던 태양 주위를 공전하는 행성들이 중력(인력)을 받으면서 움직이는 것과 비슷하죠. 이 원자모델이 바로 우리에게 가장 친숙한, 과학자 보어(Bohr)가 1913년에 제시한 것입니다.[6]

핵을 이루는 양성자나 중성자의 질량은 전자의 질량보다 1,836배

....

6. 원자모델은 과학자 달튼(Dalton)이 1803년 원자는 속이 꽉 찬 구라는 생각을 발표한 이후 계속 발전하게 된다. 이 밖에도 다양한 원자모델이 있지만, 이 책에서 이야기하는 내용은 보어의 원자모델을 적용해도 대부분 원리적인 설명이 가능하다.

고등학교 물리 과정에서 전자(Electron)가 기본입자(Elementary Particle)라는 것을 들어본 적 있을 거예요. 아주아주 옛날에는 원자를 더 이상 쪼갤 수 없는 가장 기본적인 입자라고 생각했습니다. 하지만 입자물리학(Particle Physics)의 발전으로 인해 현재는 전자와 쿼크(Quark)를 비롯한 17개의 기본입자가 있다는 것이 알려졌지요. 기본입자는 말 그대로 세상의 모든 물질을 이루는 입자들로서 더 이상 쪼갤 수 없습니다. 원자의 핵을 구성하는 양성자와 중성자도 기본입자들이 아니라 전하량에 따라 구분되는 업쿼크(Up Quark)와 다운쿼크(Down Quark)로 구성되어 있다는 것이 밝혀졌습니다. 엄밀하게 말하면 원자는 결국 전자와 쿼크로 구성된 것이지요. 이 책에서 다루는 내용은 원자를 핵과 전자로 구분하는 것으로 충분합니다.

원자모델을 보면 원자의 핵은 동일한 양(+)의 전하를 띤 양성자들과 전하를 띠지 않는 중성자들이 뭉쳐져 만들어진 것을 알 수 있습니다. 보통 동일한 전하를 띤 물체는 밀어내는 척력이 작용하는데 양성자들은 어떻게 뭉쳐있을까요? 그건 바로 과학자들이 발견한 우주를 지배하는 4개의 기본힘(Fundamental Force) 중 하나인 강한 핵력(Strong Nuclear Force)이 작용하기 때문입니다. 강한 핵력은 전자기력보다 강하기 때문에 양성자들을 뭉치게 해줍니다. 다른 3개의 기본힘에는 약한 핵력(Weak Nuclear Force), 전자기력(Electromagnetic Force), 중력(Gravitational Force)이 있어요.

큽니다.[(7)] 핵은 양성자와 중성자로 구성되기 때문에 전자의 질량보다 수천 배나 큰 셈이죠. 크기에 대한 자료를 살펴보면 핵의 크기가 전자의 크기에 2배 정도인 것으로 보고됩니다.[7(8)] 즉 핵과 전자의 상대적인 크기는 29쪽 그림과 유사합니다. 그런데 원자의 반지름은 전자나 핵의 반지름에 비해 대략 십만 배 정도 큽니다.[8(9)] 원자의 전체적인 크기에 비해 중심에 있는 핵이나 그 주위에 있는 전자의 크기는 매우 작은 것이죠.

어떤가요? 보어 모델처럼 마치 작은 태양계가 연상되죠? 하지만 태양계 행성의 움직임과 달리 고전역학만으로는 원자의 세계를 설명하기가 쉽지 않았습니다. 왜냐하면 원자 안에 있는 전자의 운동은 당시 최고 이론인 고전역학을 조금은 우스꽝스럽게 만들어 버리는 아주 기묘한 현상이었기 때문입니다.[9] 너욱이 그때는 아직 고전역학의 한계 원인도 발견하지 못한 상태였죠.

고전역학은 물체의 현재 운동상태를 파악하고 이를 기반으로 미래의 운동상태도 예측합니다. 당시 과학자들은 이 원리가 작디작은 원자의 세계에서도 그대로 적용되리라 생각했습니다. 그래서 행성들이 갖는 중력 포텐셜에너지와 운동에너지의 합을 계산할 때와 마찬가지로 고전역학에 기반해 전자가 갖는 정전기력 포텐셜에너지와 운동에너지의 합을 구하려는 사고실험을 진행한 것입니다. 즉 이상적인 상황에서 전자의 물리적인 에너지를 계산하려고 했는데, 예상치 못한 난관에 부딪히며 결국 실패합니다.

....

7. 핵은 양성자와 중성자로 구성되는데 각각의 반지름은 약 $0.5{\sim}5 \times 10^{-15}[m]$ 범위이다. 핵의 반지름은 전자의 반지름 대비 약 2배 정도 큰 수준이다. 전자, 양성자, 중성자 그리고 핵은 우리가 볼 수 없는 너무나 작은 크기이다.
8. 원지의 반지름은 $1.2{\sim}2.4 \times 10^{-10}[m]$ 범위이다.
9. 전자가 핵 주위를 궤도 운동하면 에너지가 빛으로 발산된다는 전자기학 이론에 의해 전자의 에너지가 연속적으로 감소하면서 나선 궤도로 떨어져 핵과 충돌하는데 겨우 10^{-11}초로 예상되었다.[(10)]

▥ 2% 부족했던 고전역학

과학자들의 험난했던 여정을 함께 살펴봅시다. 과학자들은 전자와 광자(빛)[10]의 '파동이면서 입자'인 특성을 고려해 물리적인 에너지를 계산하기 위해 우선 사고실험을 진행했습니다. 특정 파장의 빛(광자)을 쏘아 전자와 충돌시킨 후 돌아오는 빛을 검출하여 '① 전자의 위치를 측정하고, ② 광자와 전자의 충돌 전후 운동량보존법칙[11]을 적용하여 전자의 운동량을 측정하고자' 했죠. 만일 이 사고실험이 성공한다면 측정된 전자의 위치와 운동량 정보로 전자의 운동에너지를 이론적으로 계산할 수 있다고 생각한 것입니다.

그런데 이 사고실험은 왜 성공하지 못했을까요? 그 이유는 도무지 전자의 위치와 운동량 측정을 동시에 정확히 실행할 수 없었기 때문이에요. 다시 말해 전자의 위치를 정확히 알고자 에너지가 큰 짧은 파장의 빛(광자)을 사용하여 위치 측정오차를 줄이면, 운동량의 측정오차가 커지면서 전자의 운동량은 더 부정확해졌습니다.[12] 반대로 전자의 운동량을 정확히 측정하려 에너지가 작은 긴 파장의 빛(광자)을 사용하여 운동량 측정오차를 줄이면 이번에는 위치의 측정오차가 커지면서 전자의 위치는 더 부정확해졌죠.

....
10. 광자(Photon)로 불리기도 하는 빛은 전자처럼 파동과 입자의 성질을 모두 갖고 있다.
11. '운동량보존법칙'은 뒤의 용어설명을 참고한다.
12. 광자와 전자는 당구공처럼 일직선으로 움직이지 않는 파동이기 때문에 사고실험이라도 위치 측정오차를 가정해야 한다.

이처럼 과학자들은 사고실험을 통해 전자 위치의 측정오차와 운동량의 측정오차 사이에 반비례 관계가 존재한다는 것을 발견합니다. 과학자 하이젠베르크(Werner Heisenberg)는 이러한 사실을 정리하여 전자의 위치와 운동량을 동시에 정확히 측정하는 것이 불가능함을 나타낸 **하이젠베르크의 불확정성 관계(Heisenberg's Uncertainty Relationship)**[13][(11)]를 제시합니다. 여기서 불확정성을 뜻하는 영어의 'Uncertainity'는 **측정오차**라는 의미죠.

결국 특정 파장의 빛을 쏘아 전자와 충돌시키는 것을 가성한 사고실험으로는 전자의 위치와 운동량 관련 정확한 정보를 동시에 얻을 수 없었기 때문에 전자의 물리적인 에너지도 정확히 계산할 수 없었죠. 여기서 전자의 위치와 운동량을 동시에 정확히 측정할 수 없는 상황이 무엇을 의미하는지 간략히 살펴보겠습니다.

● 실험오차의 문제

과학자들은 실험하는 동안 참값과 측정값의 차인 오차를 줄이기 위해 노력합니다. 실험실의 온도, 습도는 물론 실험 중 발생하는 특이사항을 관찰하여 꼼꼼히 연구노트에 기록하죠. **실험오차**[(12)]는 크게 계통오차(Systematic Error)와 우연오차(Random Error)로 구분되는 두 오차의 합입니다. **계통오차**는 제어가 가능한 오차로 원인을 찾을 수 있고 수정이 가능한 오차이지요. 세부 항목을 보면 '늘 3[g] 더 무

---

13. '하이젠베르크의 불확정성 원리(Heisenberg's Uncertainty Principle)'라고도 한다.

겁게 나오는 저울과 같은 장비의 검·교정', '플라스크의 눈금을 읽을 때 불안정한 자세와 같은 계측자의 숙련도', '실험자의 핸드폰에서 나오는 전자파 등과 같은 환경의 영향', '습기의 영향이 없다는 잘못된 이론의 적용처럼 배경 이론의 영향' 등 4가지가 있죠.[13]

한편 **우연오차**는 말 그대로 원인을 알 수 없어 제어가 불가능한 오차로 분류됩니다. 숙련된 동일 계측자가 동일한 장비로 동일한 실험을 진행하여도 생기는 오차죠.[14]

만약 눈에 보이는 물질의 특성을 측정할 때라면 실험오차의 크기는 무시해노 뵐 만큼 영향이 미미합니다. 그러나 너무나 작은 전자의 위치를 측정하는 실험이라면, 실험오차가 전자 위치 측정값의 정확도에 미치는 영향은 상당할 것으로 짐작됩니다.

● 근본적인 오차 그리고 그들의 이상한 관계

그런데 앞서본 과학자들의 실험은 장비를 사용한 실제 측정실험이 아닌 사고실험입니다. 방금 이야기한 실험오차의 개입 이전의 이상적인 상태이죠. 그런데도 하이젠베르크의 불확정성 관계, 즉 전자의 위치 측정오차($\triangle x$)와 운동량 측정오차($\triangle p_x$) 사이의 반비례 관계가 발견된 것입니다. 과학자 하이젠베르크가 발견한 불확정성 관계를 36쪽 식(3)에 그대로 옮겨 봤습니다.[14] 전자의 x 축 방향의 위치와 운동을 고려한 식입니다.

....
14. 단, 식(3)의 상세한 유도 과정은 이 책의 범위를 벗어나므로 생략한다.

$\triangle x \times \triangle p_x \geq h \cdots$ (3)

$\triangle x$ 는 전자의 x 방향 위치 측정오차[m]

$\triangle p_x$ 는 전자의 x 방향 운동량 측정오차[$m \cdot kg/s$]

h 는 플랑크상수($6.62 \times 10^{-34}[m^2 \cdot kg/s]$)

위의 식(3)에서 알 수 있는 것을 정리하면 '① 사고실험에서조차 크기가 매우 작은 광자(빛)와 전자가 갖는 파동의 특성으로 인해 위치와 운동량의 측정오차를 고려해야 하며, ② 이 두 개의 오차 사이에 아주 이상한 '반비례 관계'가 존재하기 때문에 만일 어느 하나의 오차를 거의 영(Zero, 0)에 가깝게 줄여 나가면 다른 하나의 오차는 무한히 커진다[15]는 것입니다. 즉 하나를 완전히 알면 다른 하나는 완전히 모르는 희한한 상태가 되죠. 결국 과학자들은 원자 내에 있는 너무나 작은 전자의 현재 운동상태도 고전역학만으로 정확하게 알아내는 것이 근본적으로 불가능함을 깨닫게 되었습니다. 따라서 전자의 미래 운동상태도 전혀 예측할 수 없었던 거죠.[16]

● 전자의 독특한 성질

앞서 이야기한 것처럼 전자는 입자와 파동, 두 가지 성질을 모두 갖고 있습니다.[17] 이 중 파동(Wave)의 성질로 인해 전자는 어디에 있

....
15. 만일 $\triangle x$를 '10^{-10000}'로 가정하면 $\triangle p_x$는 '$6.62 \times 10^{9966}[m \cdot kg/s]$'이다.
16. 용어설명의 '하이젠베르크의 불확정성 관계' 참고.
17. 평소에는 파동 그 자체로 존재하다가 빛(광자)과 충돌하면 입자로서의 존재를 드러낸다.

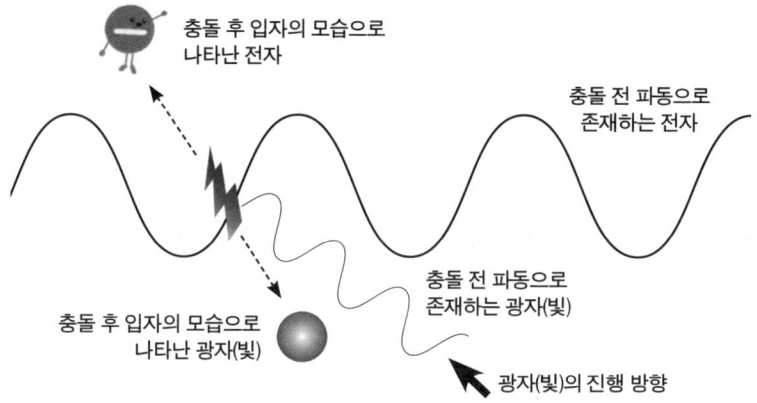

충돌 후 입자의 모습으로
나타난 전자

충돌 전 파동으로
존재하는 전자

충돌 후 입자의 모습으로
나타난 광자(빛)

충돌 전 파동으로
존재하는 광자(빛)

광자(빛)의 진행 방향

전자의 움직임

전자는 너무 작기도 하지만, 입자이면서 파동(wave)이기 때문에 운동과 관련해 위치, 속도, 운동량 그 어느
것도 정확한 측정이 어려웠다. 따라서 고전역학으로 전자의 물리적인 에너지를 계산할 수 없었다.

다고 콕 집어 단정할 수 없었던 것이에요. 그리고 광자(빛)도 파동
이면서 입자라는 것을 기억해야 합니다.[15] 이렇게 단순하지 않은
상황은 당연히 전자의 정확한 속도 측정도 어렵게 만들었죠. 전자
의 속도를 알기 위해서는 일정한 시간 간격을 두고 전자의 위치를
두 번 정확히 측정해야 합니다. 하지만 파동으로 존재하는 전자의
위치를 알기 위해 빛(광자)으로 충돌시키고 나면 입자로 나타났다
가 이후 다시 파동으로 돌아가다 보니 도무지 두 번째 측정할 때 얻
은 전자의 위치에 대한 확신을 가질 수 없었던 것이에요.[16]

결론적으로 전자의 운동과 관련하여 위치, 속도, 운동량 어느 것
하나도 정확히 측정할 수 없었습니다. 기껏해야 "어떤 범위에 들어
가는 수준일 것 같다." 정도로 적당히 추측할 수밖에 없었죠. 뭔가 개

운치 않은 2% 부족한 상황에 놓인 겁니다. 과학자들은 비로소 고전 역학을 통해서는 전자의 물리적인 에너지를 정확히 계산할 수 없다는 것을 인정하고 다른 방법을 연구하게 됩니다.

▥ 특정한 곳에만 위치하는 전자들의 수상한 움직임

다행히도 정전기력 포텐셜에너지와 운동에너지의 합인 **에너지 준위 (Energy Level)**[18] 사이를 전자가 이동하며 방출하는 빛(광사) 에너지의 크기는 그나마 과학자들이 실험을 통해 정확히 측정할 수 있었습니다. 그런데 희한하게도 그 값이 연속적이지 않고 **특정적**이었죠. 즉 실험 결과 전자의 에너지 준위가 특정한 값들로만 한정된다는 것을 발견한 것입니다. 과학자들은 이를 아주 이상하게 여겼습니다.

정전기력 포텐셜에너지와 운동에너지의 합이 특정한 값들만 가능하다는 것이 왜 이상한 일인지 살펴볼까요? 쉽게 비유하면 이런 현상은 마치 야구공을 공중에 던질 때 야구공이 올라가 닿을 수 있는 높이가 특정한(한정된) 것과 같습니다. 즉 아무리 힘 조절을 정교하게 해서 야구공을 던져도 특정 공간 외에는 절대 야구공을 위치시킬 수 없다는 것과 유사합니다. 일상생활의 경험에 기초하여 생각해 보면 굉장히 이상한 현상이죠. 전자들은 정말 핵으로부터

....
18. 원자 내 전사들이 외부 에너지를 빌어 다른 위치로 이동한다면, 그 위치들도 에너지 준위이다. 즉 에너지 준위기 때문에 이동이 가능한 것이다. 에너지준위는 특정 값들로 한정된다. 전자가 다른 에너지 준위로 이동하는 것을 영어로는 'Quantum Jump'라 한다.

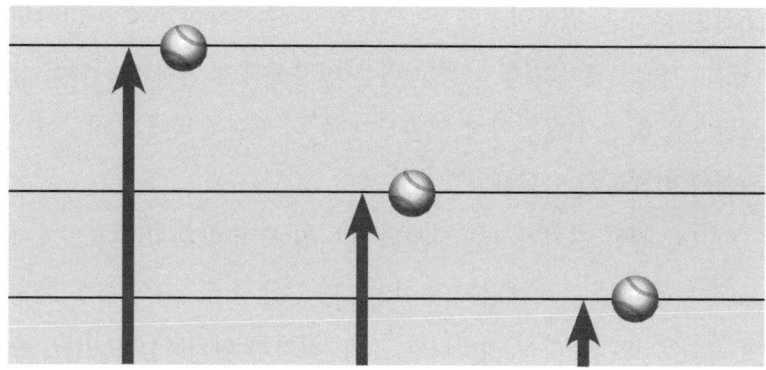

특정한 전자의 에너지 준위

아무리 힘 조절을 정교하게 잘해서 던져도 하늘로 올린 야구공이 도달할 수 있는 높이가 특정한 곳 외에 설대 도달할 수 없다고 한다면 이상하지 않을까?

일정한 거리, 즉 특정한 에너지 준위에만 위치할까요? 정말로 에너지 준위들 사이 빈 공간에는 절대 위치하지 못하는 걸까요?

전자들은 실제로 핵으로부터 일정한 거리, 즉 일정한 정전기력 포텐셜만큼 떨어진 특정 공간에서만 운동하고[19] 있습니다. 바로 이 특정 공간을 **전자껍질(Electron Shell)**이라 합니다. 각 전자껍질에는 전자들이 위치할 수 있는 여러 모양의 **오비탈(orbital)[20]**들이 모여있죠. 이론적으로 동일 전자껍질에 있는 오비탈들은 동일한 에너지

....
19. 전자는 파동으로 존재한다. 그러나 논의의 편의상 보어의 원자모델 기반으로 전자가 하나의 입자로서 운동하는 것으로 간주하겠다.
20. 오비탈은 양자역학으로부터 계산된 원자 내 전자가 실제 위치할 수 있는 곳이다. 보통 동일 에너지 준위에 모양과 방향이 다른 다수의 오비탈이 있다. 그런데 오비탈은 겉보기에 공(Ball)이나 아령(Dumbbell)처럼 3차원 형상이다. 즉 태양의 주위를 공전하는 행성들이 갖는 단순한 타원 궤도와는 다르다. 좀 더 자세한 설명은 책의 후반부의 '슈뢰딩거 방정식'과 '오비탈' 용어설명을 참고한다.

준위를 갖지만, 원자번호가 큰 경우 원자 내 전자의 개수가 많아집니다. 그러면 원자의 핵 그리고 다른 전자들과의 인력과 척력이 상호작용을 하면서 정전기력 포텐셜이 좀 더 세분화되어 오비탈들의 위치가 미세하게 이동하지요.[21]

중요한 점은 전자가 핵으로부터 떨어진 특정한 위치에만 있으므로 전자가 갖는 운동에너지와 정전기력 포텐셜에너지의 합도 특정한 값들로 한정된다는 것입니다. 그럼 전자가 위치하는 오비탈, 즉 특정한 에너지 준위의 계산은 가능할까요? 고진역학으로 풀지 못했던 이 문제로 다시 돌아와 봅시다.

▦ 양자역학, 전자의 에너지 준위를 예측하는 수단이 되다

오비탈을 계산하기 위한 실마리를 발견한 것은 과학자 어윈 슈뢰딩거(Erwin Schrödinger)입니다. 전자는 입자이면서 동시에 파동(Wave)이라는 이전 과학자들의 연구 결과 중 '전자는 파동'이라는 점에 주목한 슈뢰딩거는 전자의 변화 패턴을 예측하기 위한 하나의 미분방정식을 제안함으로써 전자들의 에너지 준위를 계산할 수 있게 됩니다. 그래서 이를 슈뢰딩거 방정식(Schrödinger Equation)[22]이라고 합니다. 그리고 슈뢰딩거 방정식을 만족하는 해(Solution)

....
21. 같은 전자껍질에 있는 여러 개 오비탈들을 하위 개념으로서 부껍질(Subshell)이라고 한다.
22. 슈뢰딩거 방정식과 해는 '슈뢰딩거 방정식' 용어설명에서 좀 더 설명했지만, 자세한 유도 과정은 이 책의 범위를 넘어서므로 생략하였다.

를 파동함수(Wave Function)[23]라 하는데, 이는 양자역학(Quantum Mechanics)의 기초가 됩니다.

왜냐하면 파동함수로 원자 내 각 전자가 위치할 수 있는 특정한 에너지 준위와 오비탈의 모양 그리고 방향에 대한 정보를 파악할 수 있었으니까요. 고전역학만으론 전자의 오비탈 계산이 불가능했지만, 드디어 양자역학을 통해 가능해진 거죠. 마침내 과학자들은 원자 내 전자들이 갖는 에너지 준위를 계산하는 강력한 수단을 확보합니다. 이처럼 양자역학은 쉽게 말해 우리가 볼 수 없는 너무나 작은 분자, 원자, 기본입자 같은 미시적인 계의 현상을 다루는 물리학의 한 분야입니다. 요즘에는 영화로 양자역학을 접한 사람들도 많을 거예요. 양자역학의 원리에 영화적 상상력을 발휘하여 시각적으로 구현한 장면들을 종종 만날 수 있으니까요.[17]

아무튼 이제 과학자들은 중력을 받으면서 운동하는 큰 물체에는 고전역학을 적용하고, 정전기력을 받으면서 파동의 성질을 갖고 운동하는 전자에는 양자역학을 적용하여 물리적인 에너지, 즉 운동에너지와 포텐셜에너지의 합을 계산할 수 있게 되었습니다. 그리고 중력을 받으면서 움직이는 큰 물체의 전체 에너지가 보존되는 것처럼 정전기력을 받으면서 움직이는 전자의 전체 에너지도 보존됨을 알게 되었죠. 이 점은 앞으로 나올 내용을 이해하는 데도 중요하므로 꼭 기억해 주세요.

....
23. 슈뢰딩거 방정식의 해를 부르는 말이다.

화학적인 에너지: 반응이 일어나면 뭔가 만들어지지!

물리적인 에너지에 이어 알아볼 것은 화학적인 에너지입니다. 화학하면 실생활에서 볼 수 있는 종이나 나무가 타는 연소, 음식이 상하는 부패, 김치가 익는 발효, 혹은 상업적인 플라스틱의 합성 등 여러 화학반응들이 먼저 떠오를 것이에요.

화학반응에서는 반응물들을 적절한 비율로 잘 혼합한 후 온도나 압력 능 필요한 조건을 만들어 주면 생성물을 얻게 됩니다. 그런데 때로는 생성물보다 반응이 일어나는 동안 방출되는 에너지를 얻고자 하는 경우가 있어요. 이는 리튬이온배터리도 마찬가지입니다. 우리가 화학을 공부하는 중요한 이유 중 하나도 각 반응을 통해 생성되는 에너지의 형태와 크기에 대해 좀 더 깊이 이해하기 위함이죠. 그렇다면 화학적인 에너지는 무엇인지, 앞에서 이야기한 물리적인 에너지와는 다른 것인지 해답을 하나씩 찾아볼까요?

▥ 원자의 핵 주변에 전자는 어떻게 배치되는가?

원자 내 전자가 갖는 물리적인 에너지(에너지 준위)를 알려주는 오비탈에서부터 이야기를 시작해 봅시다. 오비탈은 원자 내에서 전자의 특정 위치를 알려준다고 했지요? 그러니까 오비탈마다 원자의 핵 주변에 전자들을 배치할 수 있습니다. 오른쪽 그림(43쪽 참조)에서 정리한 것처럼 보통 원자의 핵에 가장 가까운 K껍질(오비탈: $1s$)에

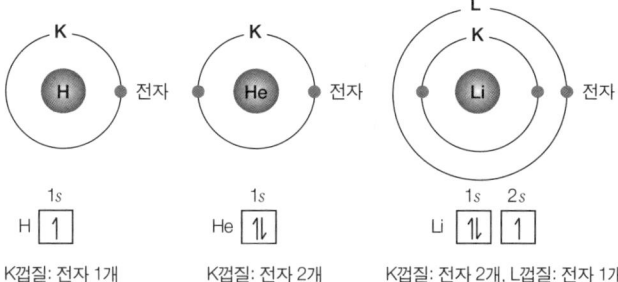

수소(H), 헬륨(He), 리튬(Li)의 각 전자껍질에 있는 오비탈에 위치한 전자들

원자의 핵에서 멀어지는 방향, 즉 정전기력 포텐셜이 커지는 순서대로 전자를 배치한다. 전자배치는 전자의 스핀 운동 방향에 맞게 화살표를 작은 사각형에 넣어주는 오비탈 다이어그램을 사용하여 나타내기도 한다.

서 시작합니다. 그 다음 L껍질(오비탈: $2s2p$), 또 위 그림에는 없지만 M껍질(오비탈: $3s3p3d$) 등 원자의 핵에서 멀어지는 방향, 즉 정전기력 포텐셜이 커지는 순서대로 전자를 배치하게 되지요.

이처럼 원자번호에 따라 해당되는 수의 전자들을 낮은 에너지 준위의 오비탈에서부터 차례대로 위치시킨 후 기호로 나타낸 것을 **전자배치(Electron Configuration)**[24]라 하고, 이를 원자의 **기저상태 (Ground State)**라 합니다. 말 그대로 원자가 가질 수 있는 가장 낮은 에너지 상태를 의미해요. 우리도 열심히 공부하거나 일을 많이 하면 지쳐서 에너지가 바닥난 것처럼 느낄 때가 있는데, 원자로 치면 바로 기저상태에 도달한 거라고 비유할 수 있습니다. 아무튼 원자의 전자배치는 다음과 같이 표현할 수 있어요.

....
24. 책 후반부의 '오비탈'과 '전자배치' 용어설명을 참고한다.

- 수소(H): $1s^1$
- 헬륨(He): $1s^2$
- 리튬(Li): $1s^2 2s^1$ 혹은 $[He]\,2s^1$ [25]

이 중 헬륨의 전자배치를 살펴볼까요? 가장 처음에 나온 숫자 1은 K껍질, s는 K껍질에 있는 오비탈 그리고 위첨자는 전자의 개수를 나타냅니다. 즉 헬륨의 전자 2개는 K껍질의 s오비탈에서 동일한 에너지를 갖고 운동하고 있다고 할 수 있어요. 다만 s오비탈에 있는 전자 2개의 스핀(자전) 운동 방향만 서로 반대입니다. 그래서 전자배치는 오비탈을 나타내는 작은 상자에 전자의 스핀 운동 방향(Up, Down)에 맞게 화살표(↑, ↓)를 넣어주는 오비탈 다이어그램을 사용하여 나타내기도 합니다(43쪽 그림 참조).

▐▐▐ 내부에너지란 무엇일까?

각 원자의 전자배치는 화학반응 및 화학적인 에너지와 관련하여 활용도가 높은 개념입니다. 특히나 이 책의 뒤에서 살펴볼 리튬이온 전기화학셀의 전기에너지 등을 예측하는 데 있어 핵에서 가장 멀리 떨어진 최외곽 전자(Valence Electron)들의 개수는 대단히 유용하고 중요한 정보입니다. [18]

....
25. 리튬(Li)의 전자배치는 헬륨(He)의 전자배치를 활용하여 간략화해서 나타내기도 한다.

이를 기억하며 머릿속에서 원자 내의 전자들이 각 전자껍질의 오비탈에 배치된 모습을 한번 상상해 봅시다. 전자들은 원자 내부라는 아주아주 작은 공간에 핵과의 정전기력(인력)에 의해 속박되어 있기는 하지만, 어쨌든 오비탈 내에서 움직이고 있으므로 **운동에너지**를 갖습니다. 한편 아무리 작은 공간이라고 해도 전자는 핵으로부터 일정한 거리만큼 떨어져 있으므로 **정전기력 포텐셜에너지**도 갖지요. 그렇다면 원자 내에 배치된 전자 하나하나를 추적하여 운동에너지와 정전기력 포텐셜에너지를 계산한 후 모두 합하면 전자들이 가진 물리적인 에너지의 총합을 구할 수 있겠죠?

한편 원자 내부의 전자가 아닌 원자와 원자가 만나는 경우를 생각해 볼까요? 예를 들어 어떤 용기 안에 있던 수소원자(H)나 산소원자(O)가 각각 동일한 원자를 만나면 어떻게 될까요? 네, 수소분자(H_2)와 산소분자(O_2)가 생성됩니다(수소분자와 산소분자는 간략히 수소, 산소로 부르자). 생성된 수소나 산소는 용기 내에서 운동하다가 또 다른 분자들을 만나 밀거나 당기는 상호작용을 하게 되죠. 즉 운동에너지와 정전기력 포텐셜에너지를 갖습니다. 수소나 산소 하나하나를 추적함으로써 다른 분자들과 상호작용을 하면서 갖게 되는 물리적인 에너지를 계산한 후에 모두 더하면 분자들의 상호작용으로 인한 물리적인 에너지의 총합을 구할 수 있는 거죠.

이처럼 어떤 원자나 분자의 내부에 있는 전자들이 가진 물리적인 에너지의 총합과 원자나 분자 수준에서 일어나는 상호작용에 의한 물리적인 에너지의 총합을 더한 것을 물질의 **내부에너지**

(Internal Energy)라 합니다. 다시 말해 물질을 구성하고 있는 모든 입자, 즉 전자, 원자의 핵, 원자, 분자 등의 운동 및 상호작용으로 인해 갖게 되는 물리적인 에너지의 총합인 것이에요. **화학적인 에너지(Chemical Energy)**[19]는 내부에너지의 한 부분으로서 화학반응 전후 화학결합에 참여하는 전자들만 따로 모아 이 전자들이 갖는 운동에너지와 정전기력 포텐셜에너지의 합을 구한 것이죠. 뒤에서 좀 더 자세히 살펴보겠지만 화학반응 전후에 내부에너지의 차이로 방출되는 열은 곧 화학적인 에너지의 차이와 같습니다.

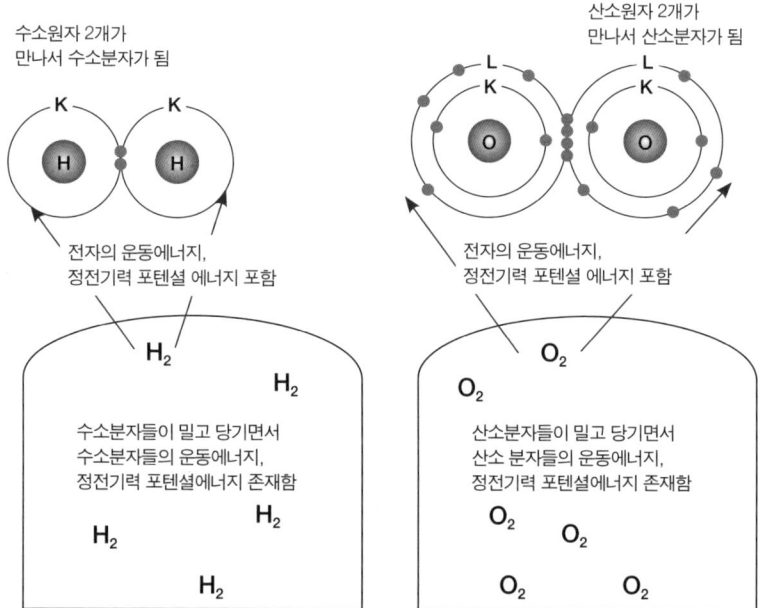

수소원자 2개가
만나서 수소분자가 됨

산소원자 2개가
만나서 산소분자가 됨

전자의 운동에너지,
정전기력 포텐셜 에너지 포함

전자의 운동에너지,
정전기력 포텐셜 에너지 포함

수소분자들이 밀고 당기면서
수소분자들의 운동에너지,
정전기력 포텐셜에너지 존재함

산소분자들이 밀고 당기면서
산소 분자들의 운동에너지,
정전기력 포텐셜에너지 존재함

수소와 산소의 내부에너지
어떤 원자나 분자의 내부에 있는 전자들이 가진 물리적인 에너지의 총합과 원자나 분자 수준에서의 상호작용에 의한 물리적인 에너지의 총합을 더한 것을 내부에너지라 한다.

앞서 살펴본 물리적인 에너지는 얼핏 화학적인 에너지와 큰 관련이 없어 보였습니다. 하지만 물리적인 에너지 개념을 바탕으로 아주아주 작은 원자의 세계로 들어가 전자나 원자, 분자에 적용하였고, 이를 통해 내부에너지 및 화학적인 에너지의 개념을 도출할 수 있게 되었죠. 다만 내부에너지의 실질적인 값은 직접 계산하기가 너무 복잡하고 어렵습니다. 그래서 보통 내부에너지의 절댓값은 계산하지 않죠. 그렇다면 실젯값도 알 수 없는 내부에너지를 대체 어떻게 활용한다는 걸까요? 바로 이어서 살펴봅시다.

▐▐▐⟩ 내부에너지는 어떻게 활용하나?

내부에너지는 원자 내의 전자 그리고 원자 혹은 분자 사이의 상호작용으로 얻어지는 운동에너지와 포텐셜에너지를 모두 합한 것이고, 작용하는 정전기력은 보존력이므로 에너지보존법칙이 성립합니다. 즉 내부에너지는 보존되는데, 이는 '열역학 제1법칙'으로 알려져 있죠. 예를 들어 어떤 화학반응에서 내부에너지가 열(q)로 방출되거나 외부에 일(w)을 해주는 경우 감소된 내부에너지의 크기는 방출된 '열'과 외부에 해준 '일'의 합과 동일합니다. 이해를 돕기 위해 화학 수업 시간에 볼 수 있는 대표적인 반응인 **연소**를 예로 들어볼까요? 식(4)는 수소와 산소의 연소반응을 정리한 것이에요.

$$2H_2 + O_2 \rightarrow 2H_2O \cdots (4)$$

과학자들은 반응물인 수소($2H_2$)와 산소(O_2)가 만나 생성물인 물($2H_2O$)이 만들어지는 동안 열이 항상 방출된다는 것에 착안하였습니다. 그래서 연소반응이 진행되는 동안 내부에너지가 감소되고, 그 차이만큼 열이 방출될 거라는 가설을 세웠죠. 이를 증명하기 위해 반복적인 실험을 통해 반응하는 동안 방출된 열의 크기를 측정해 보았습니다. 그랬더니 그 값이 정말 매번 일정하게 나왔고, 이 가설이 맞았다고 생각합니다.

그리고 수소와 산소가 만나는 연소반응뿐만 아니라 화석연료(석유, 석탄)가 산소(O_2)와 만나 발생하는 연소반응에서도 방출되는 열의 크기가 일정하다는 결과를 얻게 되었죠. 자동차의 내연기관을 예로 들어볼까요? 연료인 가솔린의 주성분인 옥탄(Octane, $2C_8H_{18}$)이 산소($25O_2$)와 만나 연소되면 그 과정에서 열이 방출되고 생성물인 이산화탄소($16CO_2$)와 물($18H_2O$)이 만들어집니다(식(5) 참조).[20] 마찬가지로 반응물의 내부에너지가 생성물의 내부에너지보다 감소되는 만큼 열이 발생한다는 가정에 부합하는 것이죠.

$$2C_8H_{18} + 25O_2 \rightarrow 16CO_2 + 18H_2O \cdots (5)$$

그러면 열 외에 연소반응으로 인해 외부에 해준 일은 얼마나 될까요? 반응 중 부피 팽창이 일어나면 외부에 일(w)을 해주게 되므로 일도 고려해야 합니다. 그런데 앞의 두 연소반응에서 부피 팽창이 일어나는가 살펴보니 변화가 거의 없었습니다. 그 이유를 알아보니 일반적으로 연소 실험은 지상의 건물 내 실험실에서 이루어지므로 보통 대기압(정압) 하(下)였기 때문이었어요. 즉 대기압(정압) 하(下)에서 연소반응이 진행되는 경우 보통은 부피 팽창이 아주 미미하여 외부에 해준 일이 거의 없다, 즉 영(Zero, 0)으로 가정해도 무방하다는 것이에요. 이는 다음과 같이 표시할 수 있습니다.

$w_p \approx 0$ ⋯ (6)

w_p 는 대기압(정압) 하(下)에서 반응 전후 외부에 해준 일[J]

일을 나타내는 w 에 아래 첨자 p 를 추가하여 정압임을 표시한 거죠. 이 밖에도 다양한 반응물의 연소반응을 관찰해 보니 동일한 반응물일 때, 그리고 같은 양이 반응하는 과정에서 방출되는 열은 항상 일정하게 측정되었습니다. 그리고 각 연소반응에서 부피 팽창도 거의 일어나지 않았죠. 이와 같은 실험 결과가 나온 것이 바로 내부에너지의 에너지보존법칙이 성립하기 때문입니다. 이러한 일관성으로 인해 비록 반응물과 생성물 각각의 내부에너지 절댓값을 직접 계산할 순 없어도 방출된 열(q_p)을 측정함으로써 반응 전후의 차이($\triangle E$)를 간접적으로 알아낼 수 있게 된 것입니다. 열은 대기압(정압) 하(下)에서 방출되기 때문에 열을 나타내는 q 에 아래 첨자 p 를 추가하여 다음과 같이 정압임을 표시했습니다.

내부에너지차이($\triangle E$) $\approx$ 방출된 열(q_p) ⋯ (7)

이처럼 내부에너지는 절댓값보다는 화학반응 전후의 변화(증가나 감소)와 연관된다는 점이 중요합니다. 즉 내부에너지 변화($\triangle E$)는 화학반응이 일어나는 방식(경로)에 의존하지 않고, 반응 전후의 상태에만 의존하는 거죠. 그리고 연소반응은 반응 과정에서 열이 방출되는 대표적인 발열반응이라는 것을 꼭 기억해 주세요. 연소 시 방출되는 열은 일종의 에너지 형태이므로 **열에너지**라고도 합니다.

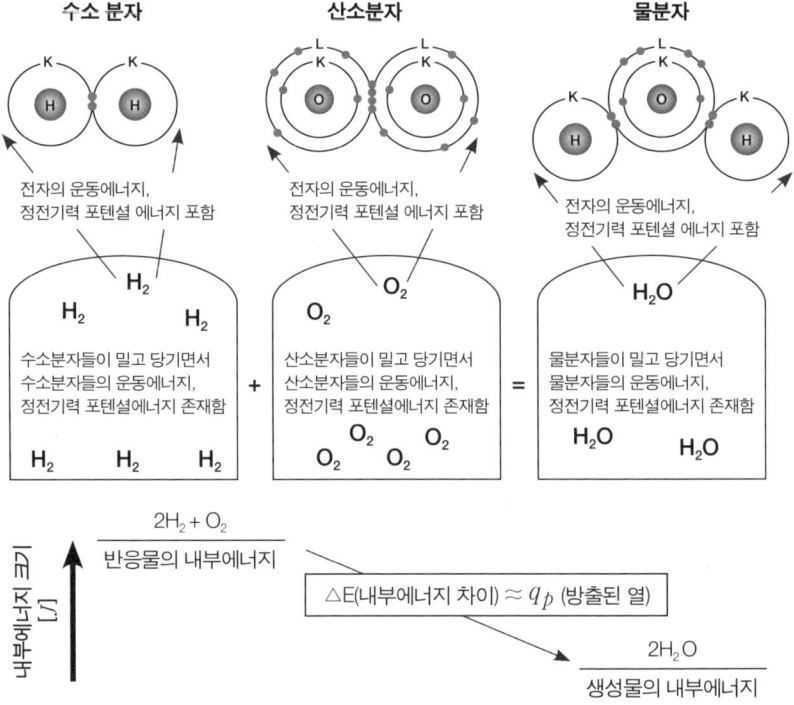

산소와 수소의 연소반응(내부에너지 차이 ≈ 열에너지)
반응물($2H_2$, O_2)의 내부에너지가 생성물($2H_2O$)의 내부에너지와 비교할 때 상대적으로 감소되고, 감소된 내부에너지는 거의 대부분 열로 방출된다.

열화학(Thermochemistry)에서는 화학반응의 종류, 반응물과 생성물의 내부에 너지 변화($\triangle E$), 열(q_p)의 출입이나 외부에 한 일(w_p) 등을 고려하지요. 그런 데 알고 계셨나요? 열화학에서 적용하는 개념과 법칙들은 사실 19세기 산업혁 명기에 스팀 엔진(Steam Engine)의 효율성에 영향을 주는 인자들을 탐구하던 열역학(Thermodynamics)에 기반을 두고 있어요. 주로 열에너지로부터 기계적 에너지로의 전환에 초점을 두었는데 스팀 엔진의 효율성을 이상적인 한계치까 지 끌어올리는 것이 주요 연구 목적이었죠.

이처럼 연소반응을 내부에너지(화학적인 에너지) 변화라는 혁신적 관점에서 바라본 과학자들의 노력 덕분에 오늘날 우리가 열에너지 를 잘 다루고 다양하게 이용할 수 있게 된 것입니다.[26]

▥ 내부에너지의 감소는 어떤 의미?

연소반응을 살펴보며 우리는 내부에너지의 변화를 알게 되었어요. 이제 내부에너지의 감소가 가진 의미에 대해 좀 더 살펴볼게요. 수 소와 산소가 만나서 물이 생성되는 연소반응을 관찰하면 가장 먼저 눈에 띄는 것은 원자 간 **화학결합**(22)이 바뀐다는 것입니다.

....

26. 바로 이런 특성 때문에 내부에너지를 상태함수(State Function)라 한다. 상태함수는 동일한 상
    태(온도, 압력 등) 하에서 항상 일정한 값을 갖는다. 이 책에서 다루는 내부에너지(E)를 포함해
    엔탈피(H)나 깁스 자유에너지(G) 등도 상태함수다. 앞서 자이언트드롭이나 워터슬라이드를 탈
    때 총에너지는 경로와 상관없이 보존된다고 했던 것과 비슷하지 않은가?

화학결합 관점에서 보면 반응 이전의 수소와 산소는 각각 동일 원자 간의 **무극성 공유결합**입니다. 이것이 무슨 뜻인가 하면 수소나 산소 분자들처럼 동일한 원자들이 전자를 공유하면서 결합할 때 전자들이 어느 한쪽 원자의 핵에 더 가깝게 위치하지 않는다는 거예요. 왜냐하면 각 원자의 **전기음성도(Electronegativity)**, 즉 핵이 공유되는 전자를 끌어당기는 힘의 크기가 같기 때문입니다. 그래서 분자를 보면 부분전하가 만들어지지 않는 것이에요.

그런데 반응 후 생성물에서는 전혀 다릅니다. 이 경우 반응 후 생성된 물은 산소원자와 수소원자 간의 **극성 공유결합**입니다. 물분자를 보면 공유되는 전자가 전기음성도가 큰 산소원자의 핵에 이끌려 더 가깝게 있습니다. 그래서 물분자를 보면 부분적인 전하가 만들어집니다. 산소원자의 핵으로 전자가 더 가깝게 이끌려 가기 때문에 산소원자 지역에는 **음(-)의 부분전하(δ)**가, 수소원자 지역에는 **양(+)의 부분전하(δ)**가 형성됩니다. 이렇게 각각 만들어진 양(+)과 음(-)의 부분전하를 **쌍극자(Dipole)**라 하는데, 이러한 공유결합이 바로 극성 공유결합입니다.

우리가 반응 전후로 주목해야 할 것은 바로 공유결합 종류의 변화입니다. 즉 내부에너지 감소는 공유결합에 참여하는 전자들의 물리적 에너지가 감소하며 나온 결과죠. 반응 전 무극성 공유결합을 하던 전자들의 물리적인 에너지의 합이 반응 후 극성 공유결합을 하면서 감소하는 것이 화학적인 에너지 변화의 핵심이니까요. 화학적인 에너지 감소가 내부에너지 감소를 이끌어낸 것입니다.

한편 반응이 끝난 후 분자 수준에서의 상호작용을 살펴볼까요? 기체분자인 수소와 산소에 비해 물분자는 서로 잡아당기는 인력에 의한 상호작용이 반응 이전에 비해 훨씬 더 커집니다. 즉 반응 이전에 무극성 분자들이었던 수소와 산소일 때와는 사뭇 다르죠. 예컨대 각각이 산소와 수소일 때는 동일한 분자를 만나도 본체만체 쌩하니 스쳐 지나며 서로 갈 길 가는 정도의 상호작용만 할 뿐입니다. 그런데 물분자가 된 후에는 완전히 달라집니다. 서로 만나면 굉장히 반가워서 어쩔 줄 몰라 하며 얼싸안고 인사하는 것에 비유해 볼 수 있습니다. 좀 끈적끈적해지며, 움직이는 속도가 상당히 느려지지요. 이러한 변화 역시 무극성 공유결합에서 극성 공유결합으로 화학결합의 변화가 일어났기 때문입니다.[27]

이처럼 물분자의 운동성은 수소나 산소일 때에 비해 매우 떨어집니다. 이를 과학적인 표현으로 요약하면 극성 공유결합이 형성된 후 만들어진 부분전하에 의해 물분자 간 인력이 작용하여 수증기는 곧 액체가 되고 점도가 증가하는 것입니다. 또한 부분전하는 뒤에서 볼 액체전해질을 만들 수 있는 이유입니다. 무엇보다 내부에너지의 감소를 이끌어낸 핵심적인 부분은 바로 공유결합에 참여하는 전자들과 직접적으로 연관된 화학적인 에너지의 감소입니다. 어떤가요? 이제 '물리적인 에너지', '내부에너지' 그리고 '화학적인 에너지'가 어렴풋하게나마 이해되나요?[28]

....
27. 동일한 맥락에서 수소와 산소는 보통 기체(Gas)로 존재하고, 물은 액체(Liquid)로 존재한다.
28. 물리적인 에너지, 내부 에너지, 화학적인 에너지에 관한 설명은 이 정도 설명으로 갈음한다.

전기에너지는 어떻게 대량생산되는 걸까?

지금까지 설명한 물리적인 에너지와 화학적인 에너지에 관한 내용이 대체 리튬이온배터리와 무슨 상관이 있는지 궁금할지도 몰라요. 하지만 뒤에 이어질 배터리 안에서 일어나는 여러 가지 흥미로운 현상들을 이해하는 데 큰 도움이 될 거예요. 그리고 하나만 더덧붙이고 싶은 내용이 있습니다. 그건 바로 우리가 현재 사용하는각종 전자제품이나 교통수난을 움직이는 전기에니지는 이떻게 만들어지는지에 관한 것입니다.

이 책의 주인공인 리튬이온배터리는 크게 보면 전기에너지를 만들어내는 장치의 하나죠. 이 리튬이온배터리가 전기에너지를 생산하는 원리와 우리 가정에 들어오는 전기에너지를 생산하는 원리는같을까요, 아니면 다를까요? 아마 이 책의 후반부쯤에 가면 이에 대해 확실히 답할 수 있을 거예요.

▥ 전기 없이는 못 살아!

초등학생들도 스마트폰이나 스마트패드를 들고 다니는 요즘, 일상에서 다양한 전기제품이 사용되고 있어요. 각 가정에서도 조명이나텔레비전, 세탁기, 냉장고, 에어컨은 기본이고 정수기나 OTT(Over-

---

더 궁금한 점은 관련 서적이나 자료를 찾아보면 도움이 될 것이다.

the-top) 시청을 위한 셋톱박스, 컴퓨터, 노트북 등 다양한 전기제품을 사용하지요. 그리고 여행이나 출장길 등 전국을 빠르게 이어주는 KTX도 전기의 힘으로 움직입니다. 고속철도 선로를 따라 놓인 고압선으로부터 전기에너지를 공급받으면서 달리는 것이니까요. 더욱이 최근에는 인공지능의 발전과 함께 역사상 유례를 찾아볼 수 없을 만큼 전기 사용량이 폭발하고 있습니다. 인공지능 데이터센터는 마치 닥치는 대로 전기를 빨아들이는 괴물처럼 엄청난 전력량을 필요로 하니까요.[23]

이 모든 일이 어떻게 시작되었는지 과거로 쭉쭉 거슬러 올라가다 보면 화력발전소를 만나게 됩니다. 발명왕으로 알려진 에디슨에 의해 처음 도입된 화력발전소(Pearl Street Central Station)에서 전기에너지의 대량생산이 가능해지면서 이 모든 일들이 시작된 것이라고 할 수 있으니까요.[24] 에디슨이 뉴욕에 설립한 화력발전소에서는 석탄을 태워 수증기를 만들고 발전기에 연결된 터빈을 돌렸습니다. 그런데 그때만 해도 발전기에서는 교류(AC)가 아닌 직류(DC)가 생산되었죠. 교류와 직류의 생산 원리는 비슷하지만, 주요 차이점이라면 그때는 직류 생산을 위해 자석 혹은 코일이 회전할 때 전류의 방향이 바뀌지 않고 계속 동일 방향으로 흐르도록 하는 장치(Split Ring Communicator)가 붙어있었습니다.[25] 이러한 장치로 인해 에디슨이 설립한 화력발전소는 110[V]의 직류를 공급했던 거죠.[26] 그러나 시간이 흐르면서 화력발전소에서는 모두 교류(AC)를 생산하게 되었고, 지금에 이른 것입니다.[27]

최근에는 화력발전 과정에서 배출되는 온실가스로 야기되는 심각한 환경문제를 인지한 세계 각국에서 가능하면 화력발전을 줄이려고 노력하고 있습니다. 예컨대 화력발전 대신 수력이나 원자력발전과 함께 재생가능에너지(Renewable Energy)에 의한 발전을 늘리려고 하지요.[28]

하지만 하루하루 무섭게 치솟는 에너지 소비량을 감당하지 못해 폐쇄했던 화력발전소마저 재가동하는 등 각국은 화력발전을 쉽사리 포기하지 못하고 있습니다. 세계 각국의 에너지 생산을 살펴봐도 여전히 대부분의 전기에너지가 화력발전으로 만들어지고 있으니까요. 특히 우리나라는 국내 발전소의 열에너지원 중 석탄의 비중이 32.5[%](2022년 기준)로 아직 석탄을 에너지원으로 하는 화력

잠깐만! 재생가능에너지[29]

재생가능에너지는 이 책의 뒤에서도 살펴보겠지만, 재생할 수 있는 자원들 예컨대 태양, 바람, 조수, 파도, 지열 등과 같이 아무리 사용해도 시간이 흐르면서 계속 보충되는 자원들로부터 수집된 에너지를 말합니다. 그런데 화력발전소의 터빈을 돌리기 위한 열을 얻기 위해 사용되는 연료를 석탄에서 바이오매스, 쓰레기, 천연가스 등의 에너지원으로 바꾸면 이산화탄소 배출량이 석탄에 비해 매우 작기 때문에 친환경 발전으로 분류되는 것을 알고 있나요? 이 중 우리에게 친숙한 천연가스는 화석연료이지만 대기오염물질이 거의 배출되지 않는 편입니다. 가정에서 사용하는 일반적인 보일러에서의 연소뿐만 아니라 발전소에서도 연소되어 터빈을 돌리는 목적으로도 사용되고 있습니다.

발전 의존도가 가장 높습니다.[30] 그런 의미에서 지금부터 화력발
전소에서 어떻게 전기가 만들어지는지 살펴보려고 합니다. 앞서 설
명했던 물리적인 에너지와 화학적인 에너지를 떠올리면서 발전소
의 내부로 함께 들어가 볼까요?

▥ 자기 현상을 알아보자

화력발전의 원리를 알아보려면 그 전에 '자기력(Magnetic Force)'[29][31]에
관해 설명할 필요가 있습니다. 혹시 물리 수업 시간에 물질의 자기
현상을 배운 적이 있나요? 기본적으로 전하를 띤 입자(예, 전자)가
운동하면 주위에 자기력이 발생하는데, 자기력이 미치는 범위(자기
장, Magnetic Field)와 방향은 자기력선(Magnetic Field Line)[30]으로 표
현됩니다. 이해를 돕기 위해 먼저 아래 그림을 봐주세요.

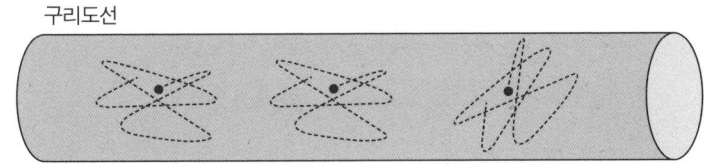

구리도선

외부 전압이 없는 상태의 구리도선
자유전자는 평소 특별한 방향성 없이 무작위로 움직인다.

....

29. 자기력 혹은 자기력이 미치는 범위인 자기장은 B 혹은 H로 표시한다. 단위는 [T], 테슬라(Tesla)
   이다.
30. 자기력선은 가상의 선으로서 자극(N 혹은 S) 근처에서 단위 면적당 개수가 많고, 자극에서 멀
   수록 개수가 적다.

이처럼 구리도선의 내부에는 구리 원자의 핵으로부터 속박을 받지 않는 **자유전자**[31]가 있고, 평소에는 방향성 없이 무작위로 움직입니다. 하지만 이 구리도선에 외부 전압을 걸면 자유전자가 일정한 방향으로 이동하게(앞서 설명했던 '일'에 해당) 되면서 자기력이 발생하지요. 이때 자기력선은 구리도선을 중심으로 동심원 모양으로 만들어지고, 그 방향은 **앙페르의 오른나사 법칙**[32]에 따릅니다(아래 그림 참조). 자기력선은 같은 방향이면 중첩되고, 반대 방향이면 상쇄되는 특징이 있는데, 이는 자기력을 가진 두 물질이 서로 당기거나 밀어내는 현상을 설명하는 데에도 사용됩니다. 즉 전류가 흐르는 두 도선을 가까이하였을 때 전류의 흐름이 같은 방향이면 서로 잡아당기고(인력), 반대 방향이면 밀어내죠(척력).

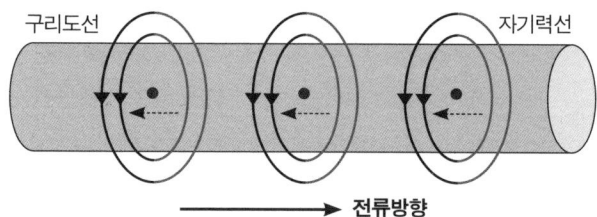

외부 전압이 주어진 상태의 구리도선

외부 전압에 의한 자유전자의 이동으로 자기력이 발생한다. 자기력선의 방향은 앙페르의 오른나사법칙에 따른다. 오른나사를 본 적이 없다면 오른손 엄지를 치켜세우는 손동작을 취해보자. 엄지를 전류 방향에 일치시키면 감아쥐는 나머지 손가락들 방향이 자기력선 방향이다. 이렇게 하면 자기력선과 전류의 방향을 쉽게 기억할 수 있다.

....

31. 금속 내부의 자유전자는 금속결합이 갖는 핵심적인 특징이다('금속결합' 용어설명 참조).
32 자기력선은 오른나사가 회전하는 방향으로 만들어진다는 원리이다. 전류의 단위 암페어(Ampere)도 과학자 앙페르의 이름에서 인용된 것이다.

영구자석(Permanent Magnet)은 외부에서 전류를 흘려주지 않아도 스스로 자기력을 띠고 있는 물질입니다. 자기력선의 방향을 기준으로 N극과 S극을 정할 수 있죠. 이처럼 외부에서 전압을 걸어주지 않아도 발생하는 영구자석의 자기력은 도대체 어디에서 오는 것일까요? 이를 이해하기 위해 화학적 에너지에서 살펴본 원자의 전자배치를 떠올려 봅시다.

전자들은 핵을 중심으로 일정 거리만큼 떨어진 채 각 전자껍질 안에서 운동한다고 했죠? 이때 전자 딱 하나의 운동만 끄집어내서 눈으로 볼 수 있다고 가정할게요. 그러면 아래 그림에서 표현한 것처럼 원자의 핵을 중심으로 도는 궤도 운동(공전)과 제자리에서 도는 스핀(자전) 운동의 두 가지로 간략히 요약할 수 있어요. 이처럼

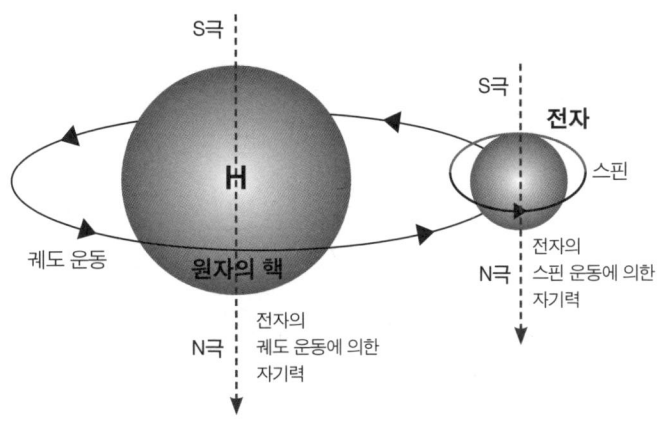

원자 내 전자들이 갖는 자기력

각 전자는 저마다 2종류의 자기력, 즉 궤도 운동에 의한 자기력과 스핀 운동에 의한 자기력을 갖는다. 따라서 어떤 원자가 갖는 총자기력은 전자의 궤도 운동에 의한 자기력과 스핀 운동에 의한 자기력의 합이다.

원자 내의 전자들은 저마다 위치하는 에너지 준위에서 운동하고 있답니다. 각 전자는 비록 미미하지만, 이미 두 가지 자기력, 즉 궤도 운동에 의한 자기력과 스핀 운동에 의한 자기력을 발생시키는 초미니 자석으로 간주할 수 있죠. 따라서 어떤 원자가 갖는 총 자기력은 전자의 궤도 운동에 의한 자기력과 스핀 운동에 의한 자기력의 합이 됩니다. 이것이 어떤 물질이 자성을 띠게 되는 근본적인 이유죠. 전자의 자전에 의한 자기력을 과학자 보어(Bohr)의 이름을 따라 보이 마그네톤(Bohr Magneton, μ_B)[32]이라 하고, 공전에 의한 자기력은 보어 마그네톤에 자기양자수[33]를 곱하여 계산합니다. 보어 마그네톤(μ_B)은 가장 근본적인 자기력이죠. 크기는 식(8)과 같습니다.

$$\mu_B = 9.27 \times 10^{-24} [J/T] \cdots (8)$$

▥ 강자성체란 무엇인가?

만약 어떤 물질의 전자배치가 각 전자의 궤도 운동과 스핀 운동에 의해 발생한 자기력들이 서로 상쇄되도록 이루어졌다면 어떨까요? 각 오비탈에 스핀 방향이 반대(Up, Down)인 두 개의 전자가 꽉 들어찬 상태죠. 이런 경우 겉보기에 자기력을 띠지 않을 것입니다.[34] 그런데 영구자석을 구성하는 물질의 전자배치를 보면 오비탈 내에

....
33. 용어설명 271쪽의 파동함수 참고.
34. 예컨대 헬륨(He) $1s^2$, 아르곤(Ar) $1s^2 2s^2 2p^6 3s^2 3p^6$ 등이 그러하다.

쌍을 이루지 않는 홀전자들이 있습니다. 이 홀전자들의 스핀 운동에 의한 자기력은 상쇄되지 않은 채 남게 되지요.[33] 또한 이런 홀전자들은 자신의 스핀 운동에 의한 자기력 방향과 주변에 있는 다른 홀전자들의 스핀 운동에 의한 자기력의 방향이 정렬되도록 서로 영향을 미칩니다. 여기에 궤도 운동에 의한 자기력도 추가되지요.

이처럼 홀전자들이 많고 이들의 자기력 방향이 서로 정렬되며 궤도 운동에 의한 자기력까지 더해져 겉보기에 강한 자기력을 나타낼 수 있는 물질이 있습니다. 이런 물질을 **강자성체(Ferromagnetic Material)**[35]라 하는데, 이는 영구자석을 만드는 기본 재료입니다.

대표적인 강자성체로서 삼원계(MCN) 배터리의 주요 원료이기도 한 코발트가 있습니다. 코발트의 전자배치[36]는 아래와 같습니다.

$$Co: 1s^2 2s^2 2p^6 3s^2 3p^6 4s^2 3d^7 \text{ 혹은 } Co: [Ar]\, 4s^2 3d^7 \cdots (9)$$

$$3d$$

코발트 원자의 $3d$ 오비탈 다이어그램
코발트의 전자배치를 보면 에너지 준위가 가장 높은 $3d$ 오비탈에 홀전자가 3개 존재한다.

....

35. 물질의 자기적인 특성을 분류하는 용어로 ① 반자성(Diamagnetism), ② 상자성(Paramagnetism), ③ 강자성(Ferromagnetism), ④ 준강자성(Ferrimagnetism)이 있다. 반자성이나 상자성 물질은 외부에서 자기장을 걸어주어야 자성을 띠지만, 강자성과 준강자성 물질은 외부에서 자기를 걸어주지 않아도 자성을 띤다.
36. 코발트(Co)의 전자배치는 아르곤(Ar)의 전자배치를 활용하여 간략화해서 나타내기도 한다.

코발트의 전자배치를 살펴보니 에너지 준위가 가장 높은 $3d$ 오비탈에 쌍을 이루지 않는 홀전자는 3개가 있는 것을 알 수 있지요? 코발트 외에 철(Fe: $[Ar]$ $4s^2 3d^6$, 홀전자 4개)이나 니켈(Ni: $[Ar]$ $4s^2 3d^8$, 홀전자 2개)과 같은 전이금속(Transition Metal)[37]도 홀전자들을 갖고 있어서 강자성을 띱니다.[34]

▥ 영구자석과 구리도선 코일로 교류를 생산하다

앞에서 구리도선 내의 전자가 이동하면서 자기력이 발생하는 것을 살펴보았죠? 이번에는 거꾸로 이미 발생한 영구자석의 자기력이 구리도선 코일 내의 자유전자를 이동시키는 것에 관해 알아봅시다. 전자기학의 아버지로 불리는 과학자 마이클 페러데이(Michael Faraday)는 영구자석이 구리도선 코일에 접근하거나 멀어질 때 코일이 느끼는 자기선속(ϕ, Magnetic Flux)[38][35]의 변화 때문에 **유도전류(i)**가 흐른다는 것을 발견하였는데, 이것이 **전자기유도**[36] 현상입니다. 페러데이는 영구자석이 코일에 빠르게 접근하면 유도전류의 크기가 커지고 느리게 접근하면 작아지는 실험 결과를 바탕으로 다음과 같이 **유도전압(ϵ)**을 구하는 식(10)을 제안했습니다.

....
37. 전이금속(Transition Metal)은 $3d$ 오비탈이 부분적으로 채워져 있는 원소들을 의미한다.
38. 자기선속은 자기력선들의 묶음이란 뜻이다. 묶음 내 자기력선 수가 많으면 자기력이 커지고, 자기력선 수가 적으면 자기력도 작아진다. 자기력선은 눈에 보이지 않는 가상의 선이므로 묶음 내 자기력선 수의 많고 적음은 자기력을 측정하여 간접적으로 판단한다.

$$\epsilon = -N \times \frac{d\phi}{dt} \quad \cdots \text{(10)}$$

ϵ는 유도전압[V], N은 코일에 감긴 횟수[회]

$\frac{d\phi}{dt}$ 는 코일의 단면인 원에 수직으로 들어오는 자기선속의 시간당 변

화율[Wb/s]

'−' 기호는 자기선속의 변화를 반대하는 방향을 의미

한편 유도전류의 방향을 결정하는 방법을 제안한 사람은 과학자 에밀 렌츠(Emil Lenz)입니다. 렌츠는 유도전류가 영구자석으로부터 나온 자기선속(ϕ)이 구리 도선으로 된 코일의 단면인 원에 수직으로 통과할 때, 자기선속의 변화를 반대하는(영구자석의 움직임을 반대하는) 방향으로 흐른다고 했죠.

좀 더 구체적으로 들여다볼까요? 영구자석의 N극이 다가오면 코일에 N극이 유도되어 영구자석을 밀어내고(64쪽 왼쪽 그림 참조), 영구자석의 N극이 멀어지면 코일에 S극이 유도되어 자석을 잡아당기지요(64쪽 오른쪽 그림 참조). 이 원리에 따라 코일에 유도되는 자극의 종류(N극 혹은 S극)를 먼저 정한 후 '앙페르의 오른나사 법칙'을 적용하면 유도전류의 방향을 쉽게 알 수 있어요.

그런데 이 모습을 보니 혹시 뭔가 연상되지 않나요? 이솝우화 〈청개구리〉에는 어머니의 말씀에 늘 반대로만 하며 속을 끓이게 했던 청개구리 아들이 나옵니다. 마치 그 모습처럼 코일에 유도되는 자극도 영구자석의 자극이 멀어지면 붙잡고, 가까이 오면 밀어내는 방향이니까요.

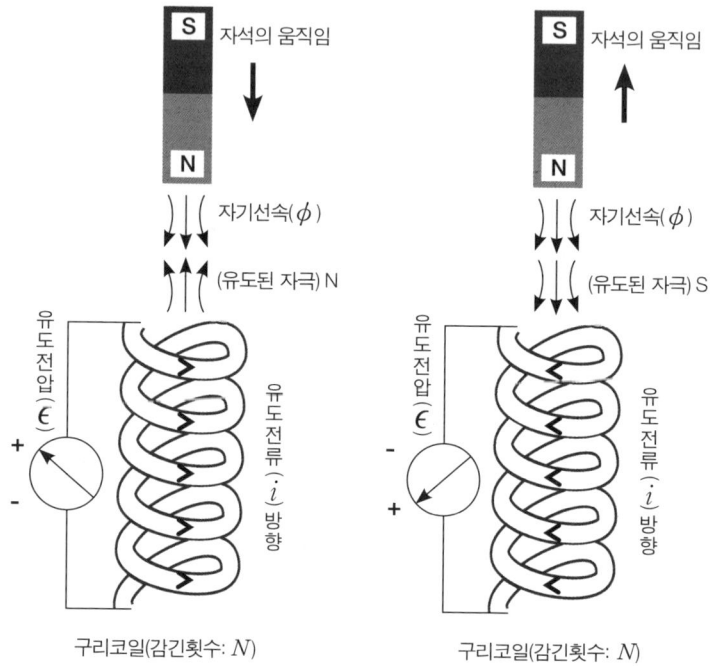

전자기유도 현상

유도전류는 구리도선 코일의 단면인 원에 영구자석에서 나와 수직으로 통과하는 자기선속(ϕ)의 변화를 반대하는 방향으로 흐른다.

이번에는 영구자석을 잡고 코일에 가까이 가져갔다가 뒤로 물리는 것을 반복한다고 가정해 봅시다. 그러면 유도전류가 구리도선으로 된 코일의 오른쪽, 왼쪽, 오른쪽, 왼쪽 방향으로 반복적으로 계속해서 발생하겠죠? 바로 이런 방식으로 우리가 일상생활에서 다양한 전기제품을 움직이는 데 사용하는 **교류(AC, Alternate Current)**가 생산되는 것입니다!

강자성체가 갖는 각각의 홀전자는 궤도 운동에 의한 자기력과 스핀 운동에 의한 자기력을 미미하게나마 발생시키는 일종의 '초미니 자석'으로 볼 수 있다고 했죠? 강자성체는 홀전자로 된 초미니 자석을 많이 갖고 있는 것입니다. 그렇다 해도 강자성체가 곧바로 영구자석이 되는 것은 아닙니다. 강자성체 안을 들여다보면 초미니 자석들이 삼삼오오 모여 자기력선을 한 방향으로 정렬한 작은 구역을 형성하고 있는데 이를 '자기구역(Magnetic Domain)'[39(37)]이라 합니다. 자기구역은 완성된 직소(Jigsaw) 퍼즐의 한 조각에 비유해 볼 수 있습니다. 자기구역은 '초미니 자식'이 아닌 조금은 덩치가 커진 '미니 자석'이라고 볼 수 있죠. 그렇지만 각 자기구역의 자기력선 방향은 무작위여서 외부에서 볼 때 아직 그다지 큰 자기력을 보이지 못합니다. 그런데 만일 각 자기구역의 자기력선 방향을 전체적으로 한 방향으로 정렬시키면 어떻게 될까요? 강자성체가 갖는 모든 미니 자석 그리고 그 안의 모든 초미니 자석의 자기력선이 한 방향으로 정렬되고 비로소 강력한 자기력을 보이게 됩니다. 이것이 바로 영구자석입니다. 영구자석은 강자성체에 다른 자석(보통 전자석)의 자기장을 가하여 만드는데 이를 '자기유도(Magnetic Induction)'라 합니다. 마치 흩어졌던 내부의 힘을 하나로 모으는 것과 비슷합니다. 이렇게 한번 강자성체가 영구자석이 되면 큐리온도(Curie Temperature)[(38)]라는 특정 온도 이상으로 가열하지 않는 이상 자기력이 보존됩니다.

....
39. 줄여서 '자구'라 합니다.

〔▥〕화력발전의 핵심은 열에너지

자, 지금까지 설명한 내용을 기억하면서 다시 화력발전으로 돌아와 봅시다. 화력발전의 주요 과정은 방금 설명한 전자기유도 현상을 이용한 교류의 생산이에요. 즉 발전기의 내부에는 터빈이 있고, 터빈의 축에 영구자석이 연결되어 있습니다. 그리고 이 영구자석을 중심으로 주변에 여러 개의 구리도선 코일이 배치됩니다. 이 영구자석이 빠르게 회진하면서 N극과 S극이 코일에 가까이 갔다가 멀어지는 운동을 반복하게 되지요. 이로 인해 방향이 반대인 유도전류가 코일에 반복적으로 계속 흐릅니다.

여기서 잠깐! 영구자석이 연결된 터빈을 돌리는 회전력은 어디에서 올까요? 이미 짐작하고 있겠지만, 화석연료가 연소될 때 발생하는 열에너지로 이 터빈을 돌립니다. 즉 **반응물**[40]인 화석연료와 산소의 내부에너지가 **생성물**[41]인 물과 이산화탄소가 되는 연소 과정에서 감소되면서 열로 방출되어 보일러의 물을 끓이면, 이때 나오는 증기가 터빈을 돌리고, 터빈의 축에 연결된 영구자석이 여러 개의 코일 주변에서 회전하면서 교류[42(39)]가 생산되는 것이에요.

에너지의 변환 관점에서 차근히 따져보면 가장 근원적인 에너지

....
40. 화학반응에 참여하여 생성물을 만드는 물질.
41. 화학반응의 결과로 만들어지는 물질.
42. 초당 전류의 방향이 바뀌는 횟수가 주파수[Hz]이다. 한국의 화력발전소는 미국처럼 영구자석이 초당 60회 회전하면서 60[Hz]의 교류를 만든다. 교류의 상대적 용어인 직류는 항상 일정한 방향으로 흐르는 전류다.

는 반응물인 화석연료와 산소의 내부에너지이고, 연소반응은 이 내부에너지가 열에너지로 방출되도록 도와주는 역할을 한다는 것을 알 수 있습니다.

혹시 화력발전소를 운용하는 데 사용되는 석탄의 양이 얼마나 되는지 알고 있나요? 화력발전소의 전기에너지 생산 능력과 연관된

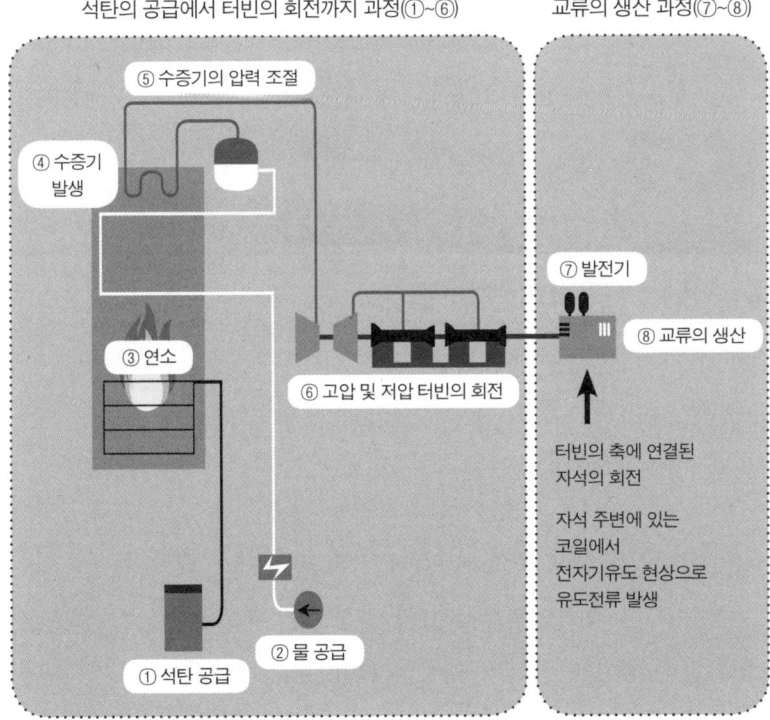

석탄의 공급에서 터빈의 회전까지 과정(①~⑥)

⑤ 수증기의 압력 조절

④ 수증기 발생

③ 연소

⑥ 고압 및 저압 터빈의 회전

① 석탄 공급

② 물 공급

교류의 생산 과정(⑦~⑧)

⑦ 발전기

⑧ 교류의 생산

터빈의 축에 연결된 자석의 회전

자석 주변에 있는 코일에서 전자기유도 현상으로 유도전류 발생

화력발전의 전체적인 과정(40)
반응물인 화석연료와 산소가 반응하여 생성물인 이산화탄소와 물이 되는 연소 과정에서 발생하는 열로 보일러의 물을 끓여 증기를 발생시키고, 이 증기가 터빈을 돌린다. 터빈의 축에 연결된 자석이 코일 주변을 회전하면서 전기를 생산한다.

집전 장치

전기에너지를 공급받으면서 달리는 고속철도

고속철도의 후미 차량 지붕에는 고압선으로부터 전기에너지를 공급받을 수 있도록 집전장치[41](그림의 화살표 참조)가 설치되어 있다. 집전장치 중 고압선과 접촉하는 부분을 슬라이드 플레이트(Slide Plate)라 한다.

지표로서 '출력'이 있습니다. 출력이란 발전소가 주어진 조건에서 순간적으로 발전할 수 있는 전력을 의미하지요. 만약 최대출력이 1,000[MW]인 화력발전소가 있다고 가정할 때, 최대출력으로 발전소를 하루 동안 가동하기 위해 태워야 하는 석탄의 양은 자그마치 9,000[ton]이라고 합니다.[43(42)] 하루 동안 2톤 트럭 4,500대를 채울

....
43. 화력발전소가 최대출력(1000[MW])으로 하루(24[hr]) 동안 발전하면 전력량은 24,000[MWh]이다.

수 있는 어마어마한 양이지요. 출력은 전력 수급 상황에 따라 조정하는데 출력을 높일수록 태워야 하는 석탄의 양도 당연히 늘어나게 됩니다. 화력발전소에서 하루하루 엄청난 온실가스가 배출되는 셈입니다.[44(43)]

앞에서도 잠시 언급했지만, 화력발전은 전기에너지의 대량생산 시대를 열었다는 점에서 인류사의 한 획을 긋는 중대한 의미가 있습니다. 캄캄한 밤거리를 대낮처럼 환하게 밝혔고, 더 나아가 세상은 밤낮없이 바쁘게 돌아가게 되었죠. 그리고 이제는 세상의 거의 모든 것들이 전기의 힘으로 움직입니다.

일반적으로 전기에너지는 '깨끗하다'는 이미지를 줍니다. 근거 없는 말은 아닙니다. 우리가 일상에서 다양한 전기제품을 사용할 때 이산화탄소는 물론 불쾌한 냄새나 매연이 발생하지 않습니다. 전기자동차도 마찬가지입니다. 화석연료를 연소시켜 에너지를 얻고 난 후 이산화탄소(CO_2)뿐만 아니라 일산화탄소(CO), 질소산화물(NO_x), 미세먼지(PM, Particulate Matter), VOC(Volatile Organic Compound) 같은 환경유해물질[44]이 발생하는 내연기관자동차와 달리 전기자동차는 운행 중에 환경유해물질이 전혀 배출되지 않기 때문에 친환경자동차라고 불리는 거죠.[45]

....

44. 석탄(예, 탄소함량 66[%]인 역청탄) 9000[ton]을 연소하면 방출되는 이산화탄소의 무게는 21,780[ton]이다.

45. 하지만 뒤에서도 살펴보겠지만, 전기자동차를 생산하고, 유통하고, 또 사용 중 충전하는 데는 여전히 화력발전소에서 생산된 전기가 상당 부분 사용되는 점을 잊지 말아야 한다.

모든 에너지의 중심에 있는 열에너지

오랜 시간 전기에너지의 대량생산은 화석연료의 연소 과정에서 방출되는 열에너지에 의존해 왔습니다. 그뿐만 아니라 열에너지는 육상, 공중, 해상을 넘나들며 다양한 운송수단을 움직이게 하는 내연기관의 동력원으로 오랜 시간 사용되고 있지요. 이로 인해 전 세계 구석구석 어디든 여행객들을 실어 나르고, 자국을 넘어 세계 어디로든 빠르게 제품 운송을 할 수 있게 되었으며, 국제무역도 활기를 띠게 되었죠. 또한 추운 기후에서도 인류가 적응하여 살아갈 수 있도록 난방열을 제공합니다. 즉 문명사회의 다양한 활동은 지금껏

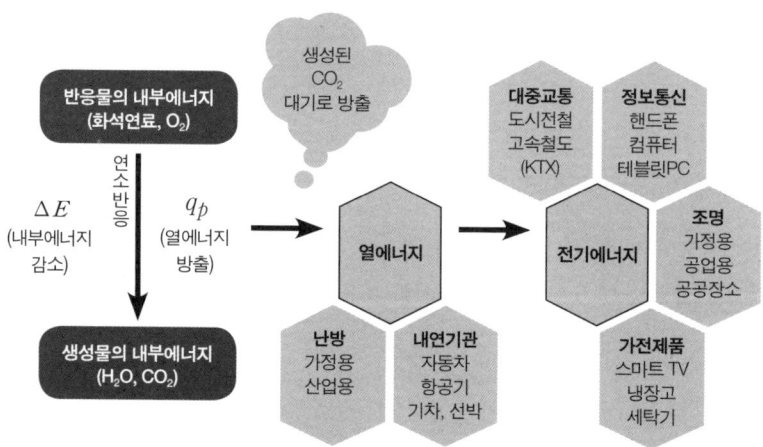

모든 에너지의 중심에 있는 열에너지
화석연료를 연소시켜 얻은 열에너지로 전기의 대량생산이 가능해졌다. 하지만 열에너지 생산 과정에서 오염물질이 대기로 방출되고 있다. 문명사회의 다양한 활동이 열에너지에 의존하고 있는 만큼 이산화탄소의 발생을 줄이는 것은 민감한 문제이다.

열에너지에 의존해 왔다고 해도 과언이 아닙니다. 열에너지야말로 필요한 형태의 모든 에너지로 변환될 수 있는 가장 중심적인 에너지라고 할 수 있죠. 그래서 지구온난화의 심각성에도 불구하고 이산화탄소의 발생을 줄인다는 것이 세계 각국에 얼마나 민감하고 어려운 문제인지 충분히 짐작할 수 있습니다.

그럼에도 환경문제는 이제 인류의 지속가능한 미래를 위협할 만큼 위중해졌습니다. 탄소제로 실현은 형식적인 구호를 넘어 인류의 생존 과제가 된 셈이지요. 실제로 2024년 4월, G7 기후·에너지·환경 장관 회의를 통해 2035년까지 석탄화력발전소를 모두 폐쇄하기로 합의하는 성명을 발표하기도 했습니다.[45] 내연기관자동차와 달리 운행 중에 오염물질을 배출하지 않는 전기자동차를 더 많은 소비자들이 선택하도록 각국에서 보조금을 지급하는 정책을 마련한 이유도 마찬가지로 해석할 수 있습니다.

이제 다음 이야기부터 리튬이온배터리에서 전기자동차를 움직이는 전기에너지를 만드는 과정을 자세히 살펴보겠습니다.

02

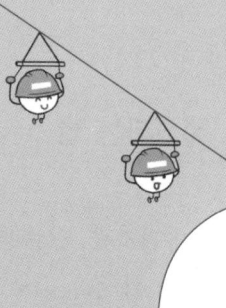

배터리와
전기화학셀

배터리를 알아가며
친해져 볼까?

자, 지금까지는 주로 에너지의 의미, 기원 등 기본개념 중심으로 살펴보았어요. 그리고 현재까지 모든 에너지의 중심에 있는 열에너지를 이용하는 화력발전의 원리를 통해 전기에너지의 대량생산이 어떻게 가능해졌는지 알아보았죠. 이는 앞으로 소개할 리튬이온배터리 안에서 일어나는 일들을 이해하는 데 꼭 필요한 기초 개념과 원리이기도 합니다. 앞서 설명한 내용을 바탕으로 본격적으로 배터리에 대해 하나씩 알아보면서 친해지는 시간을 가져봅니다.

배터리가 전류를 저장하고 생산하는 법

화석연료를 태워 달리는 내연기관자동차는 내연기관, 연료탱크, 연료공급라인, 연료펌프 등으로 이루어집니다.[1] 하지만 전기자동차는 훨씬 단순한 구조입니다. 전기모터의 축에 연결된 바퀴가 회전하면서 움직이는 원리니까요. 그럼 이 모터를 회전시키는 전기에너지는 어떻게 공급받을까요?

전기제품인 TV나 냉장고를 생각해 보면 늘 교류가 흐르는 콘센트에 코드를 꽂아 두면 됩니다. 정전이 일어나지 않는 한 계속 전기를 얻을 수 있죠. 하지만 한번 자리를 정하면 별로 움직일 일이 없는 이런 물건들과 달리 자동차는 그럴 수가 없습니다. 운전자가 원하는 곳 어디로든 바로바로 움직여야 하니까요. 이 말은 곧 발전소에서 대량생산된 전기에너지를 전기자동차의 동력으로 곧바로 사용하기에는 제약이 너무 많다는 뜻입니다. 일정 기간 자체적으로 에너지를 공급할 수 있는 저장장치가 꼭 필요하다는 뜻이에요.

내연기관자동차는 연료탱크가 이런 역할을 합니다. 연료탱크에 휘발유나 LPG가스 등을 싣고 다니면서 바로바로 연소시켜 동력을 얻을 수 있죠. 한편 전기자동차는 배터리가 연료탱크의 역할을 대신합니다. 지속적으로 전기에너지를 공급하는 에너지 저장장치가 바로 '배터리'죠.

여기까지는 여러분도 이미 아는 내용이지요? 이제 우리가 알아볼 것은 배터리에서 어떻게 전류가 생산되고 저장될 수 있는지 그리고 관련된 화학반응은 무엇인지에 관해서입니다. 만약 여러분이 전기자동차에 사용되는 배터리의 포장을 뜯고 내부를 들여다볼 수 있다면 전기에너지를 생산하는 기본적인 단위인 **전기화학셀** (Electrochemical Cell)[1]을 볼 수 있을 것이에요. 즉 배터리는 이 전기화학셀을 케이스에 넣고 포장한 것입니다. 그러니까 전기화학셀

----

1. 화학적 에너지를 전기에너지로 변환하여 외부에 제공하거나, 외부에서 제공된 전기에너지를 이용하여 화학반응을 일으키는 장치이다.

모두의 안전을 위해 꼭 당부하고 싶은 것이 있어요. 그건 바로 아무리 호기심이 넘쳐도 가정에서 직접 배터리를 분해하면 안 된다는 것입니다! 전기자동차에 사용되는 중, 대형 리튬이온배터리의 분해는 큰 화재나 폭발의 위험성으로 인하여 방폭 및 소방시설이 설치된 전문기관에서 수행해야 하는 작업입니다.[2] 심지어 개인용 전자기기에 사용되는 소형 배터리도 화재나 폭발의 위험이 있습니다. 폭발만 문제가 아닙니다. 배터리를 구성하는 재료인 산화 환원 물질과 액체전해질은 인체에 유해한 물질이므로, 소형 배터리도 절대 분해하면 안 됩니다. 또한 배터리에 사용되는 물질은 취급 전에 항상 MSDS(Materials Safety Data Sheet)[3]를 찾아 인체 유해성을 확인해야 합니다. MSDS는 안전을 위해 배터리를 제조하거나 분해하기 전에 항상 확인해야 하는 서류로 화학물질의 인체 유해성 정도를 파악할 수 있는 서류입니다. 혹시라도 배터리 실험실을 방문할 기회가 있다면 비치된 MSDS를 둘러보는 것도 좋을 것 같습니다. 그렇지만 머릿속으로 마음껏 상상하는 '사고실험(Thought Experiment)'은 되도록 많이 하면 좋겠습니다.

에 대해 알아보는 것이 바로 배터리를 이해하는 첫걸음이라고 할 수 있죠. 전기화학셀은 **산화반응**, 즉 한 개 이상의 전자가 다른 물질로 이동하여 전자를 잃는 반응과 **환원반응**, 즉 한 개 이상의 전자가 다른 물질로부터 이동하여 전자를 얻는 반응이 **간접적인 방식**으로 진행되도록 만들어진 장치입니다. 전기화학셀을 통한 간접적인 산화 환원 반응을 알아보기 전에 이해를 돕기 위해 가장 기본적인 직접적인 방식의 산화 환원 반응부터 먼저 살펴봅시다.

직접적인 방식의 산화 환원 반응을 알아보자

혹시 화학 수업을 들었다면 아연과 구리이온의 산화 환원 반응을 접한 적이 있을 것이에요. 가장 기본적인 산화 환원 반응 중 하나로 여러 화학 교과서에서 많이 소개되고 있죠. 아연과 구리이온 사이의 산화 환원 반응을 정리하면 다음의 식(11)과 같습니다.

$$Zn + Cu^{2+} \rightarrow Zn^{2+} + Cu \cdots (11)$$

직접적인 산화 환원 반응을 관찰하려면 먼저 비커 하나에 황산구리($CuSO_4$) 수용액을 준비합니다(아래 왼쪽 그림). 그 비커에 아연 조각을 담근 후 어떤 일이 발생하는지 생각해 볼까요?

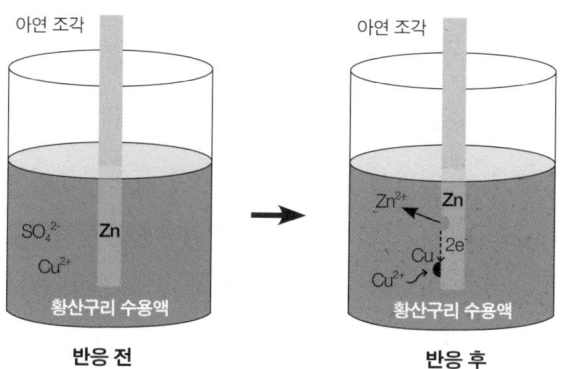

반응 전   **반응 후**

직접적인 방식의 아연과 구리이온의 산화 환원 반응
황산구리수용액에 아연조각을 넣으면 아연은 아연이온으로 산화되고, 구리이온은 구리금속으로 환원되는 산화 환원 반응이 일어난다.

상상력을 발휘해 아연 조각의 표면에 있는 아연원자 하나를 볼 수 있다고 가정해 보겠습니다. 식(12)처럼 아연원자(Zn: $[Ar]4s^2 3d^{10}$) 하나는 산화되어 2개의 전자를 잃고 아연이온(Zn^{2+}: $[Ar]3d^{10}$)이 되어 수용액에 녹습니다.

$$Zn \rightarrow Zn^{2+} (\text{황산구리 수용액에 녹은 아연이온}) + 2e^- (\text{아연에서 빠져나간 전자}) \cdots (12)$$

아연원자에서 빠져나간 2개의 전자는 어떻게 될까요? 이들은 아연의 표면에 접촉한, 수용액 중에 녹아있던 구리이온(Cu^{2+}: $[Ar]3d^9$)으로 이동하여 구리금속으로 환원(Cu: $[Ar]4s^1 3d^{10}$)시킵니다.

$$Cu^{2+} (\text{황산구리 수용액에 녹은 구리이온}) + 2e^- (\text{구리이온에 들어온 전자}) \rightarrow Cu \cdots (13)$$

즉 식(13)처럼 아연원자에서 빠져나온 2개의 전자가 구리이온으로 들어오면서 아연 조각의 표면에 환원되어 금속인 구리로 석출되는 거죠.[4] 황산구리 수용액의 관점에서 보면 구리이온 하나가 환원되어 구리가 되고, 아연원자 하나가 산화되어 아연이온이 하나 생기므로 전기적 중성이 유지되지요. 이를 **전기적 중성 유지의 법칙**[5]이라고 합니다. 이것은 매우 중요한데, 수용액 내부의 양전하와 음전하의 전체적인 불균형이 생기면 화학반응을 방해하기 때문이죠. 비록 부분적으로는 불균형이 생길지언정 전체적으로는 항상 중성이 유지되어야 합니다. 다만 이 경우 아연원자와 구리이온의 거리가 매

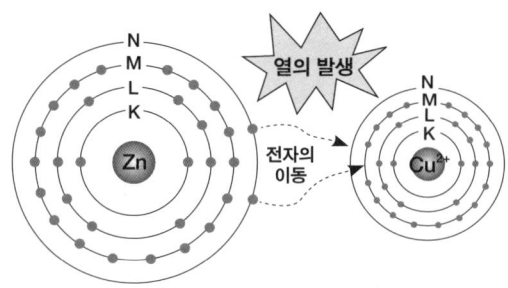

아연원자에서(Zn) 구리이온(Cu²⁺)으로 직접 이동하는 전자

아연원자의 $4s$ 오비탈에서 나온 2개의 전자는 구리이온의 $3d$ 오비탈로 1개 $4s$ 오비탈로 1개가 직접 이동하는데 이때 열이 방출된다. 이런 경우 전자의 흐름(전류)을 외부로 보내기에는 적합하지 않다.

우 가깝다 보니 아연원자의 $4s$ 오비탈에서 나온 2개의 전자 중 하나는 구리이온의 $3d$ 오비탈로, 또 하나는 $4s$ 오비탈로 각각 직접 이동하며 위 그림처럼 바로 열이 방출되는 **발열반응(Exothermic Reaction)**이 일어나요!**⁽⁶⁾** 이런 이유로 직접적인 산환 환원 반응으로는 전자의 흐름(전류)을 외부로 보내기에 적합하지 않습니다.

이제 내부에너지 변화의 개념을 적용해 볼까요? 아래 그림에 정리한 것처럼 반응물(Zn, Cu²⁺)의 내부에너지가 생성물(Zn²⁺, Cu) 대비 감소하면서 열이 발생한 것을 알 수 있어요.

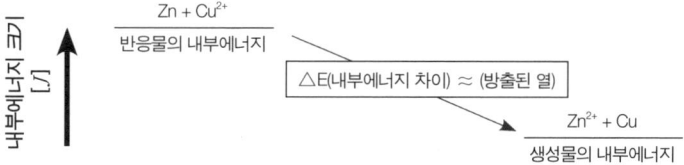

직접적인 방식의 산화 환원 반응(내부에너지 차이 ≈ 방출된 열)

앞서 살펴본 내부에너지 변화의 개념을 적용해 보자. 반응물(Zn, Cu²⁺)의 내부에너지가 생성물(Zn²⁺, Cu) 대비 감소하면서 반응이 진행되는 동안 열이 발생한 것이다.

간접적인 방식의 산화 환원 반응은 뭐가 다르지?

이번에는 간접적인 방식의 산화 환원 반응을 알아봅시다. 즉 아연과 구리이온의 산화 환원 반응이 **전기화학셀**에서 일어나도록 하는 거죠. 이를 위해 오른쪽 그림(81쪽 참조)에서 정리한 것처럼 비커 두 개를 준비합니다. 아연 조각을 황산아연($ZnSO_4$) 수용액이 준비된 첫 번째 비커(비커 1번)에 담급니다. 그리고 구리 조각은 황산구리($CuSO_4$) 수용액이 준비된 두 번째 비커(비커 2번)에 담그는 거죠. 이제 두 비커를 연결해 줄 도구가 필요한데, 이것이 염다리(Salt Bridge)입니다. 이 실험에서는 질산나트륨($NaNO_3$) 수용액에 적셔진 젤(Gel)이 들어있는 U자 모양의 유리튜브가 염다리 역할을 합니다. 아연과 구리 조각은 외부에서 도선으로 연결하되 중간에 검류계[2]를 거쳐 지나가게 합니다. 이것이 바로 전기화학셀입니다.

▥ 전기화학셀에서 일어나는 변화를 살펴보자

반응 과정을 곧 차근차근 살펴보겠지만, 두 개의 비커 중 하나에서는 산화반응이, 다른 하나에서는 환원반응이 일어납니다. 그래서 각각의 비커를 **반쪽셀(Half-cell)**이라고 하지요. 반쪽셀을 서로 연결하는 염다리는 각 비커의 수용액이 서로 다른 수용액으로 이동하지

----

2. 전류의 방향과 세기를 알려주는 장치.

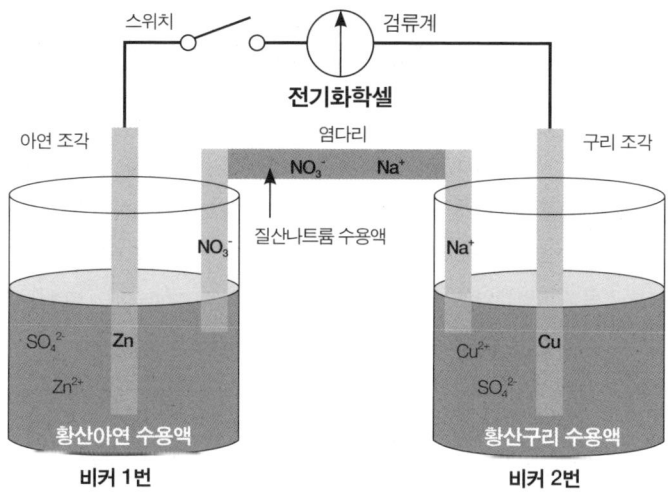

스위치 검류계

전기화학셀

아연 조각   염다리   구리 조각

NO_3^- Na^+

질산나트륨 수용액

NO_3^- Na^+

SO_4^{2-} Zn Cu^{2+} Cu

Zn^{2+} SO_4^{2-}

황산아연 수용액   황산구리 수용액

비커 1번   비커 2번

간접적인 방식의 아연과 구리이온의 산화 환원 반응(반응 전)

간접적 방식의 산화 환원 반응에서는 반쪽셀을 염다리로 연결한다. 염다리는 각 비커에 있는 수용액이 다른 수용액으로 이동하지 못하게 하고, 각 수용액의 중성이 유지되도록 젤에 적셔진 수용액 내의 이온을 공급해 주는 역할을 한다.

못하게 하지만, 염다리 속 젤에 적셔진 수용액 중에 녹아있는 이온은 이동하게 하여, 각 반쪽셀의 전기적 중성을 유지시켜 줍니다.

이제 전기화학셀의 스위치를 연결한 후에 어떤 반응이 일어나는지 관찰해 볼까요? 먼저 아연이 들어간 비커 1번에서의 반응을 표면에 있는 아연 원자 하나에 집중해서 보겠습니다. 아연원자(Zn: $[Ar]4s^2 3d^{10}$)는 아래의 식(14)와 같이 전자 두 개를 잃고, 아연이온(Zn^{2+}: $[Ar]3d^{10}$)으로 녹습니다.

$$Zn \rightarrow Zn^{2+}\text{(황산아연 수용액에 녹은 아연이온)} + 2e^-\text{(아연에서 빠져나간 전자)} \cdots (14)$$

잠깐만! 전기화학셀[7]

전기화학셀은 크게 두 가지로 나눌 수 있습니다. 하나는 화학반응을 이용하여 전류를 생산하는 데 사용되는 것으로 갈바닉셀(Galvanic Cell) 또는 볼테익셀 (Voltaic Cell)로 불립니다. 나머지 하나는 전류를 공급하여 화학반응이 일어나게 하는 것으로 전해셀(Electrolytic Cell)로 불립니다. 이 책의 81쪽 그림에서 소개한 것은 갈바닉셀의 한 종류인데, 과학자 다니엘(John Frederic Daniell)이 발명했다고 해서 **다니엘셀(Daniell Cell)**[8]이라는 이름으로도 불립니다.

직접적인 방식의 산화 환원 반응 실험에서와 달리 비커 1번의 수용액 내에는 2개의 전자를 받아줄 구리이온이 없지요? 따라서 아연에서 나온 2개의 전자($2e^-$)는 바로 구리이온으로 이동할 수 없어요. 그 대신 전자들이 어디로 움직이는지 경로를 따라가 볼까요? 전자는 아연 조각, 아연 조각과 외부 도선이 접합되는 계면을 지나 외부 도선을 따라 검류계를 지난 후 다시 외부도선을 따라 이동하다가 외부도선이 구리 조각과 접합되는 계면을 지나 비로소 비커 2번에 담긴 구리 조각에 도달하게 됩니다. 그런데 전자 2개의 여정은 아직 끝이 아니에요. 수용액 중에 녹아있던 구리이온(Cu^{2+}: $[Ar]3d^9$)이 구리 조각의 표면에 가깝게 다가와 접촉하면 그 구리이온으로 들어가 아래의 식(15)와 같이 환원시켜 최종적으로 구리 조각의 표면에 구리금속 (Cu: $[Ar]4s^13d^{10}$)으로 석출되게 합니다(오른쪽 그림도 함께 참조).

Cu^{2+}(황산구리 수용액에 녹은 구리이온) + $2e^-$(구리이온에 들어온 전자) $\rightarrow$ Cu … (15)

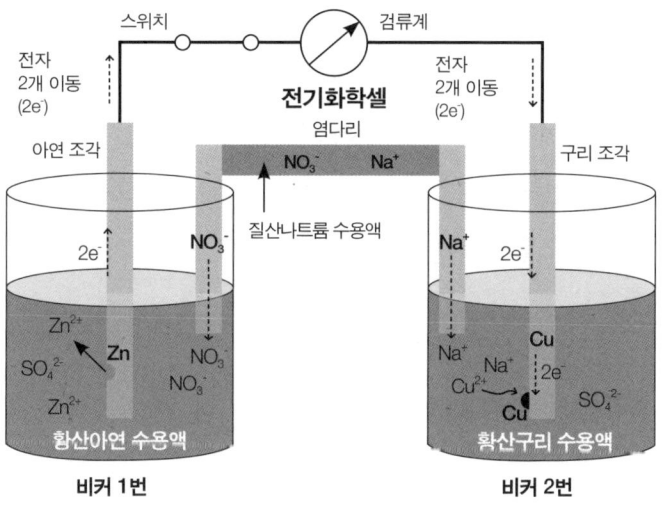

간접적인 방식의 아연과 구리이온의 산화 환원 반응(반응 후)

아연에서 나온 2개의 전자(2e⁻)는 앞의 직접적인 방식의 반응과 달리 구리이온으로 바로 이동할 수가 없다.
그 대신 전자들은 외부에서 제공된 도선을 따라 비커 2번에 담긴 구리 조각에 도달하여 구리이온을 만난다.

즉 최종적인 결과를 보면 전자 2개가 외부에서 제공된 경로를 따라 비커 2번에 녹아있던 구리이온까지 이동하게 됩니다. 이런 방식으로 하니까 전자를 외부로 보낼 수 있군요! 또한 아연이 산화되고 구리이온이 환원되는 과정에서 전자는 한쪽 방향으로만, 곧 비커 1번에서 비커 2번 방향으로만 흐르는 것을 알 수 있습니다. 단, 여기서 주의할 점이 있습니다. 전류 흐름의 방향은 관습적으로 전자 흐름의 방향과 반대로 설정한다는 점입니다. 즉 전류의 방향은 비커 2번에서 비커 1번 방향입니다. 전류의 방향이 일정한 것을 보니까 **직류(DC, Direct Current)**네요! 여기서 비커 2번은 배터리의 플러스(+)극이고, 비커 1번은 마이너스(-)극이 되는 거죠.

아까 살펴본 화력발전에서 전자기유도 방식으로 생산되는 교류와 달리 전기화학셀에서 생산되는 전류는 방향이 일정한 직류입니다. 그리고 한 가지를 더 알게 되었을 거예요. 그건 바로 전자의 이동을 우리들이 사용할 수 있는 유용한 전기에너지로 변환하려면 조금은 복잡해 보이는 전기화학셀을 구성해야 한다는 것이에요. 그래야 전자를 외부로 이동시킬 수 있으니까요.

▥ 전류를 만들어내기에는 아직 부족해

이제 우리는 전기화학셀이 물질 사이에 전자를 주고받는 산화 환원 반응을 이용하여 전류를 생산하는 장치임을 알게 되었습니다. 혹시 앞에서 살펴본 수소(H_2)와 산소(O_2)가 만나 물(H_2O)이 생성되는 연소반응을 기억하나요? 여기서 반응물과 생성물은 다음과 같습니다.

- 반응물: H_2(산화수 H: 0), O_2(산화수 O: 0)
- 생성물: H_2O(산화수 H: +1, 산화수 O: -2)

여러분도 이미 알고 있겠지만, 산화수란 간단히 말해 물질을 이루는 특정 원자가 갖게 되는 전하수를 말해요. 위에서 반응물일 때의 수소와 산소는 산화수가 각각 0인데, 생성물에서는 각각 +1과 -2가 되었죠? 이는 수소(H_2)와 산소(O_2)는 무극성 공유결합이어서 부분전하가 없지만, 물(H_2O) 분자에서는 부분전하가 만들어졌기 때문이에요. 즉 전기음성도(Electronegativity)가 작은 수소원자 지역은 양(+)의 부분전하(δ^+)가, 전기음성도가 큰 산소원자 지역은 음(-)의 부분전하(δ^-)가 형성되는데, 앞서 설명했던 극성 공유결합입니다. 각각의 수소원자는 중성에서 양(+)의 부분전하(δ^+)를 갖게 되므로 산화수가 '0 → +1'로 된 것이에요. 한편 산소원자는 각 수소원자에 대응하여 2배의 음(-)의 부분전하(δ^-)가 만들어지면서 산소의 산화수는 '0 → -2'가 된 것입니다.[9]

다시 본론으로 돌아와 수소과 산소가 만나 물이 되는 연소반응을 떠올려 봅시다. 반응물과 생성물을 구성하는 원자들의 **산화수** 변화가 일어난 산화 환원 반응이죠. 하지만 반응 과정에서 내부에너지 차이는 모두 열로 바로 방출되고 말았습니다. 따라서 전류의 흐름을 만들어내기에는 적합하지 않죠.

Ⅲ 전자의 흐름을 외부로 이동시켜라!

방금 살펴본 것처럼 전자가 다른 원자와 공유되는 상황에서는 전자의 흐름을 만들기 어렵습니다. 마치 각각의 원자가 전자에 대해 공동 소유권을 가지고 있는 것과 같죠. 전류의 흐름을 만들어내려면 소유권 분쟁을 끝내야 합니다. 즉 전자의 흐름을 외부로 이동시키기 위해서는 반드시 다른 원자에 있는 전자의 소유권을 완전히 가져와서 자기 내부의 에너지 준위에 위치시키는(원자 간 전자의 완전한 이동이 발생함) 방식의 산화 환원 반응이 이루어져야 합니다.

좀 전에 본 수소와 산소의 연소반응도 간접적인 방법으로 일어나게 할 수 있습니다. 이때 사용되는 장치를 연료전지(Fuel Cell)라고 합니다. 이 장치를 이용하면 전자의 흐름을 외부로 이동시킬 수 있기 때문에 전기에너지를 만들 수 있습니다(87쪽 글상자 참조).

그런데 전기화학셀을 사용하여 간접적인 방식으로 진행되는 산화 환원 반응은 전자들의 이동만으로 끝나지 않습니다. 반응식에 표현은 안 되지만, 반응 완료를 위해 아직 남아있는 단계가 있지요. 비커 내 수용액의 선기석인 중성이 유지되어야 한다고 했던 것을 기억할 거예요. 간접적인 방식의 산화 환원 반응에서 어떻게 전기적 중성이 유지되는지 알아볼까요?

83쪽 그림의 비커 1번을 다시 보면 아연이 아연이온으로 녹아서 비커 1번의 수용액은 전기적으로 양성을 띠게 됩니다. 하지만 염다리의 젤에 적셔져 있던 질산나트륨 수용액의 음이온(NO_3^-)이 이동하면서 전기적인 중성이 만들어집니다. 한편 같은 그림의 비커 2번은 구리이온이 환원되어 수용액은 전기적으로 음성을 띠게 됩니다. 그런데 염다리의 젤에 적셔진 질산나트륨 수용액의 양이온(Na^+)이 이동하여 역시 전기적 중성이 되지요.

직접적인 방식으로 진행된 반응에서는 전자의 이동(움직임)만 있었던 반면, 간접적인 방식으로 진행된 반응에서는 이온도 함께 움직여야 두 개의 비커에 있는 수용액이 모두 전기적인 중성으로 돌아오면서 전기화학셀을 통한 산화 환원 반응이 완료되는 것입니다. 정리하면 전기화학셀을 통한 산화 환원 반응으로 전류가 흐르

여러분은 혹시 도로에서 '수소 전기차'를 본 적이 있나요? 정확하게 표현하면 수소를 연료로 사용하는 '연료전지 전기자동차(FCEV, Fuel Cell Electric Vehicle)'입니다.[11] 연료전지(Fuel Cell)라는 장치를 사용하면 연료인 수소가 산소와 곧바로 만나는 직접적인 연소반응이 일어나지 않고, 수소의 전자가 분리되어 외부로 흐르고 수소이온(H^+)도 이동하여 '전자와 수소이온(H^+)'이 산소(O_2)와 만나는 간접적인 방식으로 연소반응이 일어납니다.[12] 이렇게 생산된 전기에너지로 전기모터를 회전시켜 운행하는 것이에요.

연료전지 전기자동차는 리튬이온배터리를 사용하는 전기자동차와 달리 마치 가솔린을 연료탱크에 채우고 다니는 내연기관자동차처럼 연료인 수소를 연료탱크에 채우고 다니면서 운행합니다. 산소는 공기 중에 있는 것을 이용하죠. 그래서 전기자동차의 짧은 주행거리나 긴 충전시간과 같은 문제점이 없습니다.[3][13] 수소저장탱크가 클수록 장거리 운행에 유리하겠죠?[14] 무엇보다 연료전지 전기자동차를 운행하는 동안 연소반응의 생성물로서 물(H_2O)이 나오기 때문에 이산화탄소의 발생이 전혀 없습니다. 전기자동차와 함께 친환경자동차로 분류됩니다.

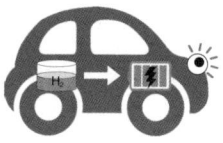

....
3. 수소의 생산과 저장, 비싼 백금(Pt) 촉매 등과 관련된 단점들도 있다.

직접반응	간접반응
$Zn + Cu^{2+} \rightarrow Zn^{2+} + Cu$ (아연원자와 구리이온의 접촉)	비커 1(산화반응): $Zn \rightarrow Zn^{2+} + 2e^-$ 비커 2(환원반응): $Cu^{2+} + 2e^- \rightarrow Cu$

게 하려면 염다리에 있는 양이온과 음이온이 각각 반대 전하를 띤
비커 쪽으로 움직이는 것이 매우 중요함을 꼭 기억해 주세요.

어떻게 자발적으로 반응이 일어났을까?

간접적인 방식의 산화 환원 반응을 이해하기 위해 우선 주목해야
할 것은 **전자의 자발적 이동**[4]입니다. 아연원자의 $4s$ 오비탈에서 나온
2개의 전자들이 외부 도선을 따라 1개는 구리이온의 $3d$ 오비탈로,
다른 1개는 $4s$ 오비탈로 자발적으로 이동하지 않았다면 전류를 생
산할 수 없었을 테니까요. 전자들은 왜 스스로 움직였을까요? 아연
과 구리이온 사이의 산화 환원 반응에서 아연원자에 있던 전자들이
자연스럽게 자발적으로 구리이온으로 이동한 이유가 궁금하지 않
나요? 이에 관해 지금부터 간략히 살펴보겠습니다.

....
4. 화학반응의 자발성을 통해 관심 있는 반응에서 필요한 에너지나 생성물을 얻을 수 있는지 예측
   할 수 있다. 따라서 과학자들은 반응의 자발성을 결정하는 기준(Criterion)을 만들기 위해 노력한
   다. 용어설명 '반응의 자발성' 참고.

▥ 높은 곳에서 짚라인을 타면 저절로 내려오는 것처럼

전자가 자발적으로 이동한 이유는 **정전기력 포텐셜 차이**[5] 때문입니다. 즉 아연원자($Zn: [Ar]4s^2 3d^{10}$)의 높은 정전기력 포텐셜 오비탈($4s$)에 있던 전자들이 구리이온($Cu^{2+}: [Ar]3d^9$)의 낮은 정전기력 포텐셜 오비탈($4s, 3d$)로 자연스럽게 자발적 이동이 일어난 거죠. 직접적 방식의 산화 환원 반응과 간접적 방식의 산화 환원 반응의 공통점은 모두 전자가 스스로 이동했다는 점입니다.

하나의 수용액 안에서 직접적인 방식의 산화 환원 반응이 일어날 때는 아연과 구리이온이 접촉하고 있었기 때문에 전자가 곧바로 이동하였고, 이때 열이 방출되었습니다. 한편 간접적인 방식의 전기화학셀을 사용한 산화 환원 반응에서는 두 물질 사이에 직접적인 접촉이 없기 때문에 둘을 이어주는 외부도선을 타고 아연원자의 전자들이 구리이온까지 이동했습니다. 전자들의 이러한 자발적 이동은 마치 우리가 높은 산봉우리에서 짚라인(Zipline)을 타면 중력 포텐셜에너지 차이 때문에 가만히 있어도 낮은 봉우리로 빠르게 내려올 수 있는 것과 비슷합니다.

산봉우리가 높을수록 중력 포텐셜에너지도 크겠죠? 에베레스트 정상에 있는 사람은 동네 뒷산에 오른 사람보다 훨씬 큰 중력 포텐셜에너지를 갖게 되는 것처럼 전자의 경우도 마찬가지입니다. 원자

---

5. 원자의 핵으로부터 전자가 떨어진 상대적인 거리에 따라 정전기력 포텐셜이 변화된다. 한편 이 정전기력 포텐셜 위치는 전자가 위치하는 에너지 준위이기도 하다.

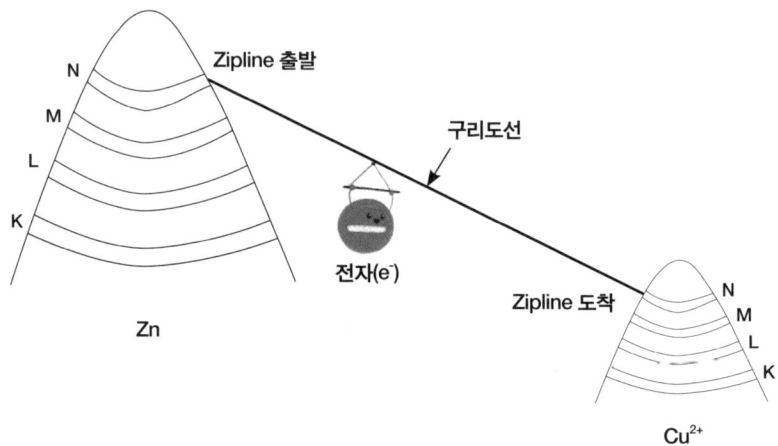

아연원자에서 구리이온으로 전자의 간접적인 이동

전자의 자발적 이동이 일어나기 위해서는 오비탈 사이의 정전기력 포텐셜 차이, 비어있는 낮은 정전기력 오비탈, 산화 환원 물질 사이를 이어주는 금속 도선이 갖춰진 전기화학셀이 필요하다. 그러면 전자는 높은 봉우리와 낮은 봉우리를 잇는 집라인을 타면 자연스럽게 아래로 내려오는 것과 비슷한 원리로 이동한다.

내에 있는 전자들, 특히 최외각에 있는 전자들은 정상에 있는 전자들로 볼 수 있고, 이들이 갖는 에너지 준위의 차이를 산봉우리의 높이 차이로 비유적으로 볼 수 있는 것이죠(위 그림 참조).

그런데 이것만으로는 부족합니다. 즉 정전기력 포텐셜 차이만으로는 전자의 자발적인 이동이 항상 가능한 것은 아니라는 뜻이에요. 앞에서 설명했던 내용 중 혹시 다음 두 가지가 떠오르나요?

- 전자는 특정 에너지 준위를 갖는 오비탈에만 위치할 수 있다.
- 한 개의 오비탈에는 스핀 방향이 다른 전자 한 개씩 총 두 개만 들어갈 수 있다.

이러한 이유로 정전기력 포텐셜이 낮은 오비탈이 주변에 있어도 해당 오비탈에 이미 다른 전자들이 자리를 차지하고 있다면 전자의 이동은 불가능합니다. 즉 들어갈 자리가 남아있어야 한다는 뜻이에요. 그런데 갈 곳이 없는 전자의 모습을 보니까 떠오르는 것이 또 있습니다. 이것은 마치 여행 중에 묵을 만한 딱 좋은 호텔을 찾았지만, 막상 가보니 빈방이 없는 만실 상태라서 돌아설 수밖에 없는 난처한 상황에 비유할 수 있겠네요. 이제 전자의 자발적 이동이 가능하려면 추가 조건이 필요하다는 것을 알 수 있겠죠?

▥ 전자를 움직이게 하는 조건

산화 환원 물질 사이에 전자의 이동을 탐구하는 배터리 과학자들의 실험 결과는 물론 반도체 내에서 전자의 이동에 관해 연구하는 반도체 과학자들의 실험 결과를 참고해 보면 전기화학셀의 산화 환원 물질 사이에 전자의 자발적인 이동이 일어나기 위해서는 다음 3가지의 조건이 충족되어야 합니다.[15]

- 산화 환원 물질의 전자가 위치한 **오비탈 간에 정전기력 포텐셜 차이**가 있다.
- 전자가 이동할 **낮은 정전기력 오비탈은 비어있어야** 한다.
- 전자가 이동할 수 있는 **통로(예, 외부 도선)를 제공하는 전기화학셀**이 있어야 한다.

▥ 전기화학셀의 전기에너지는 어떻게 계산하지?

이번에는 전기화학셀이 갖는 전기에너지의 크기는 얼마나 되는지 알아볼까요? 이해하기 쉽게 간략한 예를 들어보겠습니다. 전기화학셀에 전압계를 연결하여 측정되는 값을 **전기화학셀 전압(△V)**이라 합니다. 아연과 구리이온을 산화 환원 물질쌍으로 사용한 전기화학셀의 전압은 실제 1.1[V]로 측정됩니다. 그런데 이는 아연과 구리이온의 진자배치에서 알 수 있는 최외곽 전자가 위치하는 정전기력 포텐셜 차이와 같습니다. 그리고 아연 조각에서 이동할 수 있는 전자의 총개수를 6개라고 가정하면 총전하량은 다음의 식(16)과 같이 계산할 수 있습니다.[6]

총전하량 $= 6 \times e[C]$ $\cdots$ (16)

$e[C]$는 전자 하나의 전하량이라 가정함

아연에 있는 총 6개 전자의 전하량($6 \times e[C]$)이 정전기력 포텐셜 차이(전기화학셀 전압, △V) 1.1[V]를 갖고 있을 때, 정전기력 포텐셜에너지(△PE)는 아래의 식(17)과 같이 계산할 수 있겠네요.

$\triangle PE = 1.1 \times (6 \times e) = 6.6 \times e[J]$ $\cdots$ (17)

....
6. 전자(e^-)의 전하량은 $1.6 \times 10^{-19}[C]$이다. 여기서는 간략히 $e[C]$으로 표시함.

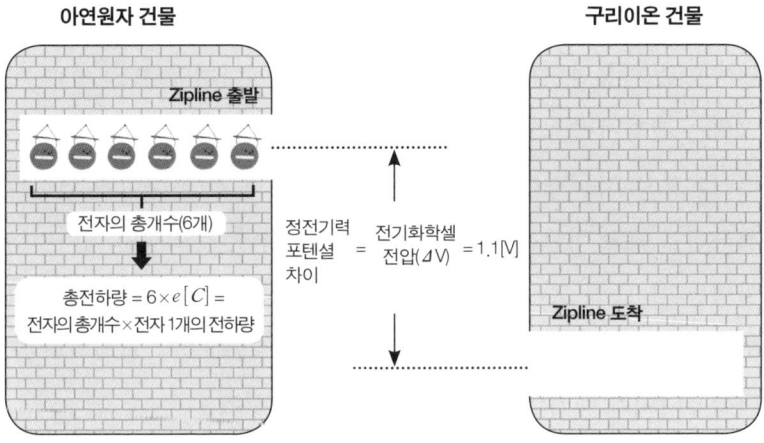

① 정전기력 포텐셜에너지(⊿PE)

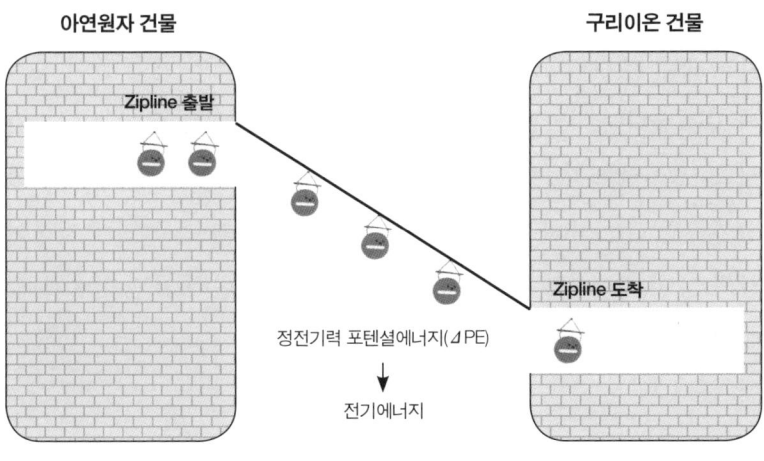

② 전자의 이동 모습

정전기력 포텐셜에너자(위)와 전자의 이동(아래)

정전기력 포텐셜에너지(△PE)는 정전기력 포텐셜 차이 및 총전하량에 비례한다. 그리고 성전기력 포텐셜 에너지는 전자가 이동하면서 전기에너지로 변환된다.

바로 이 정전기력 포텐셜에너지가 아연과 구리이온을 산화 환원 물질쌍으로 사용한 전기화학셀이 갖는 전기에너지입니다.[7] 93쪽의 그림은 정전기력 포텐셜 차이에 의해 아연에서 6개의 전자들이 구리이온으로 이동하는 것을 사람들이 두 개의 건물 사이에 연결된 집라인을 타고 이동하는 것에 비유한 것입니다. 물리적인 에너지를 설명할 때, 중력 포텐셜에너지가 운동에너지로 바뀌었던 것을 기억하나요? 마찬가지로 이 경우에는 전자가 이동하면서 정전기력 포텐셜에너시가 전기에너지로 변환되는 것이에요.

▥ 전기화학셀의 정전기력 포텐셜에너지를 폭포에 비유해 볼까?

아직 조금 헷갈리나요? 이해를 돕기 위해 구체적인 예를 들어 설명해 보겠습니다. 즉 전자의 이동을 폭포 위에 저장된 물이 떨어지면서 폭포 아래에 있는 물레방아를 돌리는 것에 비유해 봅시다. 물레방아를 돌리는 물의 운동에너지는 폭포의 낙차와 폭포 위에 저장된 물의 양에 비례하겠죠? 이를 간단한 식으로 표현해 보면 다음과 같습니다.

폭포 위에 저장된 물의 중력 포텐셜에너지 = 폭포의 낙차 × 폭포 위에

저장된 물의 양

....
7. 단, 전자가 아무런 저항도 받지 않고 이동하는 이상적인 상태를 가정한 경우다.

이 원리를 전기화학셀에 대응하면 다음과 같습니다.

- **폭포의 낙차**: 정전기력 포텐셜 차이(전기화학셀 전압, $\triangle V$)
- **폭포 위에 저장된 물의 양**: 이동 가능한 전자의 총전하량($6 \times e[C]$)
- **폭포 위에 저장된 물의 중력 포텐셜에너지**: 정전기력 포텐셜에너지 ($\triangle PE$)

그러면 전기화학셀의 정전기력 포텐셜에너지($\triangle PE$)는 전기화학셀 전압($\triangle V$)과 이동 가능한 전자의 총전하량($6 \times e[C]$)을 곱한 것이 되므로, 결국 식(17)과 같습니다(92쪽 참조). 즉 정전기력 포텐셜에너지는 정전기력 포텐셜 차이와 총전하량에 비례하죠. 그리고 이것이 해당 전기화학셀의 전기에너지가 되는 것이에요.

▐▐▐ 산화 환원 물질쌍에 좌우되는 전기에너지의 크기

아까 아연과 구리이온의 산화 환원 반응은 전기화학셀을 사용한 간접적인 방식이든, 하나의 수용액에 담근 직접적인 방식이든 상관없이 결과는 같다고 했던 것을 기억하나요? 그러나 반응이 진행되는 동안 만들어지는 에너지의 종류는 양쪽이 다르다는 것이 중요한 차이점입니다. 직접적인 방식의 반응에서는 내부에너지 차이($\triangle E$)가 대부분 열에너지로 방출되지만, 간접적인 방식의 반응에서는 전기에너지로 변환되니까요! 전기화학셀은 다양한 산화 환원 물질쌍을

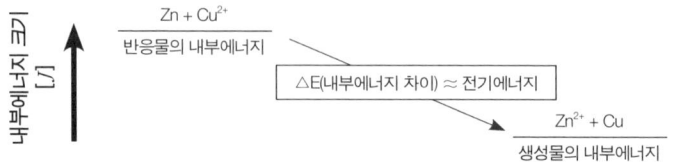

간접적인 방식의 산화 환원 반응(내부에너지 차이 ≈ 전기에너지)
직접적인 방식과 간접적인 방식에서의 산화 환원 반응의 결과는 같지만, 만들어지는 에너지의 종류는 서로 다르다. 직접적인 방식에서는 열로 방출되지만, 간접적인 방식에서는 전기에너지로 변환된다.[8]

사용하여 만들 수 있습니다. 그리고 사용되는 산화 환원 물질쌍에 따라 진기화학셀의 전압($\triangle V$)을 측정해 보면 저마다 특정한 값이 나타납니다(97쪽 글상자 참조).[(16)]

따라서 배터리를 만드는 기업에서는 어떤 산화 환원 물질쌍을 선택할지 매우 중요하게 생각할 수밖에 없죠. 왜냐하면 전기자동차도 내연기관자동차와 비교할 때, 동급 이상의 주행거리, 경사면 등판 능력 등이 꼭 필요하기 때문입니다. 경쟁력을 높이려면 당연히 배터리에 들어가는 전기화학셀 전압이 클수록 유리하겠죠? 그래야 어떤 험난한 길에서도 그 무거운 전기차를 달리게 할 만큼 큰 에너지를 만들어낼 테니까요. 현재까지는 전기자동차의 성능 요구조건을 충족시킬 만큼 매우 큰 전압을 보이는 전기화학셀이 바로 리튬이온 전기화학셀인 거죠. 지금까지 했던 설명들을 기억하면서 본격적으로 리튬이온배터리에 한 발 더 가까이 다가가 봅시다.

....

8. 보통 전기화학에서는 전기에너지의 크기는 깁스 자유에너지(Gibb's Free Energy) 차이로 표현한다. 이 책에서는 반응물과 생성물 간의 엔트로피 변화($\triangle S_{sys} \approx 0$)가 크지 않은 것으로 가정하였다. 이러한 경우 내부에너지 변화를 전지화학셀의 전기에너지로 근사적으로 볼 수 있다(리튬이온 전기화학셀의 전기에너지 크기를 설명한 124쪽 글상자 내용도 참조).

잠깐만! 전기화학셀 전압을 예측하라!

전기화학셀 전압의 크기는 결국 산화 환원 물질쌍의 선택에 달려있습니다. 좀 더 구체적으로 설명하면 산화 환원 물질 각각의 전자배치에서 알 수 있는 최외 각 전자 또는 이동 가능한 전자가 위치하는 정전기력 포텐셜 차이와 같죠. 그렇 다면 관심 있는 재료들에 대해 매번 각각의 조합으로 전기화학셀을 만들어 실 험적으로 전압을 측정해야 할까요? 그건 아닙니다. 매번 수고롭게 전기화학셀 을 조립하지 않아도 전기화학셀 전압을 예측할 수 있는 방법이 있으니까요.

여러 종류의 물질에 대해 각각의 반쪽셀(Half-cell)을 만듭니다. 그리고 이렇게 만든 반쪽셀들을 하나씩 가져와 수소로 만든 반쪽셀(Half Cell)에 연결하여 하나 의 전기화학셀을 완성합니다.[9] 완성된 전기화학셀의 전압을 측정합니다.[10] 측정 된 전압을 각 물질의 '표준전극전위(SHE, Standard Electrode Potential)'라 부르 고 표에 기록해 둡니다.[11] 기준이 된 수소로 만든 반쪽셀 자체의 전위는 영(Zero, 0)[12]으로 놓습니다. 한편 각 전기화학셀 전압은 이론적으로도 계산이 가능합니 다.[13] 계산된 전압을 표에 기록하면 실험을 통해 얻은 것과 동일한 표를 얻게 되죠. 측정이든 계산이든 한번 정성스럽게 만들어둔 **표준전극전위 표**는 상당히 유용 합니다. 만일 관심 있는 산화 환원 물질이 표에 있다면 그 두 개 물질의 전위차 를 계산하기만 하면 되니까요.[(17)] 계산된 전위차가 예상되는 전기화학셀 전압 인데, 표준수소전극(Standard Hydrogen Electrode)을 기준으로 한 값이기 때 문에 '**(vs. SHE)**'를 붙여줍니다. 즉 매번 산화 환원 물질쌍의 전기화학셀을 만 들어 측정해 볼 필요 없이 손쉽게 전압을 예측할 수 있는 거죠.

....

9. 수소로 만든 반쪽셀은 고정으로 사용되고 각 물질로 만든 반쪽셀을 바꿔가면서 전기 화학셀을 만든다. 그래서 수소로 만든 반쪽셀을 '표준수소전극(Standard Hydrogen Electrode)'이라 한다.
10. 상대적인 비교가 가능하도록 표준상태 즉 수용액의 농도 1[M], 온도 25[℃], 압력 1[atm] 하에서 측정한다.
11. 이 표를 보면 수소를 기준으로 각 물질의 전위가 영(Zero, 0)보다 높은(+) 것들과 낮은 (-) 것들로 나누어진다.
12. 이렇게 하면 측정된 전기화학셀 전압은 수소로 만든 반쪽셀을 기준으로 한 것이 된다.
13. 이론적인 계산이 실제 측정보다 더 손쉬운 방법이다. 용어설명의 '표준전극전위' 참고.

03

 # 리튬이온배터리

방전과 충전은 어떻게 이루어질까?

이제부터 우리는 전기자동차의 배터리를 구성하는 리튬이온 전기화학셀의 원리가 산화 환원 반응에 기초한다는 것을 보게 될 것이에요. 산화 환원 물질 사이의 전전기력 포텐셜에너지 차이로 전자가 스스로 이동하면서 전기에너지로 변환되는 원리이죠. 산화 환원 반응이 잘 일어나는 물질쌍을 선택하여 전기화학셀을 만들면 **전기에너지**를 생산할 수 있습니다. 이러한 기본원리를 토대로 리튬이온배터리에 대해 더 자세히 알아보기로 해요.

리튬이온 전기화학셀의 내부가 궁금해?

세계 최초로 리튬이온배터리의 대량생산에 성공한 것은 일본 기업 **소니(SONY)**입니다.[1] 물론 그때는 전기자동차가 세상에 나오기 훨씬 전이었고, 휴대용 소형 전자제품에 사용하려는 목적이었죠. 아무튼 당시 소니가 배터리의 산화 환원 물질쌍으로 사용한 재료는 **리튬 코발트 산화물($LiCoO_2$)**[1]과 **흑연(C_6)**[2]이었는데, 이 두 가지 재료는 역사적으로 중요한 의미가 있고,[2] 전기자동차용 리튬이온배터리에 사용되는 산화 환원 물질쌍들과 반응 원리가 동일하므로 설명을 위한 예로 활용하겠습니다.

앞의 내용에서 살펴본 전기화학셀의 간접적 산화 환원 반응 예시에서 순수한 금속인 아연과 구리이온을 산화 환원 물질쌍으로 선택했던 것을 기억할 거예요. 그래서 지금 소개하는 리튬이온 전기화학셀의 리튬 코발트 산화물과 흑연은 다소 생소한 재료로 여겨질지 몰라요. 리튬 코발트 산화물과 흑연의 특징 그리고 이 산화 환원 물질쌍이 선택된 이유에 대해서는 조금 뒤에서 곧 이야기할 거예요. 그에 앞서 우선 이해를 돕기 위해 리튬이온배터리의 기본 단위인 리튬이온 전기화학셀부터 사고실험으로 함께 만들어볼까요?

▥ 사고실험으로 리튬이온 전기화학셀 만들기

먼저 비커는 하나만 준비합니다. 여기에 리튬염($LiPF_6$)을 녹인 유기용매[3]를 채우고, 이어서 외부 도선에 연결된 리튬 코발트 산화물($LiCoO_2$)과 흑연(C_6)을 각각 담급니다. 여기서 리튬염을 유기용매에 녹인 것을 **액체전해질**[4]이라고 합니다. 앞의 전기화학셀 예에서는 간

----

1. 리튬 코발트 산화물($LiCoO_2$)은 종종 'LCO'라는 약어로 불린다.
2. 흑연은 연필심의 원료이다. 원소기호는 C인데 이 책에서는 C_6로 표기하였다. 이유는 뒤에서 설명할 것이다.
3. 리튬염인 육불화인산리튬염($LiPF_6$)은 리튬이온(Li^+)과 육불화인산이온(PF_6^-)으로 유기용매에 의해 해리된다.
4. 리튬이온 전기화학셀의 핵심 물질 중 하나인 액체전해질은 뒤에서 좀 더 살펴볼 것이다.

접적인 방식의 산화 환원 반응을 위해 각각의 수용액이 담긴 비커를 두 개 준비했지요? 그러나 리튬이온 전기화학셀은 한 개의 비커로 구성할 수 있어요. 이유는 뒤에서도 살펴보겠지만, 산화 환원 반응이 진행되는 동안 리튬이온만 반응에 참여하기 때문이죠. 이처럼 움직이는 것은 리튬이온 한 종류이므로 액체전해질의 전기적 중성 유지는 리튬이온의 움직임에 달려있습니다.

끝으로 리튬 코발트 산화물과 흑연에 연결된 외부 도선을 검류계에도 연결하면 **리튬이온 전기화학셀**이 완성됩니다(아래 그림 참조).

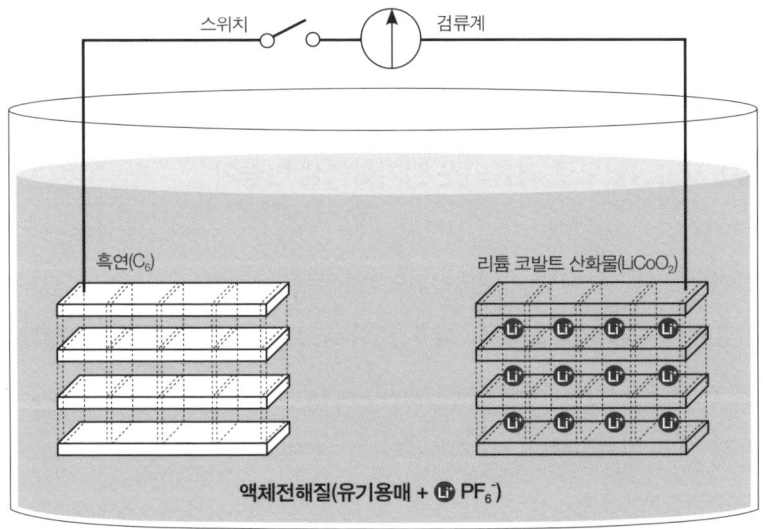

완성된 리튬이온 전기화학셀
앞에서 소개한 아연과 구리이온을 사용한 전기화학셀과 달리 비커가 하나만 있어도 되는 이유는 반응에 참여하여 움직이는 이온이 리튬이온 하나뿐이기 때문이다. 완성된 리튬이온 전기화학셀은 리튬금속을 사용하여 여러 물질의 테스트 용도로 만들어지는 반쪽셀(Half-cell)과 구분하기 위해 완전셀(Full-cell)이라고 한다. 관련하여 뒤에서 더 설명할 예정이다.

상상으로 하는 '사고실험'에서는 리튬이온 전기화학셀을 간단하게 조립했지요? 하지만 실제 상황에서는 조건이 매우 까다롭습니다. 특히 습도를 잘 제어하는 것이 무엇보다 중요해요. 그래서 습도를 매우 낮게 유지하는 **드라이룸(Dry Room)**이라는 공조 설비가 잘 갖춰진 공간에서 대량으로 제조하는데, 드라이룸의 **이슬점**은 보통 -40[℃]~-60[℃] 정도로 매우 낮게 유지됩니다. 특히 액체전해질이 주입되는 공간은 -80[℃]까지 낮추기도 합니다.[3]

연구개발 단계에서는 훨씬 더 철저하게 수분을 관리합니다. 드라이룸에 방진복을 입고 들어가서, 그 안에 설치된 수분의 농도를 11[ppm][5] 이하 수준으로 관리하는 **글로브박스(Glovebox)**[4]라는 작은 공간에서 고순도 재료들을 가지고 리튬이온 전기화학셀을 만듭니다.

왜 이토록 재료에 수분이 붙지 못하게 철저히 관리하는 걸까요? 이는 리튬이온 전기화학셀을 제조하는 과정에서 들어온 습기가 내부에 남아있으면 충·방전 사이클이 진행될수록 방전용량은 줄어들고 내부저항은 커지면서 출력 특성이 저하되는 등의 악영향을 미치기 때문이에요.[5] 좀 더 자세히 덧붙이면 잔류수분(H_2O)은 액체전해질 내의 음이온(PF_6^-)이 높은 온도에서 열분해 된 'PF_5'[6]과 반응하여 불화수소산(HF)을 발생시킵니다.[6] 그런데 이 불화수소산은 리튬코발트 산화물 내의 코발트이온을 잘 녹이죠. 그 결과 리튬 코발트 산화물의 구조가 서서히 무너지면 전자와 리튬이온을 저장할 공간이 부족해져 방전용량이 감소합니다. 이런 이유로 습도를 고도로 제어해야 하므로 일반적인 환경에서는 작업이 이루어지기 어려운 거죠.

⋯⋯⋯⋯⋯⋯⋯

5. [ppm] 단위는 'parts per million'의 앞글자를 딴 약자로서 백만 개 중 몇 개의 비율인지를 뜻하는 백만분율 단위다. 1[ppm] = 0.0001[%] 이다. 수분을 11[ppm]이하로 관리한다는 뜻은 글로브박스 내부의 물분자를 0.0011[%] 이하로 유지한다는 뜻이다.
6. 액체전해질 내의 '리튬이온(Li^+)과 육불화인산이온(PF_6^-)'은 육불화인산이온(PF_6^-)이 열분해되면서 '불화리튬(LiF)과 오불화인(PF_5)'으로 된다.

▓ 산화 환원 물질쌍에 대해 알아보자

리튬이온 전기화학셀을 구성하는 핵심 재료인 산화 환원 물질에 대해서 개념적으로 살펴보면서 조금씩 친숙해져 볼까요?

● 양극재: 리튬 코발트 산화물($LiCoO_2$)

코발트 산화물은 평상시에는 중성인 물질인데, 전자를 잘 잡아당겨 음이온(CoO_2^-)이 되는 성질이 있습니다. 전자를 받아 음이온이 된 코발트 산화물은 양이온인 리튬이온(Li^+)과 정전기적 인력 때문에 결합, 즉 **이온결합**되어 **리튬 코발트 산화물($LiCoO_2$)**이 되지요.[7] 이러한 이온결합 과정에서 코발트 산화물(CoO_2) 분자 1개를 편의상 하나의 기본단위로 간주합니다(105쪽 위쪽 그림① 참조).

● 음극재: 흑연(C_6)

탄소원자로 구성된 **흑연(C_6)**도 코발트 산화물(CoO_2)과 마찬가지로 평상시 전기적으로 중성이지만, 외부의 전자를 잡아당겨 붙잡아 두는 성질, 즉 전자와 친한 성질이 있어요. 그래서 흑연(C_6)도 코발트 산화물처럼 외부에서 전자를 한 개 받게 되면 음이온(C_6^-)이 되고, 양이온인 리튬이온(Li^+)과 정전기적인 인력 때문에 **이온결합**으로 흑연과 리튬의 화합물(LiC_6)이 됩니다(105쪽 아래쪽 그림② 참조).[8] 흑연의 원소기호는 탄소와 동일한 C이지만, 리튬이온 한 개가 탄소원자 6개와 결합되므로 편의상 C_6를 기본단위로 나타내었습니다.

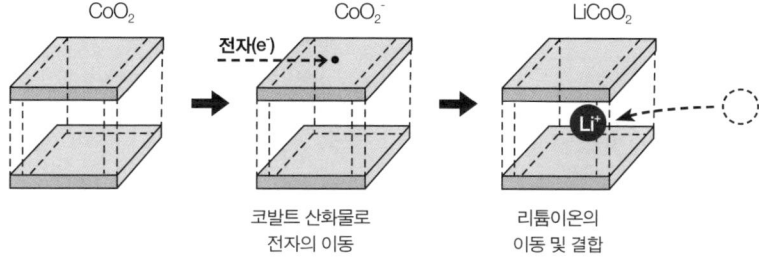

코발트 산화물로
전자의 이동

리튬이온의
이동 및 결합

① 리튬 코발트 산화물(LiCoO₂)

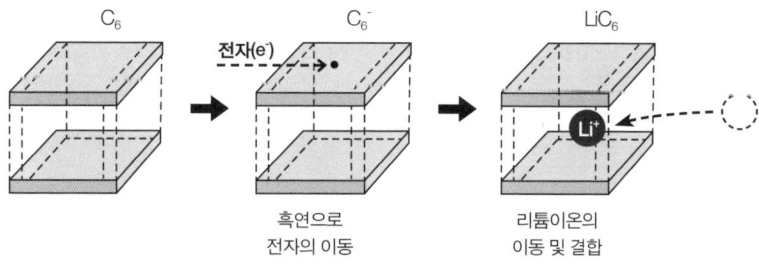

흑연으로
전자의 이동

리튬이온의
이동 및 결합

② 흑연과 리튬의 화합물(LiC₂)

리튬 코발트 산화물(위)과 흑연과 리튬의 화합물(아래)

코발트 산화물은 평상시에는 중성이지만, 전자를 받아 음이온이 되고 리튬이온과 결합해 리튬 코발트 산화물이 된다. 한편 흑연은 전자를 받아 음이온이 되고 양이온인 리튬이온과 결합한다.

●산화 환원 물질쌍의 구조적 특성

기본단위에서 일어나는 반응을 살펴보면 중요한 공통점을 발견할 수 있습니다. 그건 바로 코발트 산화물이나 흑연 모두 전자를 받아 음이온이 되고, 이후 양이온인 리튬이온과 쉽게 결합하는 물질이라는 점이지요. 이제 산화 환원 물질의 기본단위를 사용하여 각 물질의 전체적인 내부 모양에 대해서 예시와 함께 간략히 살펴봅시다.

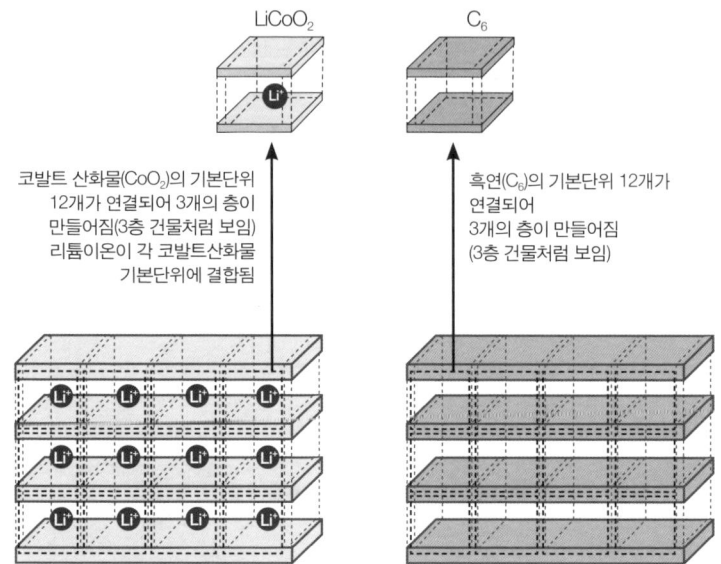

산화 환원 물질의 층상구조

충전이나 방전에 따라 리튬이온이 왔다갔다 이동하며 코발트 산화물이나 흑연의 각 층에 위치할 수 있는
이런 모양의 내부 구조를 층상구조(Layered Structure)라 한다.

위 그림의 왼쪽에서 표현한 것처럼 리튬 코발트 산화물(LiCoO₂) 덩
어리 안에는 코발트 산화물(CoO₂) 기본단위 4개가 옆으로 나란히
붙어 하나의 층을 이루고, 3개가 수직으로 층층이 붙어있습니다.
코발트 산화물의 층은 3개이고, 리튬이온은 각 층의 칸마다 놓인
모습이에요. 즉 12개의 코발트 산화물 기본단위에 리튬이온이 들
어와 결합하여 리튬 코발트 산화물(LiCoO₂)이 된 것이에요.[7(9)]

한편 흑연 덩어리는 어떤가요? 위 그림 오른쪽을 보면 역시 기본

....
7. 설명을 위한 편의상 선택한 것으로 덩어리 크기에 따라 기본 단위의 개수는 달라진다.

단위(C_6) 4개가 나란히 붙어 한 개의 층이 되고, 이렇게 만들어진 층 3개가 상하로 붙어있습니다. 역시 총 12개의 기본단위로 구성됩니다. 그림에서 묘사한 상태는 리튬이온이 아직 흑연의 기본단위에 결합되어 있지 않아요. 리튬 코발트 산화물이나 흑연 덩어리 모두 그 내부를 각각 보면 마치 3층짜리 건물처럼 보입니다.[10] 리튬이온은 코발트 산화물 혹은 흑연의 각 층에 위치할 수 있는 거죠. 바로 이런 모양의 내부 구조를 **층상구조(Layered Structure)**[8]라 합니다. 즉 리튬이온 전기화학셀에 사용된 산화 환원 물질쌍은 이처럼 서로 동일한 층상구조를 갖는 재료임을 기억해 주세요!

🔋 액체전해질에 대해 알아보자

리튬이온 전기화학셀을 구성하는 데 필요한 것은 산화 환원 물질쌍만이 아닙니다. **액체전해질**의 역할도 매우 중요하죠. '액체전해질'이란 용매에 이온결합 화합물인 '염(Salt)'을 녹인 것이에요. 예컨대 앞서 살펴본 아연과 구리이온을 산화 환원 물질쌍으로 사용한 전기화학셀을 제작할 때 비커에 넣었던 황산구리($CuSO_4$) 수용액, 황산아연($ZnSO_4$) 수용액 그리고 염다리에 들어있던 젤에 적셔진 질산나트륨($NaNO_3$) 수용액 등은 모두 액체전해질이라고 할 수 있어요. 다만 앞서 예로 든 3가지 액체전해질의 공통점은 용매가 '물'이라는 점입

---

8. 한국 배터리회사들이 강점을 보이는 NCM(니켈-코발트-망간) 배터리에 사용하는 NCM 산화물도 층상구조다.

니다. 물에 이온결합 화합물인 '염'을 녹여 양이온과 음이온으로 분리했었죠.[11] 하지만 용매는 꼭 물이 아니어도 됩니다. 액체전해질은 원하는 종류의 이온이 적절한 농도에 이르도록 필요한 염을 원하는 양만큼 용매에 녹인 것이니까요. 즉 액체전해질에 사용되는 염이나 용매의 종류는 산화 환원 물질의 종류 등 상황에 따라 달라져요. 그렇다면 리튬이온 전기화학셀의 액체전해질에는 어떤 용매와 염이 사용되는지 알아볼까요?

● 어떤 용매를 사용하지?

리튬이온 전기화학셀의 액체전해질[12]을 만들 때 사용하는 용매는 물이 아닌 **유기용매**입니다. 왜 물이 아닌지 궁금한가요? 용매로서 물은 염을 녹이는 능력이 우수하지만, 쉽게 분해되는 단점이 있습니다. 특히 물은 전기화학셀의 전압이 대략 1.23[V] 이상이면 수소와 산소로 분해됩니다.[13] 리튬이온 전기화학셀의 전압은 보통 그보다 높습니다. 예컨대 리튬 코발트 산화물과 흑연을 사용하는 리튬이온배터리의 경우 최대 전압은 보통 4.2[V] 정도로 물을 용매로 쓰면 분해되므로 사용할 수 없는 거죠. 또한 물은 리튬이온 전기화학셀의 산화 환원 반응 중 생성될 수 있는 리튬금속과 격렬히 반응하는 점도 문제입니다.[14] 이러한 제약사항으로 인해 물 대신 유기용매를 사용하는 것이에요.

　그러면 어떤 종류의 유기용매가 가장 널리 사용될까요? 현재로는 **에틸렌 카보네이트(EC, Ethylene Carbonate, $C_3H_4O_3$)**를 꼽을 수 있습니다.

어떤 물질의 유전율(ϵ)은 전하(예, 전자)를 저장하는 전기소자인 캐패시터 (Capacitor)와 연관되어 자주 이야기되는 특성입니다. 캐패시터의 전극에는 배터리가 연결되어 전압이 걸립니다. 전극 사이가 진공일 때 저장되는 전하량(관련 유전율: 진공의 유전율, ϵ_o) 대비 전극 사이에 특정 물질이 삽입되었을 때 저장되는 전하량(관련 유전율: 특정 물질의 유전율, ϵ)이 얼마나 증가되는 가와 연관되죠. 캐패시터의 전하량 증가는 삽입되는 물질의 유전율이 클수록 커지는데, 이러한 물질의 분자에는 부분전하가 존재합니다.

예를 들어 앞서 본 수소나 산소는 무극성 분자여서 부분전하가 없지만 극성 분자인 물분자는 부분전하가 있고 이로 인해 쌍극자가 만들어집니다. 쌍극자가 있는 물질이 캐패시터 전극 사이에 삽입되면 물질을 통과하는 전기장으로 인해 (+)부분전하(δ^+)는 전기장의 (-)극 방향으로, (-)부분전하(δ^-)는 전기장의 (+)극 방향으로 쌍극자가 회전하면서 정렬됩니다. 결국 배터리의 (+)극이 연결된 전극에는 (-)부분전하, 배터리의 (-)극이 연결된 전극에는 (+)부분전하[9]가 만들어진 셈이죠. 이에 따라 배터리에서 전극으로 전자의 추가 이동이 일어나 전하량이 늘어나는 원리입니다.

물질 사이의 비교를 위해 주로 **상대유전율**(ϵ_r)[10]이 사용됩니다. 수식으로 표현하면 '상대유전율(ϵ_r) = 특정물질의 유전율(ϵ)/진공의 유전율(ϵ_o)'[11(16)]입니다. 유기용매인 에틸렌 카보네이트(EC)와 물은 상당히 큰 상대유전율을 갖고 있는데 각각 89.6, 78.5입니다. 즉 에틸렌 카보네이트와 물은 각 분자에 부분전하, 즉 쌍극자가 있다는 뜻입니다. 상대유전율이 큰 용매가 이온화합물인 염을 녹이는 데 왜 유리한지는 솔베이션(Solvation) 관련 글상자(111쪽)를 참고하세요.

. . . .
9. 부분전하로 인해 추가된 전하를 유도전하(Induced Charge)라 한다.
10. 유전상수(Dielectric Constant)와 같은 의미로 사용된다.
11. 진공의 유전율(ϵ_o, Permittivity of Vacuum)은 $8.85 \times 10^{-12}[F/m]$이다.

환형 카보네이트(Cyclic Carbonate)의 일종인데 **유전율(Permittivity)**[12(17)]이 높아(109쪽 글상자 참조) 이어서 설명할 리튬염(여기에서는 육불화인산리튬염(LiPF$_6$))을 잘 녹입니다. 반면 높은 유전율 때문에 부분적인 전하에 의해 분자 간 인력도 크다 보니 에틸렌 카보네이트 하나만 사용하면 점도가 높아 오히려 리튬이온의 이동을 방해하게 됩니다. 이런 이유로 유전율이 매우 낮은 선형 카보네이트(Linear Carbonate) 종류 중 **디메틸 카보네이트(DMC, Dimethyl Carbonate, C$_3$H$_6$O$_3$)**와 같은 유기용매를 섞어서 사용합니다.

리튬이온 전기화학셀에 실제 적용되는 액체전해질은 방금 예로 들었던 것보다 더 많은 종류의 리튬염과 유기물질로 구성됩니다. 보통 1~2가지의 리튬염, 2~3가지의 유기용매, 2~3가지의 첨가제[13(18)] 등이 균일하게 혼합된 투명한 액체 상태의 용액입니다. 배터리 과학자들은 액체전해질을 구성하는 물질의 종류와 비율을 최적화하기 위한 테스트를 많이 진행합니다. 즉 액제전해질을 어떻게 구성해야 선택된 산화 환원 물질쌍의 반응이 오랫동안 안정적으로 잘 일어날 수 있는지 고민하는 거죠.

실제로 리튬염을 잘 녹이는 능력을 가진 우수한 유기용매의 개발은 배터리회사와 재료회사가 협력하는 주요 과제이기도 해요. 덧

....
12. 전기소자인 캐패시터(Capacitor)의 전극 사이에 삽입되는 물질과 연관된 특성이다. 자세한 설명은 글상자 참조.
13. 첨가제는 리튬이온 전기화학셀의 성능을 향상시키는 물질(예, 비닐렌카보네이트(Vinylene Carbonate))이다. 소량 사용하여 흑연의 보호막 내구성을 높이는 등의 역할을 한다. 다만 첨가제에 관한 자세한 내용은 이 책의 범위를 벗어나므로 생략한다.

이온결합 화합물인 염이 용매에 녹는 원리에 대해 잠시 살펴보겠습니다. 예를 들어 소금(NaCl)을 물에 넣으면 물분자와 접촉하는데 극성분자인 물의 산소(O: 산화수 -2) 부분은 양이온(Na^+)을 끌어당기고, 수소(H: 산화수 +1) 부분은 음이온(Cl^-)을 끌어당기죠. 나트륨이온(Na^+)과 염소이온(Cl^-)이 각각 떨어져나오면서 물분자에 둘러싸입니다. 덩어리에서 떨어져 나온 이온이 용매분자에 둘러싸이는 것을 **솔베이션(Solvation)**이라 합니다. 이렇게 소금이 용매인 물에 녹습니다![19]

같은 원리로 극성 유기용매 분자인 에틸렌 카보네이트(EC)도 양이온(Li^+)과 음이온(PF_6^-)을 육불화인산리튬염 표면에서 끌어당겨 떨어져나올 때 둘러쌉니다. 육불화인산리튬염이 유기용매인 에틸렌 카보네이트에 녹은 것입니다.[20] 리튬이온은 보통 4개의 에틸렌 카보네이트로 둘러싸이는데 이를 솔베이션 넘버(Solvation Number)라 합니다. 아래 그림과 같이 꽃을 사용하여 비유해 보았습니다. 그리고 앞서 본 것처럼 물이나 에틸렌 카보네이트는 분자에 부분전하를 가진 상대유전율이 큰 분자이기 때문에 이온결합 화합물인 염을 잘 녹입니다.

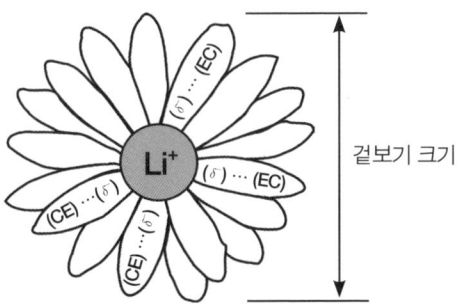

에틸렌 카보네이트(EC) 용매 분자로 둘러싸인 리튬이온(Li^+)

리튬이온이 에틸렌 카보네이트 유기용매에 녹는 것은 극성인 에틸렌 카보네이트 용매 분자가 리튬이온을 끌어당겨 둘러싸면서 리튬염 덩어리로부터 떨어져 나오게 하는 것이다. 리튬이온이 4개의 에틸렌 카보네이트 용매로 둘러싸인 것을 꽃을 사용하여 비유해 보았다. 리튬이온의 솔베이션 넘버(Solvation Number)는 4이다.

붙여 최근에는 새로운 기능을 추가하려는 연구도 많이 진행 중입니다. 예를 들어 요즘 전기자동차 화재에 대한 사회적 불안감이 고조되고 있는데, 발화점(Flash Point)이 높은 난연성 유기용매[21]의 개발을 통해 화재 안정성을 개선하려는 시도도 그중 하나죠.

● 이제 리튬염을 녹여보자!

적합한 유기용매를 골랐으니, 필요한 만큼 리튬이온 농도를 만들기 위한 리튬염을 선택해야 하겠죠? 오늘날 가상 많이 사용되는 것은 **육불화인산리튬염(LiPF₆)[22]**인데, 육안으로는 흰색 가루입니다. 액체전해질의 최고 이온전도도가 나오는 리튬이온의 농도는 실험적으로 정하는데 보통 $1[M]^{14}$ 근처이지요.[23] 이때 액체전해질의 이온전도도는 대략 $10^{-2}[S \cdot cm^{-1}]$입니다. 준비된 유기용매에 원하는 양의 육불화인산리튬염을 녹이면 아래의 식(18)처럼 양이온인 리튬이온(Li^+)과 음이온인 육불화인산이온(PF_6^-)으로 분리됩니다.

$$LiPF_6 \rightarrow Li^+ + PF_6^- \cdots (18)$$

액체전해질 내에 만들어진 리튬이온들은 산화 환원 반응이 일어나는 동안 실제 반응에 참여할 수 있습니다. 즉 이들이 리튬이온 전기화학셀의 산화 환원 반응에 사용되는 풍부한 리튬이온 소스

----

14. 몰농도 단위로서 [mol/L]와 동일.

(Source)가 되는 거죠. 또한 액체전해질은 리튬이온 전기화학셀 내부의 모든 공간을 채우고, 산화 환원 물질의 표면과 접촉하고 있기 때문에 산화 환원 물질 사이를 연결해 주는 역할도 합니다. 다시 말해 액체전해질은 리튬이온들이 산화 환원 물질의 내부로 들락날락하는 이동 통로가 되는 셈입니다. 비유하자면 액체전해질에서 유기용매가 물이라면 리튬이온은 거기서 헤엄치는 물고기인 셈이죠.

● **액체전해질의 주요 역할은?**

액체전해질은 구성 물질인 리튬이온과 유기용매를 고려할 때 크게 다음의 두 가지 역할을 한다고 볼 수 있습니다.

첫째, 산화 환원 반응에 사용될 수 있는 리튬이온의 **소스**이다.

둘째, 리튬이온이 이동할 수 있도록 해주는 **연결 통로**다.

액체전해질은 리튬이온 전기화학셀을 구성하는 물질 중 유일한 액체입니다. 즉 나머지 물질은 모두 고체이지요. 액체전해질은 비록 전기에너지가 저장되는 물질은 아니지만, 전기에너지의 원활한 생산을 위해 없어서는 안 될 꼭 필요한 존재입니다.[15] 그리고 액체전해질을 액체로 된 용액으로만 간단히 생각할 수도 있지만, 앞의 두 가지 중요한 역할과 뒤에서 살펴볼 흑연의 보호막 형성 외에도 액

....
15. 상용화를 목표로 현재도 연구가 진행 중인 고체전해질에 대해서는 뒤에서 따로 살펴볼 것이다.

체전해질에 요구되는 기능은 점점 더 늘어나고 있습니다. 지금까지 전기화학셀을 구성하는 핵심 요소들을 충분히 살펴보았으니, 본격적으로 방전과 충전을 들여다봅시다.

잠깐만! 젖음성

어떤 물체에 물을 뿌릴 때 골고루 잘 퍼지거나 물방울이 맺히는 것을 본 적 있을 거예요. 표면에 골고루 잘 퍼지면 그 물질을 친수성(Hydrophilic)이라 하고 물방울이 맺히면 소수성(Hydrophobic)이라 합니다. 연잎은 소수성이어서 물이 닿으면 방울로 맺힌 후 도로로 하고 흘러내립니다. 연잎을 현미경으로 크게 확대해 보면 표면이 거칠고, 약 1[mm] 크기의 고체 왁스[24]들로 덮여있습니다. 특히 고체 왁스는 표면에너지(Surface Energy)[16][25]가 낮아 극성분자인 물과 친하지 않죠. 이와 비슷하게 액체의 관점에서 어떤 액체가 고체에 닿을 때 표면에 골고루 잘 퍼지면 그 고체를 잘 적신다고 합니다. 이와 연관된 액체의 특성을 **젖음성(Wettability)**[17][26]이라 합니다. 액체전해질은 산화 혹은 환원 물질 표면에 닿을 때 골고루 잘 퍼져야 좋겠죠? 그래야 액체전해질 내부에 있는 리튬이온이 모든 산화 환원 물질에 잘 들어가고 나옵니다. 액체전해질의 젖음성(Wettability)이 좋아야 하는 이유죠.[27] 젖음성이 나빠 산화 환원 물질과 아예 접촉 자체가 없는 부분이 생긴다면 방전용량과 사이클 수명이 감소하고, 리튬이온의 이동이 불균일해져 방전이나 충전 중 부분적으로 줄열(Joule Heat)이 커질 수 있습니다.[28]

....
16. 물질의 표면은 내부와 달리 원자간 결합이 완료되지 않아 에너지가 높은 상태이다. 고체의 원자간 결합이 액체보다 강하기 때문에 표면에너지는 보통 고체가 액체보다 높다. 분자의 부분전하와 관련이 깊다.
17. 액체의 젖음성은 고체 표면에 액체를 떨어뜨린 후 접촉각(Contact Angle)을 측정하면 좀 더 정확히 알 수 있다. 접촉각이 작을수록 젖음성이 좋다.

방전의 의미는 무엇일까?

사전적으로 '방전'은 전기가 외부로 흘러나오는 현상을 말합니다. 공장에서 처음 조립한 리튬 코발트 산화물($LiCoO_2$)과 흑연(C_6)을 사용하여 만든 리튬이온 전기화학셀은 완전히 방전된 상태이죠. 하지만 지금부터 우리가 알아볼 것은 자발적으로 진행되는 방전 과정이에요. 여러분의 사고실험을 돕기 위해 먼저 아래에 충전된 리튬이온 전기화학셀을 그림으로 표현해 보았습니다.[18]

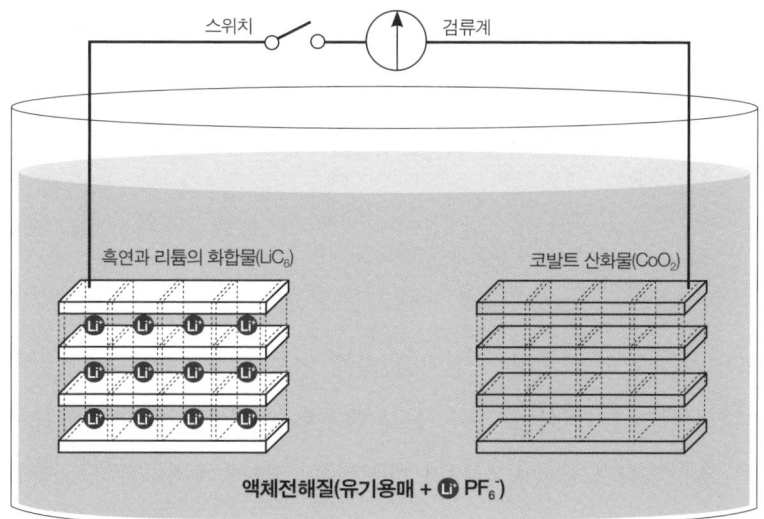

충전된 리튬이온 전기화학셀

리튬이온은 흑연(C_6)과 코발트 산화물(CoO_2)의 기본단위 중 흑연의 기본단위에 결합되어있다.

....

18. 충전의 의미에 대해서는 방전에 이어서 자세히 살펴볼 것이다.

이 그림에는 충전된 상태의 리튬이온 전기화학셀의 산화 환원 물질 쌍을 볼 수 있어요. 리튬이온은 흑연(C_6)과 코발트 산화물(CoO_2)의 기본단위 중 왼쪽 흑연의 기본단위에 결합되어있군요. 이제 방전 준비는 끝났고, 스위치만 켜면 방전이 시작될 것이에요.

▥ 방전이 시작되면 어떤 일이 일어날까?

빙진할 준비가 된 리튬이온 전기회학셀의 스위치를 켜고 어떤 일이 일어나는지 반응을 관찰해 볼까요? 방전할 때의 산화 물질은 흑연과 리튬의 화합물(LiC_6)이고, 환원 물질은 코발트 산화물(CoO_2)이에요. 반응이 시작되면 다음의 식(19)와 같이 흑연과 리튬의 화합물에서 전자가 나오고 리튬이온도 유기용매로 녹아 나옵니다.

$$LiC_6 \rightarrow C_6 + e^- + Li^+ \cdots (19)$$

흑연과 리튬의 화합물은 전자를 잃게 되므로 산화됩니다. 그런데 여기서 꼭 기억해야 할 점은 산화 물질인 흑연과 리튬의 화합물에서 전자만 나오는 것이 아니라 리튬이온도 함께 빠져나온다는 것입니다. 즉 전자 1개당 리튬이온도 1개씩 대응되죠.

흑연과 리튬의 화합물에서 나온 전자(e^-)는 곧바로 코발트 산화물로 이동할 수 없습니다. 왜냐하면 두 물질 사이에 직접적인 접촉이 없기 때문이에요. 그래서 전자는 흑연과 리튬의 화합물을 통과하고 흑연과 리튬의 화합물과 외부 도선의 경계, 외부 도선, 검류계를 지나 다시 외부 도선을 거쳐, 외부 도선과 코발트 산화물의 경계를 지나고 최종적으로 코발트 산화물에 도달합니다. 코발트 산화물(CoO_2)은 이렇게 흘러온 전자(e^-)를 받아 음이온(CoO_2^-)으로 환원되고, 표면에 도착한 리튬이온은 내부로 들어와 결합하며 리튬 코발트 산화물($LiCoO_2$)이 되는 거예요(식(20) 참조). 그리고 아래의 그림이 바로 방전이 시작될 때 일어나는 변화를 표현해 본 것입니다.

$$CoO_2 + e^- + Li^+ \, \rightarrow \, Li\,CoO_2 \cdots (20)$$

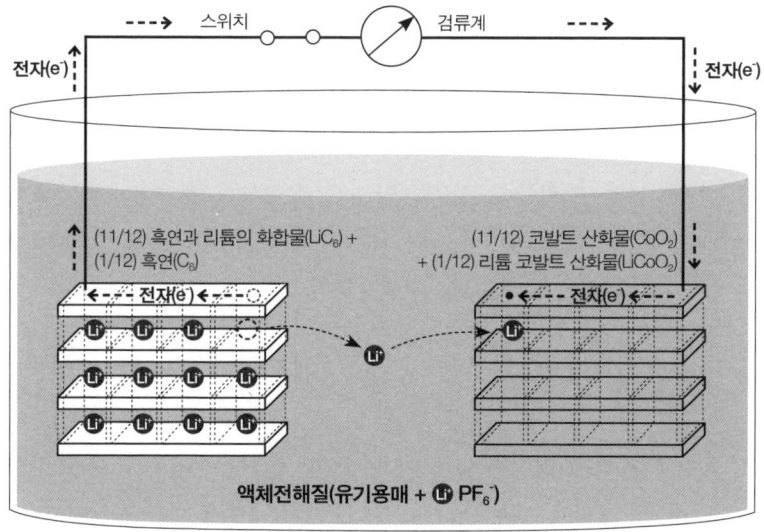

방전이 시작된 리튬이온 전기화학셀에서 전자와 리튬이온의 움직임
스위치를 켜서 방전 반응이 시작되면 흑연과 리튬의 화합물에서 전자가 나오고 리튬이온(Li^+)도 유기용매로 녹아 나온다. 이후 전자와 리튬이온은 코발트 산화물로 이동한다.

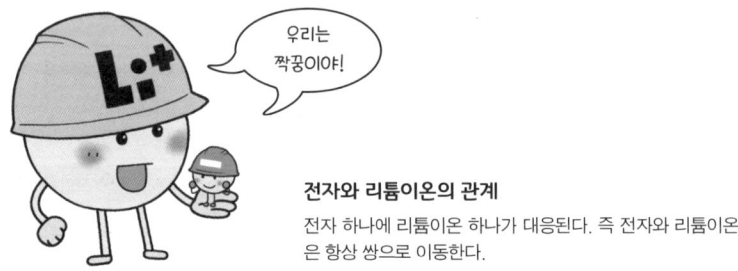

전자와 리튬이온의 관계
전자 하나에 리튬이온 하나가 대응된다. 즉 전자와 리튬이온
은 항상 쌍으로 이동한다.

흑연과 리튬의 화합물과 반대로 코발트 산화물은 전자를 얻게 되므
로 환원됩니다. 마찬가지로 주의할 점은 코발트 산화물로 전자만
들어오는 것이 아니라 양이온인 리튬이온도 들어와 결합한다는 것
입니다. 여기서 우리는 아주 중요한 내용을 발견할 수 있어요. 바로
전자와 리튬이온은 늘 한쌍으로 움직인다는 것이에요!

이처럼 리튬이온 전기화학셀에서는 산화 환원 반응이 진행됩니
다. 이때 전류가 외부로 자연스럽게 자발적으로 흐르는 것을 **방전
(Discharge)**이라 하는데, 흐르는 전류를 방전전류라고 하고, 방전할
때 흐르는 총전하량은 **방전용량**이라 하죠.

이번에는 액체전해질의 중성은 어떻게 유지되는지 살펴볼까요?
액체전해질의 관점에서 보면 흑연과 리튬의 화합물(LiC_6)에서 한 개
의 리튬이온이 유기용매로 녹아 나오고, 음이온이 된 코발트 산화
물(CoO_2)로 유기용매에 있던 한 개의 리튬이온이 들어가 결합하므
로 전기적 중성이 유지됩니다. 방전 시 리튬이온의 원활한 이동은
출력특성과 연관된 매우 중요한 요소입니다.

▥ 산화 환원 반응이 끝나면 어떻게 될까?

방전이 끝나면 어떻게 될까요? 이제 산화 환원 반응이 원활히 잘 끝
난 시점에서 산화 환원 물질쌍을 살펴봅시다. 아래 그림을 보면 흑
연과 리튬의 화합물(LiC_6)에서 전자와 리튬이온이 모두 빠져나가고
흑연(C_6)만 남았네요. 반대로 코발트 산화물(CoO_2)은 전자와 리튬
이온이 들어와 결합되어 리튬 코발트 산화물($LiCoO_2$)이 되었군요
(방전 반응과 방전 결과 요약은 120쪽 표 참조).

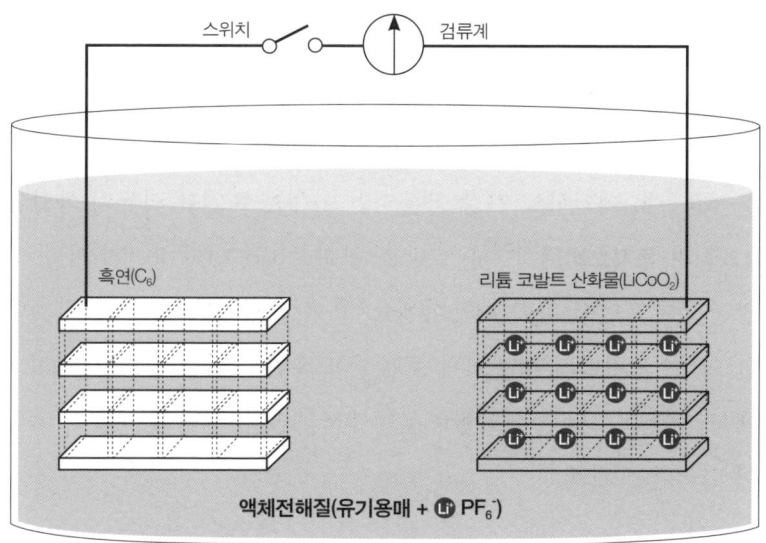

방전이 완료된 리튬이온 전기화학셀
방전이 완료되면 흑연과 리튬의 화합물(LiC_6)에서는 전자와 리튬이온이 빠져나가 흑연(C_6)만 남고, 코발트
산화물(CoO_2)로는 전자와 리튬이온이 들어와 결합되어 리튬 코발트 산화물($LiCoO_2$)이 되었다.

리튬이온 전기화학셀의 방전 중 반응 요약

리튬이온 전기화학셀의 방전 중에 일어나는 반응	리튬이온 전기화학셀의 방전에 의한 최종 결과
산화반응: $LiC_6 \rightarrow C_6 + e^- + Li^+$ 환원반응: $CoO_2 + e^- + Li^+ \rightarrow LiCoO_2$	$LiC_6 + CoO_2 \rightarrow C_6 + LiCoO_2$

방전이 자발적으로 진행되는 이유는?

리튬이온 전기화학셀의 방전에서 전자가 흑연과 리튬의 화합물 (LiC_6)에서 코발트 산화물(CoO_2)로 자발적으로 이동하는 이유는 무엇일까요? 앞서 아연과 구리이온을 산화 환원 물질쌍으로 사용한 전기화학셀에서 반응이 자발적으로 일어나기 위한 조건을 떠올려 보세요. 네, 여기서도 가장 근본적인 이유는 흑연과 리튬의 화합물 (LiC_6)의 **분자오비탈**[19][29]과 코발트 산화물(CoO_2)의 분자오비탈 간 정전기력 포텐셜 차이 때문이에요.[30] 즉 이동 가능한 전자가 위치한 이 두 오비탈의 정전기력 포텐셜이 흑연과 리튬의 화합물(LiC_6)에서는 높고 코발트 산화물(CoO_2)에서는 낮기 때문에 자발적 이동이 일어나는 거죠.[31]

....

19. 아연과 구리이온의 산화 환원 반응에서는 원자오비탈 사이에서 전자가 이동한다. 흑연과 리튬의 화합물(LiC_6), 코발트 산화물(CoO_2)의 산화 환원 반응에서는 분자오비탈 사이에서 전자가 이동한다. 분자오비탈은 고등학교 과학 과정에서 소개되는 개념이다.

다만 앞에서도 정전기력 포텐셜 차이만으로는 충분하지 않다고 했었죠? 네, 다음 3가지 조건이 모두 충족되어야 해요.

- 산화 환원 물질 간에 **정전기력 포텐셜 차이($\triangle V$)가** 존재한다.
- 낮은 정전기력 포텐셜의 오비탈은 전자가 들어올 수 있도록 **비어있다.**
- **이동 통로** 역할을 해주는 외부 도선이 리튬이온 전기화학셀에 의해 제공되었다.

위의 조건이 모두 충족됨으로써 전자들의 자발적인 이동이 일어난 것이에요. 예컨대 충전 상태인 리튬이온 전기화학셀의 흑연과 리튬의 화합물(LiC_6)과 코발트 산화물(CoO_2) 물질쌍에 전압계를 연결하여 전압이 4.2[V]로 측정되었다면 이것은 흑연과 리튬의 화합물(LiC_6)의 이동 가능한 전자가 위치한 오비탈의 정전기력 포텐셜과 코발트 산화물(CoO_2)에 전자가 위치할 수 있는 비어있는 오비탈의 정전기력 포텐셜 간의 차이와 같습니다. 92쪽 식(16)에서 계산한 것과 같이 흑연과 리튬의 화합물(LiC_6)에서 이동할 수 있는 전자의 총개수를 6개라고 가정하면 총전하량은 '$6 \times e [C]$'와 같이 계산됩니다. 그리고 흑연과 리튬의 화합물(LiC_6)에 있는 총 6개의 전자들이 정전기력 포텐셜 차이(전기화학셀 전압, $\triangle V$) 4.2[V]를 느낄 때, 정전기력 포텐셜에너지는 다음의 식(21)과 같습니다.

$$\triangle PE = 4.2 \times (6 \times e) = 25.2 \times e [J] \quad \cdots (21)$$

여기서 방전 시 전자들의 움직임을 조금 더 상세히 알아보겠습니다. 방전이 시작되어 흑연과 리튬의 화합물(LiC_6)(Li 산화수: +1, C 산화수: -0.166)의 분자오비탈인 'π^*_{2p} 오비탈'에 있던 전자가 정전기력 포텐셜 차이에 의해 이동하고, 리튬이온(Li 산화수: +1)도 빠져나옵니다. '-0.166'이었던 탄소(C)의 산화수는 '0'이 되죠($C^{-0.166} \rightarrow C^0$). 코발트 산화물($CoO_2$)은 이온결합(Co 산화수: +4, O 산화수: -2)을 하고 있으며, 코발트 산화물로 이동한 전자는 비어있는 코발트 산화물의 분자오비탈인 't_{2g} 오비탈'로 들어옵니다. '+4'였던 코발트(Co)의 산화수는 '+3'이 되죠($Co^{4+} \rightarrow Co^{3+}$). 그리고 다가온 리튬이온(Li 산화수: +1)은 코발트 산화물 이온(CoO^-_2) 내부로 이동하여 이온결합을 합니다. 부분적인 음전하는 산소원자 주위에 형성되기 때문에 이 부분으로 리튬이온이 끌려와 결합됩니다(분자오비탈의 개념은 용어설명 참고).

....

20. 여기서는 리튬이온 전기화학셀의 산화 환원 반응 관련 분자오비탈의 이름과 각 분자를 구성하는 원자들의 산화수 변화를 정리하였다. 분자오비탈의 상세한 형성 과정은 생략한다. 이 책에서는 글상자의 내용을 참고하는 것으로 충분하다.

바로 이 정전기력 포텐셜에너지만큼 리튬이온 전기화학셀의 방전 중 전자가 외부 도선으로 이동하며 전기에너지로 변환되는 거죠.

리튬이온 전기화학셀의 정전기력 포텐셜 차이는 보통 4.2[V] 정도입니다. 이는 다른 종류의 산화 환원 물질쌍을 사용한 여타 전기화학셀들의 전압과 비교할 때 매우 큰 편이지요. 앞서 전자의 이동을 폭포 위에 저장된 물이 떨어지는 데 비유했던 것을 기억하나요? 이 비유를 계속 이어가면 리튬이온 전기화학셀은 다른 전기화학셀에 비해 낙차가 아주 큰 폭포인 셈이죠. 그래서 떨어지는 물의 양이 같아도 워낙 큰 낙차 덕분에 물레방아가 받는 운동에너지는 훨씬 더 큽니다. 리튬이온 전기화학셀은 다른 전기화학셀에 비해 높은 전압 덕분에 같은 양의 전류가 흐를 때 더 큰 전기에너지를 얻을 수 있다는 뜻입니다.[21] 이 점 때문에 현재 **리튬이온배터리**가 전기자동차의 동력원으로 선택된 것이에요. 리튬이온배터리를 사용한 전기자동차의 주행거리가 충분히 길고, 경사진 언덕을 오를 만큼 강력한 힘을 발휘할 수 있는 근본적인 이유죠.

한편 앞서 살펴본 아연과 구리이온을 산화 환원 물질쌍으로 사용한 전기화학셀의 산화 환원 반응 전후 내부에너지 차이($\triangle$E)가 대부분 전기에너지로 변환된 것과 비슷한 원리로 리튬이온 전기화학셀의 방전에 의한 반응 물질(LiC_6과 CoO_2)과 생성 물질(C_6과 $LiCoO_2$)의 내부에너지 차이도 대부분 전기에너지로 변환됩니다(아래 그림 참조).[(32)]

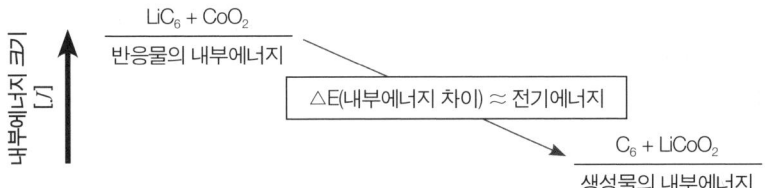

리튬이온 전기화학셀의 방전 반응(내부에너지 차이 ≈ 전기에너지)
리튬이온 전기화학셀의 방전에 의한 반응 물질(LiC_6과 CoO_2)과 생성 물질(C_6과 $LiCoO_2$)의 내부에너지 차이는 대부분 전기에너지로 변환된다.

....
21. 예컨대 앞서 본 것처럼 아연과 구리이온을 산화 환원 물질쌍으로 사용한 전기화학셀의 경우 전기화학셀 전압이 1.1[V]이기 때문에 포텐셜에너지는 식(17)에서 '$\triangle PE = 6.6 \times e\,[J]$'로 계산되었다(92쪽 참조).

혹시 **깁스 자유에너지(Gibb's Free Energy) 변화**($\triangle G_{sys}$)에 대해 배운 적이 있는 독자라면 내부에너지 변화($\triangle E$)와 더불어 **엔트로피(Entropy) 변화**($\triangle S_{sys}$)[(34)]도 고려해야 한다고 생각할 수 있습니다.[23] 전기화학셀의 전기에너지는 보통 깁스 자유에너지 변화에 의해 표현되기 때문이죠. 그러나 반응 전후의 부피 변화가 작은 상황에서는 엔트로피의 영향력이 워낙 작기 때문에 근사적으로 **엔탈피(Enthalpy) 변화**($\triangle H$)로 볼 수 있고, 이는 다시 내부에너지 변화로 근사적으로 표현될 수 있다는 연구 결과[(35)]에 기초하여 다음의 식(22)와 같이 나타낼 수 있습니다. 이미 앞에서 살펴본 것처럼 대기압(정압) 하($\mathrm{\overline{F}}$)에서 화학반응의 엔탈피 변화는 내부에너지 변화($\triangle E$)와 유사하기 때문입니다.

(전기화학셀의 전기에너지) = $\triangle G_{sys} = \triangle H - T\triangle S_{sys} \approx \triangle H = q_p \approx \triangle E$ ⋯ (22)

$\triangle G_{sys}$는 반응물과 생성물 사이의 깁스 자유에너지 변화[J]

$\triangle H$는 반응물과 생성물 사이의 엔탈피 변화[J]

T는 절대 온도[K], $\triangle S_{sys}$는 반응물과 생성물 사이의 엔트로피 변화[J]

q_p는 방출된 열[J], $\triangle E$는 반응물과 생성물 사이의 내부에너지 변화[J]

식(22)를 정리하면 최종적으로는 아래의 식(23)입니다. 즉 근사적으로 앞의 그림에 나타낸 것처럼 내부에너지가 감소하면서 전기에너지가 만들어지는 것으로 설명이 가능한 것이죠.

$\triangle E \approx$ (전기화학셀의 전기에너지) ⋯ (23)

$\triangle E$는 반응물과 생성물 사이의 내부에너지 변화[J]

....

22. 고등학교 과학 과정에서 소개되는 개념이다. 글상자에 정리된 내용을 참고하는 것으로 충분하다.
23. 배터리 과학자들은 전기화학셀에 의해 발생하는 전기에너지와 깁스 자유에너지 변화를 연관 지어 설명한다. 특히 깁스 자유에너지 변화를 자발적인 반응으로 얻을 수 있는 '유용한 에너지(Useful Energy)'의 크기, 즉 전기에너지의 크기와 같다고 본다. 용어설명의 '네른스트 식', '반응의 자발성' 참고.

충전의 의미는 무엇일까?

방전에 대해 알아보았으니, 이번에는 반대의 상황, 즉 방전이 끝난 리튬이온 전기화학셀에 충전기를 연결하여 외부에서 전압을 걸어 주면 어떤 일이 일어나는지 알아볼까요?

방전 과정에서는 정전기력 포텐셜 차이로 인해 전자가 스스로 움직였습니다. 하지만 이제는 높은 정전기력 포텐셜 오비탈로 다시 돌아가게 만들어야 해요. 즉 **충전(Charge)**은 전자들을 리튬이온 전기화학셀의 리튬 코발트 산화물($LiCoO_2$)의 낮은 정전기력 포텐셜 오비탈(t_{2g} 오비탈)에서 현재 비어있는 흑연(C_6)의 높은 정전기력 포텐셜 오비탈(π^*_{2p} 오비탈)로 다시 돌아가도록 만드는 거죠.

혹시 앞에서 소개한 중력을 이용하는 놀이기구인 자이언트 드롭을 기억하나요? 바닥으로 낙하된 자이언트드롭을 54[m]의 높이까지 저절로 올라가게 할 순 없지요. 중력의 반대 방향으로 움직여야 하니까요. 위로 끌어올리려면 기계 장치의 힘이 필요한 것처럼 충전도 이와 유사하다고 할 수 있습니다.

▥ 충전이 시작되면 어떤 일이 일어날까?

우리는 충전의 사전적인 의미인 '배터리에 전기를 채워 넣는다'라는 것을 넘어서서 조금 전에 이야기한 것처럼 분자오비탈 개념을 사용하여 그 의미를 깊이 있게 이해하였습니다. 방전이 낮은 곳으로 흐르는, 즉 순리대로 움직이는 자발적인 반응이라면 충전은 높은 곳으로 거슬러 올라가야 하는 만큼 외부에서 리튬이온 전기화학셀에 전압을 가해야만 진행되므로 비자발적인 반응이지요. 외부에서 전압을 가하여 충전을 시작하면 다음의 식(24)에 정리한 바와 같이 리튬 코발트 산화물이 산화되어 전자가 나와 이동하고, 전자와 함께 리튬이온도 유기용매로 녹아 나오게 되는 것이에요.

$$LiCoO_2 \longrightarrow CoO_2 + e^- + Li^+ \cdots (24)$$

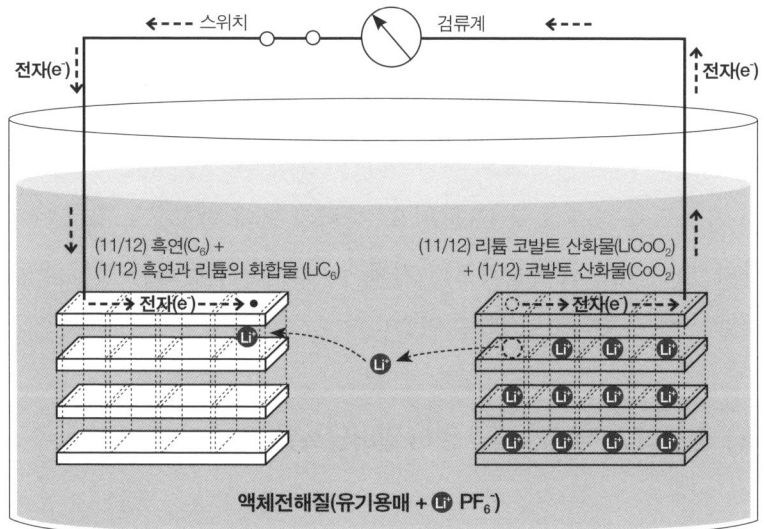

충전 중 전자와 리튬이온의 움직임

방전된 리튬이온 전기화학셀에 연결된 충전기의 스위치를 켜서 충전 반응이 시작되도록 하면 리튬 코발트 산화물에서 전자가 나오고 리튬이온(Li^+)도 유기용매로 녹아 나온다. 이후 전자와 리튬이온은 흑연으로 이동한다.

자, 어떤가요? 충전 과정에서 일어나는 전자와 리튬이온의 움직임이 머릿속에 그려지나요? 126쪽의 그림을 함께 참고한다면 여러분의 사고실험에 도움을 받을 수 있을 것이에요.

그런데 여기서 잠깐! 방전할 때 전자와 리튬이온이 한쌍으로 움직인다고 했던 것을 기억하나요? 이는 충전할 때도 마찬가지에요. 전자만 이동하는 것이 아니라 리튬이온도 리튬 코발트 산화물에서 함께 녹아 나옵니다. 리튬 코발트 산화물에서 나온 전자는 리튬 코발트 산화물, 리튬 코발트 산화물과 외부 도선의 경계, 외부 도선, 검류계를 지나 다시 외부 도선, 외부 도선과 흑연의 경계 그리고 최종적으로 흑연에 도달해요. 다음의 식(25)에 요약한 것처럼 흑연(C_6)은 외부에서 흘러온 전자를 받아 음이온(C_6^-)으로 환원되고 유기용매에 녹아있다가 흑연의 표면으로 다가온 리튬이온은 음이온이 된 흑연 내부로 이동하여 결합하는 거죠.

$$C_6 + e^- + Li^+ \rightarrow Li\,C_6 \cdots (25)$$

충전 시 리튬 코발트 산화물($LiCoO_2$)에서 한 개의 리튬이온이 유기용매에 녹고 흑연(C_6)으로 유기용매에 있던 한 개의 리튬이온이 들어가 결합하여 유기용매의 전기적 중성이 유지됩니다. 따라서 리튬이온의 원활한 이동은 빠른 충전에 중요합니다. 한편 충전할 때 외부 도선으로 흐르는 전류를 충전전류라 하는데 방전전류와 방향이 반대입니다. 충전 시 이동하는 총전하량을 **충전용량**이라 합니다.

▥ 충전이 끝나면 어떻게 될까?

충전이 끝난 시점에서 산화 환원 물질쌍을 살펴볼까요? 아래의 그림을 보면 리튬 코발트 산화물($LiCoO_2$)에서는 전자와 리튬이온이 모두 빠져나가고 코발트 산화물(CoO_2)만 남아 있어요. 그리고 흑연(C_6)으로 전자와 리튬이온이 들어와 결합되어 흑연과 리튬의 화합물(LiC_6)이 되었지요. 이렇게 전기자동차에 필요한 동력원인 전기에너지(전자)가 충전에 의해 저장된 것입니다! 내연기관자동차가 주유소에서 연료통에 가솔린을 가득 채우는 것처럼 전기자동차

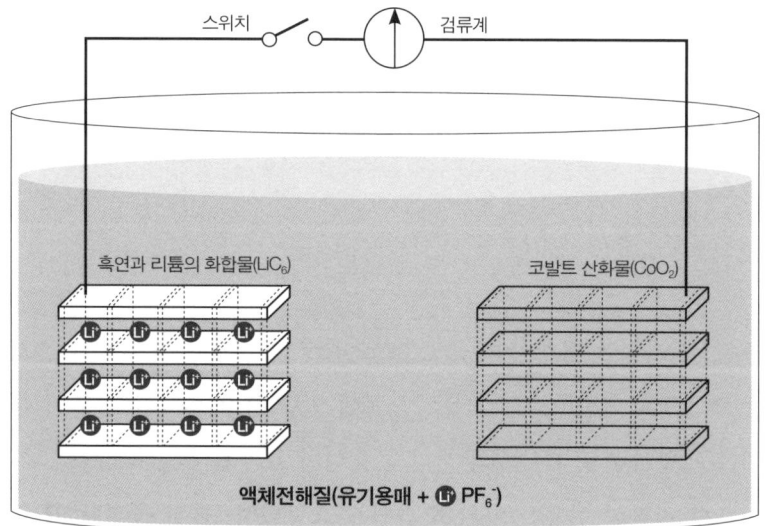

충전 완료된 리튬이온 전기화학셀

충전이 완료되면 리튬 코발트 산화물($LiCoO_2$)에서는 전자와 리튬이온이 빠져나가고 코발트 산화물(CoO_2)만 남는다. 그리고 흑연(C_6)으로 전자와 리튬이온이 들어와 결합되며, 흑연과 리튬의 화합물(LiC_6)이 된다.

리튬이온 전기화학셀의 충전 중 반응 요약

리튬이온 전기화학셀의 충전 중에 일어나는 반응	리튬이온 전기화학셀의 충전에 의한 최종 결과
산화반응: $LiCoO_2 \rightarrow CoO_2 + e^- + Li^+$ 환원반응: $C_6 + e^- + Li^+ \rightarrow LiC_6$	$LiCoO_2 + C_6 \rightarrow CoO_2 + LiC_6$

는 충전소에서 전자들을 낮은 정전기력 포텐셜 오비탈(t_{2g} 오비탈)에서 더 높은 정전기력 포텐셜 오비탈(π^*_{2p} 오비탈)로 돌려보냄으로써 다시 도로 위를 힘차게 딜릴 준비를 마치는 거죠. 충전 중 일어나는 반응은 위의 표에 정리한 것과 같습니다.

참, 또 하나 유의할 점은 방전할 때 산화된 물질은 충전할 때는 반대로 전자를 받기 때문에 환원되는 물질이 되고, 방전할 때 환원된 물질은 역시 충전할 때는 반대로 전자를 잃기 때문에 산화되는 물질이 된다는 점입니다. 즉 방전이나 충전 어떤 경우든 전자를 주는 쪽은 산화되는 물질이고, 전자를 받는 쪽은 환원되는 물질이라는 원칙만 기억하면 어느 물질이 산화 혹은 환원되는지 구별할 수 있을 거예요.

세상의 모든 배터리가 충전이 가능한 것은 아닙니다. 한번 방전되면 다시 충전할 수 없어 폐기하는 배터리도 있어요. 이를 1차전지라 하고, 방전이 끝나면 충전하여 다시 사용할 수 있는 배터리를 2차전지라고 하는 거죠. 리튬이온배터리는 방전되면 충전하여 일정 기간 재사용하므로 2차전지입니다.

방전과 충전을 학생들의 이동에 비유해 보자!

이제 우리는 리튬이온 전기화학셀에서 산화 환원 반응을 통해 방전과 충전 시 일어나는 변화를 알게 되었어요. 방전과 충전이 진행되는 동안 나타나는 리튬이온의 움직임을 중심으로 관찰해 보면 리튬이온 전기화학셀에 사용된 산화 환원 물질쌍의 특징을 좀 더 쉽게 이해할 수 있습니다. 자, 리튬이온의 움직임을 흑연과 리튬의 화합물(LiC_6) 입장에서 정리하면 다음과 같습니다.

- 방전할 때: $LiC_6 \rightarrow C_6 \cdots (26)$
- 충전할 때: $C_6 \rightarrow LiC_6 \cdots (27)$

한편 코발트 산화물($LiCoO_2$) 입장에서 보면 다음과 같습니다.

- 방전할 때: $CoO_2 \rightarrow LiCoO_2 \cdots (28)$
- 충전할 때: $LiCoO_2 \rightarrow CoO_2 \cdots (29)$

방전이든 충전이든 산화 환원 물질 각각의 덩어리 내에서 리튬이온들만 층상구조의 층 사이를 빠져나와 산화 환원 물질 사이로 들락거리는 거죠. 이것을 1인 1실 구조의 기숙사와 교실의 자기 자리를 오가는 학생의 모습에 비유해 보면 좀 더 이해하기 쉬울 것 같습니다. 예컨대 기숙사 건물은 흑연, 교실은 코발트산화물, 학생 한

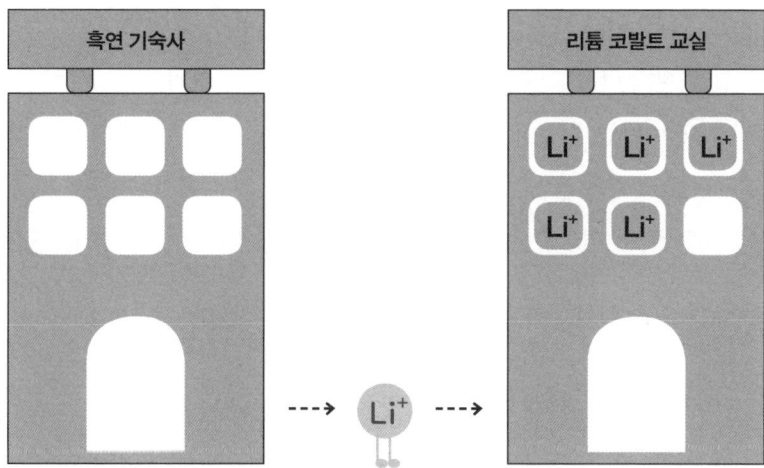

방전할 때 리튬이온의 이동

2차전지의 방전은 등교에 비유할 수 있다. 각자 기숙사 방에서 나와 수업을 받기 위해 교실의 자기 자리로 가는 학생의 모습과 비슷하다.

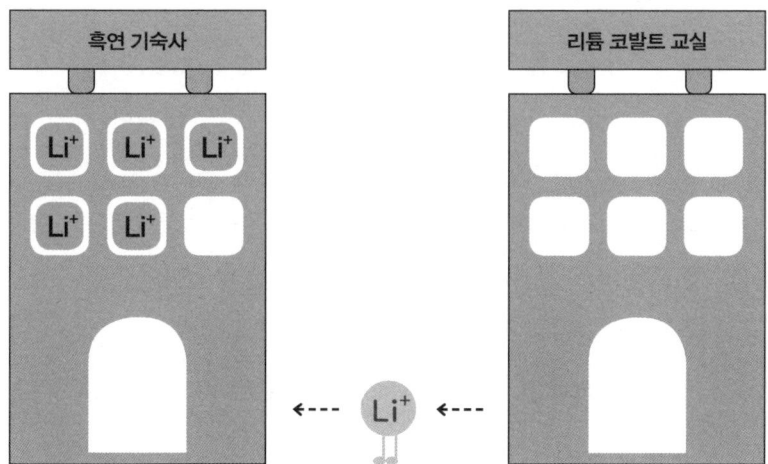

충전할 때 리튬이온의 이동

2차전지의 충전은 하교에 비유할 수 있다. 수업을 마친 후 교실에서 나와 각자의 기숙사 방으로 돌아가 휴식을 취하게 되는 학생의 모습에 비유할 수 있다.

명 한 명은 리튬이온으로 보는 것이에요. 아침에 일어난 학생들이 수업을 받으려고 기숙사의 자기 방에서 나와 교실의 각자 자기 자리에 가서 앉는 것은 방전에 비유할 수 있습니다(131쪽 위쪽 그림 참조). 반대로 수업을 모두 마치면 교실의 자기 자리에서 일어나 자신의 기숙사 방으로 돌아오는 것은 충전에 비유할 수 있죠(131쪽 아래쪽 그림 참조). 견고한 기숙사 및 학교 건물 덕분에 일정한 수의 학생들은 안정적으로 등교 및 하교를 반복할 수 있습니다.[24]

리튬이온 전기화학셀에서도 방전 충전이 반복하여 진행되면서 산화 환원 물질 사이를 마치 학생들이 등·하교하듯이 리튬이온이 반복해서 들락날락하는 것입니다. 그리고 각 물질의 덩어리에서 이동하지 않는 부분인 흑연이나 코발트 산화물은 기숙사나 학교 건물과 같은 역할을 하는 것으로 간주할 수 있지요.

이처럼 층상구조를 갖는 산화 환원 물질의 층 사이를 리튬이온이 들락날락하는 반응을 **층간삽입(Intercalation)**이라고 합니다(133쪽 글상자 참조). 즉 리튬이온이 흑연으로 들어가는 것을 흑연으로 층간삽입되었다고 하고, 마찬가지로 리튬이온이 코발트 산화물로 들어가는 것은 코발트 산화물로 층간삽입되었다고 할 수 있죠.

리튬이온 전기화학셀에 사용된 산화 환원 물질쌍의 층간삽입이라는 독특한 특징으로 인해 리튬이온배터리의 내구성은 매우 우수

....
24. 리튬이온 전기화학셀의 충전 방전 동안에 리튬이온이 '왔다 갔다'를 반복하기 때문에 이를 배드민턴 경기를 하는 두 선수 사이를 왕복하는 '셔틀콕(Shuttlecock)'이나, 앉아서 앞뒤로 흔들흔들하는 '흔들의자(Rocking Chair)'에 비유하기도 한다.

층간삽입 반응(Intercalation Reaction)이라는 용어는 1951년에 과학자 맥도널 (McDonal)이 최초로 사용하였습니다. 층간삽입 반응은 고체 간 반응으로서 화학에서는 위상보존반응(Topotatic Reaction)으로 분류되죠. 위상보존은 말에서 유추할 수 있듯이 반응하는 물질의 화학성분 변화는 없고 부피 변화만 있기 때문에 각 원자의 결정 내에서의 상대적인 위치는 보존됩니다. 이렇게 만들어진 층간삽입 화합물은 다른 화합물과 확실히 구분되는 고유한 물질이죠.[36]

하지만 실제 리튬이온의 층간삽입 현상을 처음으로 관찰한 사람은 따로 있습니다. 2019년 노벨 화학상 공동수상자인 스탠리 위팅햄(Stanley Whittingham) 교수님이 발표한 논문에서 처음으로 언급되었죠.[37] 이황화티타늄(TiS_2)이라는 재료가 사용되었는데 리튬이온이 이황화티타늄(TiS_2)의 층상구조 사이의 층을 들락날락하면서 층간삽입을 한다는 것이 처음으로 확인되었습니다.

그리고 이황화티타늄을 사용한 배터리가 곧 개발됩니다.[38] 1970년대 미국의 석유회사인 엑손(Exxon)은 리튬알루미늄(LiAl)과 이황화티타늄(TiS_2)을 산화 환원 물질쌍으로 사용한 배터리를 개발했습니다. 리튬알루미늄은 리튬과 알루미늄의 합금으로 당시에는 리튬합금과 리튬금속이 배터리에 많이 사용되었죠. 이때 층간삽입 물질은 이황화티타늄(TiS_2) 하나만 사용되었지만, 이후 다른 종류의 층간삽입 물질을 기반으로 한 배터리들이 개발되었고, 결국 지금의 리튬이온 배터리가 탄생하게 되죠. 스탠리 위팅햄 교수님의 발견이 리튬이온배터리[25]의 개발까지 이어지게 된 최초 시작점이었던 것입니다.

....
25. 리튬이온배터리의 경우 리튬이온이 흑연과 코발트 산화물에 모두 층간삽입을 한다. 즉 이전까지의 2차전지에는 층간삽입 물질이 하나만 사용되었지만, 리튬이온배터리에는 드디어 두 개의 층간삽입 물질이 사용된 것이다.

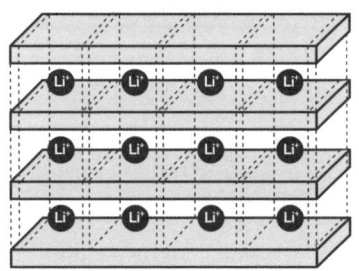
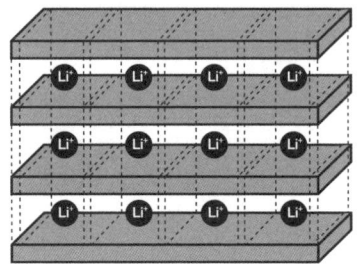

리튬이온이 흑연으로 층간삽입됨　　　리튬이온이 코발트 산화물로 층간삽입됨

층간삽입
리튬이온이 각 물질 내부의 층 사이로 들어가 결합하는 것을 층간삽입이라고 한다.

한 것으로 알려져 있습니다. 배터리의 성능을 유지하면서 방전 충전을 1,000~1,500회 정도 반복할 수 있다는 뜻이죠. 즉 일정 수준까지는 충전과 방전을 반복해도 성능이 나빠지지 않고 유지되는 것입니다. 이를 **배터리의 사이클 수명(Cylcle Life)**이라 합니다.[26]

리튬이온배터리의 사이클 수명은 다른 2차전지들과 비교할 때 매우 우수하며, 오랫동안 안정적으로 성능을 유지할 수 있습니다. 예컨대 납 축전지의 일종으로 주로 자동차의 엔진 시동이나 다양한 실내용 전자장비를 구동하는 데 쓰이는 납산배터리(Lead-Acid Battery)[(39)]에 비하면 5배나 깁니다. 또 일본의 자동차회사 T사의 하이브리드 자동차와 함께 휴대용 전자기기에도 사용되는 니켈메탈하이드라이드배터리(NiMH Battery)[(40)]와 비교해도 2배 정도 길지요.

....
26. 리튬이온배터리의 수명을 어떻게 정하는지는 뒤에서 더 설명하겠다.

메모리 효과[27]의 단점이 있기는 하지만 휴대용 전자기기에 널리 사용되었던 니켈카드뮴배터리(NiCd Battery)[41]에 비해서도 0.5배 정도 우수합니다.

더불어 리튬금속을 사용했을 때의 근본적 단점이던 덴드라이트 생성에 의한 화재 발생 문제가 층간삽입물질인 흑연으로 바뀐 후 대폭 개선되어 리튬이온배터리의 안전성 측면에서도 획기적인 발전을 이루었습니다. 그 결과 오늘날 리튬이온배터리가 전기자동차 배터리로 사용될 수 있는 수준의 안전성을 확보하게 된 거죠. 그러나 흑연도 뒤에서 살펴볼 과충전에 의한 덴드라이트 문제가 선혀 없는 것은 아니기 때문에 여전히 더 개선하고 보완해야 할 점들이 있습니다. 지금도 배터리 과학자들은 리튬이온 전기화학셀의 설계 기술 및 다수 배터리의 충전 방전 수준을 감시하는 전자제어기술 등을 발전시켜 전기자동차를 운행하는 운전자의 안전을 향상시키기 위해 노력하고 있습니다.

---

27. 방전을 조금만 하고 충전하는 '얕은 방전 충전'을 자주 하면 어느 순간 그 이하로는 방전할 수 없는 상태가 됨.

04

성능과 안전성

무엇이 리튬이온배터리의 품질을 좌우할까?

지금까지 우리는 리튬이온배터리의 메커니즘을 이해하기 위한 기본 개념들을 차곡차곡 쌓아왔습니다. 물리적인 에너지와 화학적인 에너지에서 시작해서 직접적인 방식의 산화 환원 반응과 간접적인 방식의 산화 환원 반응에 대해서도 알아보았죠. 이런 원리들은 모두 리튬이온배터리를 구성하는 전기화학셀을 이해하기 위한 밑거름입니다.

특히 바로 앞에서는 방전과 충전에 대해서도 자세히 살펴보았습니다. 이를 통해 리튬이온배터리를 구성하는 리튬이온 전기화학셀에서 일어나는 산화 환원 반응으로 어떻게 에너지가 만들어지고 저장되는지 다양한 사고실험을 해보았죠. 바로 이 과정에서 리튬이온의 원활한 이동이 매우 중요하다는 것과 전자와 리튬이온은 함께 움직인다는 것도 알게 되었습니다.

이제부터는 본격적으로 리튬이온배터리의 성능과 안전성을 좌우하는 것들에 관해서 이야기해볼 것이에요. 충전과 방전을 반복해도 산화 환원 반응이 계속 안정적으로 유지되는 것은 곧 배터리의 성능과도 깊이 관련됩니다. 저와 함께 배터리의 성능에 연관된 요인들을 하나하나 들여다보는 동안 왜 리튬이온배터리가 배터리 강자의 자리를 굳건히 지키며 전기자동차의 심장 역할을 하고 있는지 그 이유를 깨닫게 될 것이에요. 그리고 여기에서 머물지 않고, 성능과 안전성을 더욱 개선하기 위해 앞으로 어떤 연구가 더 필요한지도 함께 생각해 보면 어떨까요?

뭐니 뭐니 해도 많은 전류를 저장해야 해!

배터리는 결국 전기에너지 저장장치입니다. 따라서 얼마나 많은 전류를 저장할 수 있는지는 성능에 중대한 영향을 미치죠. 전류의 저장과 가장 깊이 관련된 것이 바로 **산화 환원 물질**입니다. 자, 본격적인 이야기를 하기 전에 여러분에게 2가지 질문을 해보겠습니다.

첫 번째 질문, 배터리를 생산할 때, 배터리회사는 재료회사로부터 산화 환원 물질을 공급받습니다. 재료회사가 배터리회사에 재료를 공급할 때는 산화 환원 물질을 어떤 형태로 공급할까요?[1]

① 흑연과 리튬의 화합물(LiC_6)과 코발트 산화물(CoO_2)

② 흑연(C_6)과 리튬 코발트 산화물($LiCoO_2$)

정답은 ②번, 흑연(C_6)[2]과 리튬 코발트 산화물($LiCoO_2$)[3] 형태입니다. 즉 재료회사에서 흑연과 리튬 코발트 산화물(육안으로는 검은색 가루)을 받아서 리튬이온배터리를 생산하는 것이지요.

자, 그럼 두 번째 질문입니다. 배터리 공장에서 지금 막 생산된 리튬이온배터리는 충전 상태일까요, 아니면 방전 상태일까요? 네, 이 질문의 답은 방전 상태입니다.

리튬이온배터리 연구자나 산업 종사자라면 둘 다 쉽게 답할 수 있는 질문이지만, 처음 접하는 분들은 왜 그런지 알쏭달쏭할 수도 있습니다. 산화 환원 물질부터 살펴보며 그 이유를 알아봅시다!

▐▌ 산화 환원 물질쌍 탄생의 비밀

흑연과 리튬 코발트 산화물이 선택된 역사적 이유부터 살펴볼게요. 오늘날의 리튬이온배터리는 일본의 아사히카세이(Asahi Kasei)사에 근무하던 요시노 아키라(Yoshino Akira) 박사님이 충전 시 전자를 받는 환원물질로 폴리아세틸렌(Polyacetylene)이라는 탄소계 고분자 물질을 사용하려는 아이디어에서 시작됩니다.[4]

그 이전까지 충전할 때 전자를 받아줄 환원물질로 가장 유력했던 재료는 리튬금속(Li Metal)이었습니다. 그러나 충전 중 리튬금속의 표면에 생성된 덴드라이트[1]로 인한 화재가 빈번했죠. 덴드라이트 관련 안전성 이슈를 해결하지 못하여 리튬금속은 결국 상용화 안착에 실패하고 맙니다.

아키라 박사님은 리튬금속을 대체할 환원물질에 대한 연구가 한창이던 때, 탄소를 기반으로 한 재료의 가능성을 탐색 중이었죠. 그 과정에서 폴리아세틸렌을 사용한 반쪽셀(Half-cell)[2]에서의 테스트 결과가 좋게 나오면서 탄소계 소재가 사용된 리튬이온배터리 시대를 여는 결정적 실마리를 잡게 됩니다.

일단 탄소계 소재를 사용하기로 고정하고 충전할 때 전자와 리튬이온을 보내줄 수 있는 적절한 리튬 산화물을 찾아보던 참에 옥스퍼

....
1. 리튬이온배터리에서 덴드라이트가 발생하는 현상은 뒤에서 살펴보겠다.
2. 연구 초기 단계에서 다양한 산화 환원 물질 및 액체전해질을 검증하고 선택하기 위한 용도로 실험실에서 리튬금속을 고정적으로 사용하고 테스트하고자 하는 물질만 바꿔가면서 만드는 전기화학셀을 '반쪽셀(Half-cell)'이라 한다. 자세한 내용은 150~151쪽의 글상자를 참고한다.

드 대학에 재직 중이셨던 존 굿이너프(John Goodenough) 교수님이 이미 발견했던 리튬 코발트 산화물의 존재를 알게 됩니다. 그래서 탄소계 재료인 흑연과 리튬 코발트 산화물로 전기화학셀을 만들어 보니 4.0[V] 이상의 높은 전압을 나타냈던 것입니다. 화재 안전성 개선 및 에너지밀도(225쪽 각주 49 참고)도 우수한 조합이 탄생한 거죠.

탄소계 재료를 떠올린 요시노 아키라 박사님의 아이디어도 훌륭하지만, 존 굿이너프 교수님이 발견한 리튬 코발트 산화물이 없었다면 아마 안전성과 높은 전압 모두를 만족하는 결과물은 얻지 못했을 것이에요. 이러한 기초 연구가 발전하여 결국 소니(SONY)에서 흑연을 환원물질로, 리튬 코발트 산화물을 산화물질로 적용한 세계 최초의 상용화된 리튬이온배터리가 세상에 나오게 된 것입니다. 결국 배터리 과학자 두 분의 연구가 하나의 결실로 이어져 지금의 리튬이온배터리가 탄생할 수 있었던 거죠.

🔋 리튬이온배터리에 저장할 수 있는 전하량은 얼마?

이제 리튬이온배터리의 성능에서 매우 중요한 저장 가능한 전하량에 대해 구체적으로 알아보겠습니다. 지금 막 생산된 따끈따끈한 리튬이온배터리가 있다고 가정할게요. 아까 질문에 대한 답에서 밝힌 것처럼 방금 생산되었으니 방전 상태입니다.

혹시 배터리의 케이스를 눈여겨본 적이 있나요? 배터리의 케이스 표면에는 보통 중요한 정보들, 예컨대 공칭전압[V]과 방전용량

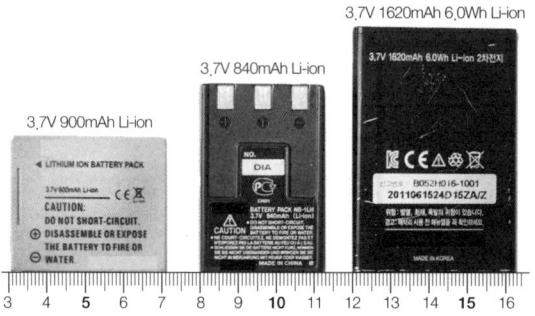

3,7V 900mAh Li-ion

3,7V 840mAh Li-ion

3,7V 1620mAh 6,0Wh Li-ion

소형 IT 기기에 사용되는 리튬이온배터리(자의 눈금은 [cm]임)

리튬이온배터리의 포장에는 사용자 주의사항과 함께 중요한 성능 정보인 공칭전압과 방전용량(확대하여 각 리튬이온배터리 위에 표시함)이 표시되어 있다.

[Ah] 등을 표시해 둡니다. 공칭전압은 배터리의 산화 환원 물질과 전압창(뒤에서 설명 예정)에 따라 정해지는 명목상 전압입니다.

위의 그림[3]의 첫 번째 배터리 포장을 보면 영어로 주의 사항이 적혀 있어요. 배터리를 외부에서 단락하지 말라는 것, 불이나 물에 노출하지 말라는 것 등이 주요 내용이에요. 모두 사용자의 안전과 관련된 중요한 정보죠. 또 3.7[V], 900[mAh]와 같은 수치들도 보입니다. 이것들이 바로 공칭전압과 방전용량을 표시한 것이에요. 조금 전 언급한 것처럼 공칭전압은 리튬이온배터리의 명목상 전압이므로 배터리의 포장에 표시된 내용 중 성능과 좀 더 직접 관련되는 중요한 인자는 방전용량입니다.

....
3. 그림에 있는 리튬이온배터리는 사실 철이 좀 지난, 스마트폰 보급되기 전 시절에 동영상이나 사진을 찍는 용도로 사용되던 디지털 캠코더나 카메라 등에 사용되던 리튬이온배터리다. 그렇지만 요즘 생산되는 리튬이온배터리와 마찬가지로 중요한 정보는 아직 케이스에 그대로 남아있어 구하기 어려운 실제 전기차용 배터리 대신 자료로 담았다.

방전용량에 대해 좀 더 들여다봅시다. 리튬이온배터리에서 방전용량은 무엇을 의미할까요? 방전용량[Ah]은 충전된 배터리를 일정한 전류[A]로 방전이 완료될 때까지의 시간[hr]을 측정한 후 전류와 시간을 곱한 것입니다.[4] 방전용량이 크면 전류가 흐르는 시간이 길죠. 또한 아래의 식 (30)에 정리한 것과 같이 방전용량은 총전하량[C]과 같고 방전 시 이동한 전자의 총개수와 연관됩니다.[5(5)]

방전용량[Ah]

= 전류[A] × 시간[hr] = (전하량[C]/시간[s]) × (시간[s] × 3600)

= 총전하량[C] = 전자의 총개수 × 전자 1개의 전하량(e[C]) ⋯ (30)

이를 기억하며 지금부터 방전용량의 근본인 최초 충전용량에 대해 살펴봅시다. 방금 생산된 방전 상태의 배터리를 최초로 충전할 때, 흑연으로 이동시킬 수 있는 전자의 전체 개수는 리튬 코발트 산화물 내의 이동 가능한 전자의 총개수에 의존합니다. 이 전자들이 모두 이동한다고 가정하면 아래의 식(31)과 같이 총전하량[C]을 계산할 수 있습니다. 이것을 최초 충전용량이라 합니다.

최초충전용량[Ah]

총전하량[C] = 이동가능한 전자의 총개수 × 전자 1개의 전하량(e[C]) ⋯ (31)

....
4. 전류를 1[A]로 1[hr] 동안 흘려 완전히 방전된다면 방전용량은 '1[A]×1[hr]=1[Ah]'이다.
5. 1[A]는 1[C]의 전하가 1초 동안 흐를 때의 전류이다. 1[C]은 $6.25×10^{18}$개의 전자가 갖는 전하량과 같다.

향후 전기자동차의 동력으로 사용될 수 있는 방전용량, 바꿔 말해 리튬이온배터리가 방전할 때 얻어지는 방전용량은 최초 충전용량보다는 클 수 없어요(아래의 식(32) 참고). 보통 방전용량은 전기자동차 회사가 배터리회사에 요청하는 핵심 사항입니다. 그러므로 최초 충전용량이 얼마인지는 배터리회사 입장에서 굉장히 중요하다는 것을 이해할 수 있을 거예요.

$$방전용량 \leq 최초\ 충선용량 \cdots (32)$$

그리고 전자와 리튬이온은 늘 쌍으로 움직인다는 것을 기억하고 있지요? 당연히 최초 충전 시 이동하는 전자와 리튬이온의 수는 동일합니다. 따라서 리튬이온배터리에 저장할 수 있는 전하량은 리튬 코발트 산화물 내 리튬이온의 개수로 결정되지요. 즉 배터리에 저장할 수 있는 전하량은 어떤 산화물을 선택하느냐와 긴밀히 관련된 거죠. 리튬 코발트 산화물이 선택된 이유입니다.

오늘날 리튬이온배터리가 상용화되는 데 리튬 코발트 산화물이 얼마나 중요한 역할을 했는지 알 수 있죠? 나아가 배터리회사가 재료회사와 협력하여 동일 부피 혹은 동일 무게에서 더 많은 리튬이온이 결합된 새로운 산화물을 탐색하고 적용해 보는 연구를 많이 진행하려는 이유이지요. 저장 가능한 전하량이 커질수록 리튬이온 전기화학셀의 장점인 높은 전압이 더욱 진가를 발합니다. 전기에너지는 전기화학셀 전압과 저장 가능한 전하량의 곱이니까요.

▥ 최초 충전 시 이동시키는 전자의 이동 비율은 어떻게 정해질까?

다시 처음 생산된 리튬이온배터리의 충전 이야기로 돌아와 봅시다. 최초 충전 시, 리튬 코발트 산화물에서 이동시킬 수 있는 전자의 총개수[6] 중 몇 개나 흑연으로 이동시킬까요? 즉 이동 비율이 있을까요? 아니면 모두 이동시킬까요? 답은 정해진 이동 비율이 있습니다! 리튬 코발트 산화물의 경우 이동가능한 전체 전자들 중 보통 50[%]만 이동시키지요. 리튬 코발트 산화물에서 이동 가능한 전자가 아무리 많아도 이동 비율이 작으면 충전할 때 이동되는 전자의 수도 줄어들기 때문에 충전과 방전을 반복해야 하는 2차전지에서 전자의 이동 비율은 상당히 중요한 요소입니다. 그러면 이 50[%]의 비율은 어떻게 정해진 걸까요?

● 층상구조의 안정성이 유지되는가?

연구 단계에서 배터리 과학자들은 다양한 이동 비율을 적용하여 충전 및 방전 테스트를 실시합니다.[7] 테스트 결과를 바탕으로 특히 이동 비율이 커질 때 리튬 코발트 산화물의 **층상구조 안정성(Stability)**이 어떻게 변화하는지를 분석합니다. 그 분석 결과에서 얻어진, 기준이 된 비율이 바로 50[%]입니다. 즉 리튬 코발트 산화물의 경우 전

....
6. 이동시킬 수 있는 전자의 총개수를 '이론용량'이라 한다. 가능하다면 100[%] 사용하는 것이 좋다.
7. 리튬이온배터리의 충전 및 방전 테스트에 사용하는 장비를 배터리 사이클러(Battery Cycler)라고 한다.

자(혹은 리튬이온)의 **이동 비율**이 50[%]를 초과하면 **열화(劣化)**[8]가 시작되며 다음과 같은 심각한 문제들이 일어남을 발견한 거죠.[6]

- **산소가 빠져나감에 따른 구조 붕괴**[7]: 층상구조를 이루던 리튬이온이 50[%] 이상 빠져나가면 산소도 함께 자연스럽게 빠져나가면서 붕괴 현상이 일어난다. 건물을 떠받치던 구조물 중 하나가 뽑히면 부분적인 붕괴가 일어나는 것과 유사하다.
- **코발트이온 용출(Dissolution)로 인한 구조 붕괴**[8]: 코발트이온이 급격히 녹는 현상은 산소가 빠져나가는 현상과 함께 구조붕괴를 더욱 심화시킨다. 앞에서 살펴본 액체전해질 내에 있는 잔류 수분에 의한 코발트이온의 용출(103쪽 글상자 참고)과는 구분된다.
- **유기용매의 산화 분해**[9]: 리튬 코발트 산화물과 접촉하고 있는 액체전해질로부터 리튬 코발트 산화물로 전자가 이동하면서 액체전해질의 산화 분해가 일어난다. '리튬 코발트 산화물의 보호막'을 설명하는 뒷부분에서 자세히 이야기할 예정이다.
- **부분적인 상변화(Phase Transition)로 인한 균열**[9]: 부분적이기는 하지만, '성분 및 구조'가 달라지며 서로 다른 상(Phase)이 만들어지면 두 상의 경계면에서 부피 차이로 인해 내부에 응력(Stress)이 작용하여 균열이 생기는 현상이다.

....
8. 어떤 물질이 갖는 화학적 및 물리적인 성질이 외부적인 또는 내부적인 영향을 받아 나빠지는 현상을 일컫는 말.
9. 산화 환원 물질과 접촉하는 액체전해질은 전자를 주거나(산화), 전자를 받으면서(환원) 분해가 일어날 수 있다. '리튬 코발트 산화물의 보호막'과 '흑연의 보호막'에 대해서는 뒤에서 설명할 것이다.

● 층상구조의 변형이 일어나지 않게 충전종료전압을 설정한다

방금 살펴본 다양한 열화 메커니즘(Degradation Mechanism)[10] 중이 책에서는 '산소가 빠져나가면서 발생하는 구조 붕괴'를 중심으로 단순화하여 이야기하고자 합니다. 자, 아래 그림은 정상적으로 충전이 완료(전자의 50[%]만 이동)된 리튬이온배터리입니다. 만약 50[%]를 넘겨 열화가 일어나면 가장 큰 문제는 리튬 코발트 산화물 층상구조의 변형이에요. 충전할 때 빠져나갔던 리튬이온이 방전할 때 다시 돌아올 수 없게 되니까요. 이는 리튬이온의 손실과 같고,

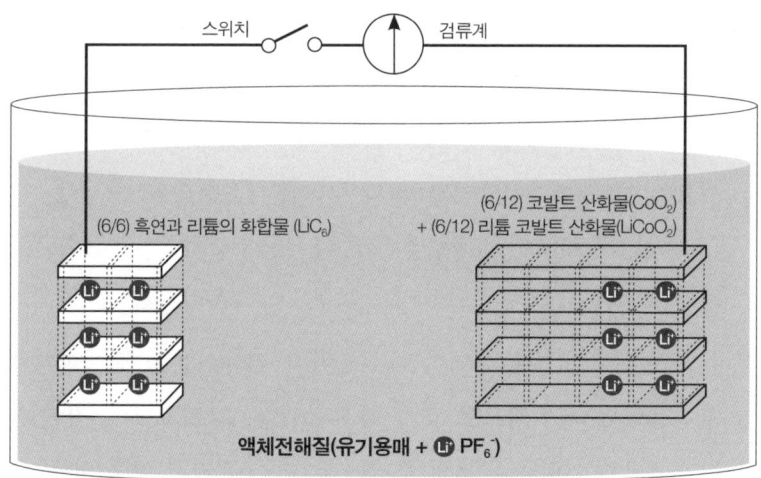

충전 완료된 리튬이온배터리

리튬 코발트 산화물 내의 이동 가능한 전자의 총개수 중에서 50[%]만 이동하도록 한다. 50[%]의 전자가 흑연으로 이동하면 리튬이온 전기화학셀의 전압은 4.2[V]에 도달하고, 충전은 4.2[V]에서 중단된다.

....

10. 열화 메커니즘은 어떤 물질의 특성이 나쁘게 변화하는 화학적인 혹은 물리적인 프로세스를 일컫는다. 열화 메커니즘에 대한 이해는 이를 방지하고자 하는 해결책을 찾는 출발점이 된다.

곧바로 방전용량의 감소로 이어지게 됩니다.

따라서 층상구조 변형으로 인한 리튬이온 손실을 예방하기 위해 리튬 코발트 산화물을 사용한 리튬이온 전기화학셀에서는 최초 충전할 때 전자의 이동 비율을 50[%] 이하로 제한하는 것입니다. 충전할 때 리튬 코발트 산화물에서 50[%]의 전자가 흑연으로 이동하면 리튬이온 전기화학셀의 전압은 4.2[V]에 도달합니다. 바로 이 4.2[V]에서 충전이 중단되도록 설정한 것을 **충전종료전압**이라고 하죠. 우리는 이제 리튬이온배터리가 저장할 수 있는 최대 전하량(전자의 최대 개수와 연관)을 결정하는 다음의 2가지 핵심 요인을 알게 되었어요.

- 첫째, 충전할 때 산화 물질(예, 리튬 코발트 산화물)에 저장된 리튬이온이 많아야 한다.
- 둘째, 산화물에 저장된 리튬이온 중에서 이동시킬 수 있는 비율이 클수록 저장 가능한 전하량이 커진다.

결국 어떤 산화물질을 선택하느냐에 따라 리튬이온의 전기화학셀의 방전용량이 좌우되므로 매우 중요합니다. 그리고 보통 방전용량은 '실질용량'이라는 말로도 불리는데, 이는 전자의 이동 비율, 즉 50[%]의 이동 비율이 반영된 방전용량이라는 뜻이에요.[11]

....

11. 리튬 코발트 산화물 내부에 있는 전자의 전체 개수와 연관된 전하량을 '이론용량'이라 한다. 지금은 이론용량의 50[%]만 사용하고 있는 것이다. 모든 리튬이온배터리의 방전용량은 항상 '실질용량'이라는 것을 기억해 두자.

• 왜 하필 50[%]일까?

여러분은 리튬 코발트 산화물이 갖고 있는 전자 중 50[%]밖에 사용하지 못한다는 것이 아쉽게 생각되지 않나요? 즉 현재의 충전종료 전압 4.2[V]를 넘어 4.3[V], 4.5[V]까지 계속 올리지 못한다는 것이 못내 아쉽지요? 한번 생각해 보세요. 내연기관자동차에 비유하면, 주유소에서 연료탱크를 가득 채웠는데, 그중 오직 반밖에 쓸 수 없다는 뜻이니까 너무 아쉽지 않나요?

사실 지금도 배터리 과학자들은 어떻게 하면 부분적인 구조 붕괴를 막고 더 많은 전자를 안정적으로 반복해서 이동하게 할 수 있을지 연구합니다. 만일 전자를 60[%], 70[%]까지 사용할 수 있는 기술이 개발된다면 리튬이온배터리의 실질용량도 커질 테니 전기자동차의 주행거리는 더욱 늘어나게 될 것이에요. 내연기관자동차에 비유하면 가만히 있는데 마술처럼 연료탱크에 추가 가솔린이 공짜로 채워지는 것과 같은 거죠. 실질용량이 늘어나면 좋은 점이 또 있습니다. 그건 바로 재료들이 더 추가될 필요가 없다는 점입니다. 즉 배터리의 부피나 무게는 그대로인데, 성능만 올라가는 거죠.

하지만 이를 해결하기 위해서는 리튬 코발트 산화물이 가진 문제뿐 아니라 바로 맞닿아 있는 액체전해질도 높아지는 전압을 견디고 정상적으로 작동할 준비가 되어야 합니다. 실질용량을 이론용량 수준까지 조금이라도 증가시키는 일, 즉 재료가 이미 내부에 가진 에너지원인 전자를 더 많은 비율로 사용하는 기술의 개발은 배터리 과학자들의 중요한 연구 분야입니다.[10]

앞에서 종종 나온 반쪽셀의 정체가 궁금한가요? **반쪽셀**은 산화 환원 물질 혹은 액체전해질을 선정하기 위해 사용되는 일종의 테스트용 셀입니다. 81쪽 그림의 다니엘셀은 반쪽셀 두 개가 합쳐져 하나의 온전한 전기화학셀이 되었던 것 기억할 거예요. 이때는 수소로 만든 반쪽셀 대비 다른 재료들의 상대적인 전압을 측정하거나 계산하였습니다. 즉 '수소가 산화되는 전압을 0[V]'로 본 것인데 이와 유사한 개념입니다. 이때 전압을 표기할 때 '(vs. SHE)'를 사용했었죠. 다만 이제는 수소가 기준이 아니라 리튬금속을 기준물질로 사용하는 것입니다. '리튬금속이 산화되는 전압을 0[V]'로 본 것이죠. 그래서 리튬 코발트 산화물의 전압을 표시할 때 '4.0[V](vs. Li/Li$^+$)'와 같이 표기하거나 흑연의 전압을 표시할 때 '0.2[V](vs. Li/Li$^+$)'라 합니다. 그러면 리튬이온 전기화학셀의 전압은 각 반쪽셀 전압의 차이로 나타나므로 3.8[V](vs. Li/Li$^+$)[12]가 됩니다. 리튬금속을 고정적으로 사용하고 원하는 재료들을 바꾸기 때문에 각 재료들의 전압은 항상 리튬금속 기준으로 측정됩니다. 그리고 액체전해질의 산화 혹은 환원 분해 등의 특성이 나타나는 전압도 역시 리튬금속 기준으로 측정되지요. 이 책에서 이야기하는 리튬이온 전기화학셀의 전압은 모두 리튬금속이 산화되는 전압을 기준으로 한 점을 꼭 기억하세요!

반쪽셀은 오른쪽 그림에 나타낸 것처럼 테스트 할 후보 물질(그림에서는 리튬 코발트 산화물)과 리튬금속을 하나의 비커에 넣고 액체전해질을 채워 완성합니다. 산화 환원 물질이 정해지고 나면 액체전해질의 조성을 선택할 때도 사용됩니다. 실제 실험실에서는 비이커가 아닌 작은 코인셀(Coin Cell)로 조립[11]되지요. 코인셀은 버튼셀(Button Cell)이라고도 하는데 작고 조립이 쉬워 많은 양의 데이터가 필요하거나 통계적인 처리를 해야 하는 경우 유용하게 사용됩니

---

12. 바로 이 전압 3.8[V]가 리튬 코발트 산화물과 흑연을 산화 환원 물질쌍으로 사용한 리튬이온 전기화학셀의 전압이다. 즉 전압계로 측정할 때 얻어지는 전압이다.

다. 반쪽셀은 리튬이온 전기화학셀과 구조가 동일하고 방전 충전이 가능하지만, 리튬금속은 기준 재료로 사용된 것이기 때문에 실제 리튬이온 전기화학셀과 혼동하면 안 됩니다. 최종적으로 선정된 산화 환원 물질쌍과 액체전해질을 사용하여 전기화학셀을 만들면 더 이상 재료 선정 테스트를 위한 '반쪽셀'이 아니죠. 그래서 이를 반쪽셀과 구분하여 **완전셀(Full-cell)**이라 합니다. 앞서 조립했던 리튬이온 전기화학셀은 리튬 코발트 산화물과 흑연을 산화 환원 물질쌍으로 구성한 완전셀입니다.

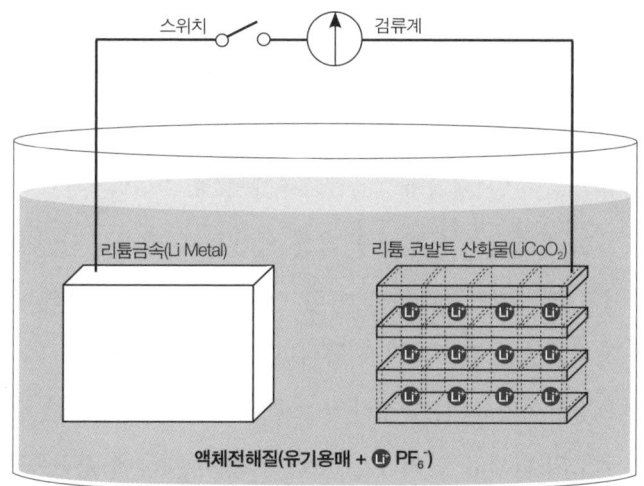

리튬이온배터리 연구에 사용된 반쪽셀

배터리 과학자들은 리튬금속을 기준 물질로 고정하고 관심 있는 재료들을 바꿔가면서 반쪽셀을 조립하여 신속히 테스트한 후 연구 방향을 결정한다. 전압계에 측정되는 전압은 항상 리튬금속의 산화 전압(0V로 가정)을 기준으로 측정된 값이기 때문에 다양한 물질 간 정전기력 포텐셜(전압) 차이 계산이 가능하다.

과충전은 위험해!

리튬이온배터리 충전 시 리튬 코발트 산화물 내 전자의 이동 비율은 전체의 50[%]라고 했죠? 그래서 50[%] 이동 비율로 충전종료전압을 설정함으로써 리튬이온배터리의 전압이 4.2[V] 이상 올라가지 않도록 제한합니다. 그런데 만일 이동 비율 50[%]를 초과하여 전자를 흑연으로 이동시키면 어떤 일이 일어날지 궁금하지 않나요?

▥} 50[%] 이동 비율이 초과되면 무슨 일이 벌어질까?

이동 비율을 초과하여 전자를 이동시키는 것을 **과충전(Overcharge)**이라 합니다. 과충전이 왜 문제인지는 전자의 이동 비율이 정해진 근본 이유를 조금만 생각해 보면 이해할 수 있습니다. 그렇습니다. 리튬 코발트 산화물의 안정성에 나쁜 영향을 주어 부분적인 변형을 발생시키기 때문이죠. 그리고 이런 변형은 곧 리튬이온의 손실로 이어져 방전용량을 감소시키게 됩니다(153쪽 그림 참고).

그러나 정상적인 충전 상태라면 오른쪽 그림에서 표현한 것과 같은 층상구조의 변형은 일어나지 않죠. 그렇기 때문에 충전종료전압 설정을 포함해 리튬 코발트 산화물의 층상구조가 쉽게 변형되지 않도록 안정성을 더욱 향상시키는 것, 그래서 충전할 때 되도록 리튬이온이 손실되지 않는 방법을 찾기 위해 오늘도 배터리 과학자들은 많은 노력을 기울이고 있습니다.

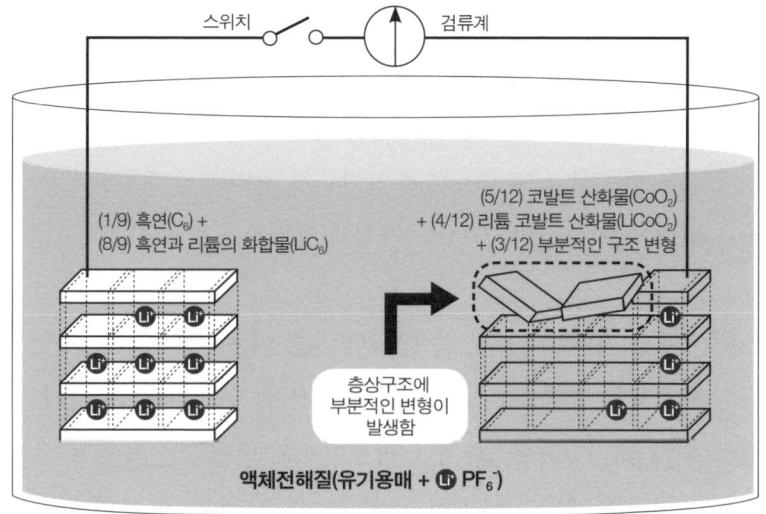

스위치　　검류계

(1/9) 흑연(C_6) +
(8/9) 흑연과 리튬의 화합물(LiC$_6$)

(5/12) 코발트 산화물(CoO$_2$)
+ (4/12) 리튬 코발트 산화물(LiCoO$_2$)
+ (3/12) 부분적인 구조 변형

층상구조에
부분적인 변형이
발생함

액체전해질(유기용매 + Li PF$_6^-$)

과충전된 리튬이온 전기화학셀

전자의 이동 비율 50[%]를 초과한 과충전으로 인해 리튬 코발트 산화물의 층상구조에 부분적인 변형이 발생하였다.

전자를 받아서 환원되는 흑연의 표면에 무슨 일이?

2차전지는 충전과 방전을 반복하며 리튬이온이 들락날락 이동한다고 했죠? 이번에는 충전할 때 리튬 코발트 산화물로부터 이동하는 전자를 받아서 환원되는 흑연(C_6)을 중심으로 생각해 봅시다.

리튬이온 전기화학셀을 만들 때, 이동 비율인 50[%]를 기반으로 흑연도 이에 맞게 준비합니다. 그런데 충전 한계로 정한 이동 비율 50[%]를 넘어 전자와 리튬이온이 계속 흑연으로 이동하면 흑연(C_6)의 기본단위들은 이미 흑연과 리튬의 화합물(LiC$_6$)로 모두 변환되고 리튬이온이 들어갈 빈자리가 없습니다. 즉 전자를 받아줄 오비탈은 아직 있지만 리튬이온은 받아줄 수 없는 상황인 것이에요. 전자와 리튬이온은 함께해야 하는데 그럴 수 없게 된 거죠. 전자는 이미 흑연 안으로 흘러왔는데, 리튬이온은 자리가 없어서 흑연으로 들어올 수가 없네요. 자, 이들의 운명은 어떻게 될까요?

● 리튬이온을 기다리다 지친 전자가 표면으로 이동하면…

흑연와 리튬의 화합물(LiC_6)로 먼서 흘러온 전사는 리튬이온과의 결합을 위해 대기합니다. 하지만 리튬이온은 비어있는 흑연의 기본단위가 더 이상 없기 때문에 내부로 들어오지 못한 채 표면에 머물게 되지요. 그럼 전자는 어떻게 될까요? 기다려도 흑연의 기본단위 내에서 리튬이온과의 정상적인 결합을 하지 못하게 되면 결국 전자 역시 표면에 머물러 있는 리튬이온으로 이동하게 됩니다. 표면에 붙어있던 리튬이온은 이동한 전자를 받아들이지요. 그리고 흑연과 리튬의 화합물(LiC_6) 표면에서 환원되어 다음의 식(33)에서 정리한 것처럼 리튬금속으로 석출되고 맙니다.

$$Li^+ + e^- \rightarrow Li \cdots (33)$$

리튬금속의 석출이 한번 시작되면 그때부터 이동하는 전자와 리튬이온들은 이미 석출된 리튬금속 끝부분에서 만나며 계속해서 석출됩니다.

•나뭇가지 모양으로 뻗어나가는 덴드라이트

과충전이 지속될수록 석출되는 리튬금속이 표면에 계속 쌓이면서 점차 길어지는데 배터리 과학자들이 현미경으로 관찰한 바에 따르면 그 모습이 마치 나뭇가지 모양과 비슷하다 하여 **덴드라이트 (Dendrite)**라 부르게 되었습니다.[12] 과충전에 의해 만들어진 덴드라이트가 흑연과 리튬의 화합물(LiC_6)의 표면에서 계속 길게 뻗어나가다 보면 리튬 코발트 산화물의 표면에까지 닿을 수도 있습니다. 그렇게 되면 산화 환원 물질 간의 직접적인 접촉이 일어나는 거죠. 이런 직접적 접촉은 화재 발생의 원인이 되므로 매우 위험합니다.[13]

이제 우리는 리튬이온배터리를 과충전하면 어떤 일이 벌어지는지 알게 되었습니다. 정리하면 다음과 같은 두 가지 나쁜 현상이 발생하죠.

- 첫째, 리튬 코발트 산화물의 층상구조에 부분적인 변형이 일어난다.
- 둘째, 흑연과 리튬의 화합물(LiC_6) 표면에 리튬금속이 석출되어 덴드라이트가 만들어진다.

따라서 리튬이온배터리의 과충전은 반드시 피해야 합니다. 그렇지 않으면 방전용량이 현저히 감소하게 되므로, 성능의 저하로 이어집니다. 무엇보다 배터리 화재 발생의 위험성을 높이게 되는 것입니다. 156쪽에 과충전이 지속될 때 리튬이온 전기화학셀에서 일어나는 변화를 그림으로 표현해 두었으니 참고하기 바랍니다.

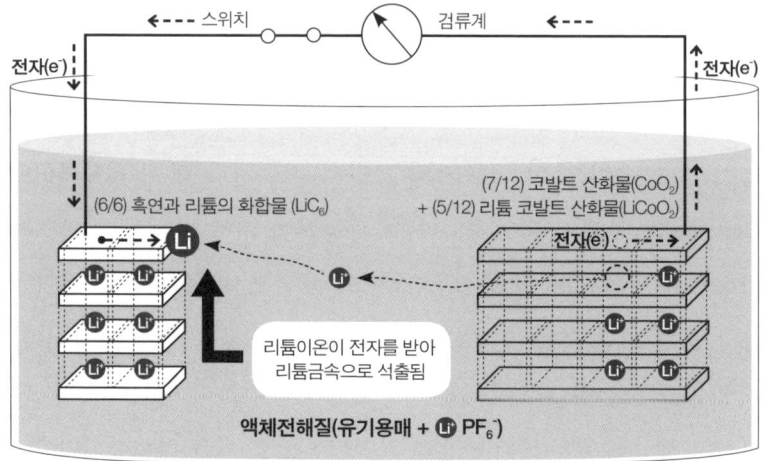

① 과충전 초기 LiC_6의 표면에서 리튬금속이 석출됨(전자의 이동 비율 50[%] 초과)

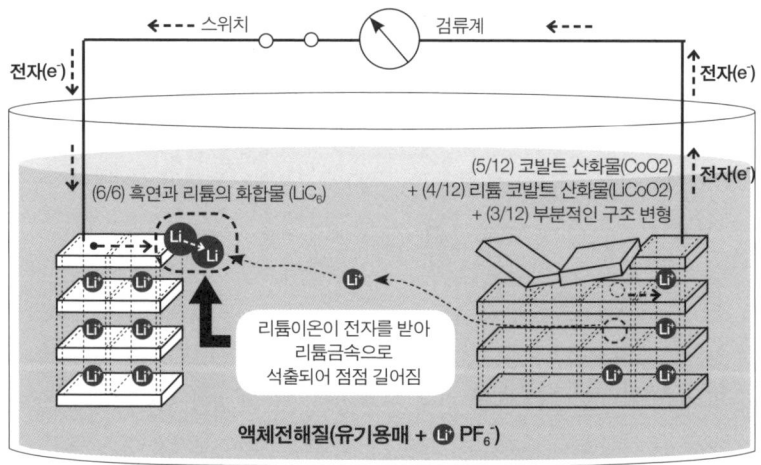

② 과충전이 계속 진행되면서 석출된 리튬금속이 길어짐

과충전이 계속될 때 일어나는 현상

위는 과충전으로 전자의 이동 비율이 50[%]를 초과하며 리튬금속이 표면에 석출되기 시작한 것을 표현했다. 아래는 과충전이 계속되어 석출된 금속이 가지처럼 뻗어가는 모습을 표현했다. 덴드라이트가 계속 뻗어나가다 리튬 코발트 산화물의 표면에 닿으면 산화 환원 물질 간 직접적인 접촉이 일어나므로 매우 위험하다.

▥ 과충전을 예방하는 배터리관리시스템

배터리회사에서도 과충전 방지를 위한 예방책을 마련하고 있습니다. 특히 전기자동차의 **배터리팩**⁽¹⁴⁾ 안에는 여러 개의 리튬이온배터리가 들어갑니다. 폼팩터(Form Factor)¹³에 따라 다르지만, 보통 수백 개 이상이 직렬 혹은 병렬로 연결되어 있죠(아래 그림 참조). 그렇기 때문에 각 리튬이온배터리 간에 충·방전 상태의 불균형이 일어나지 않도록 관리하는 것이 무척 중요합니다. 충·방전 불균형 상태에서 충전이 진행된다면 충선 수준이 높은 리튬이온배터리에서 과충전이 발생할 수밖에 없겠죠? 그래서 전자제어시스템을 배터리팩에 연결하여 사용하는데, 이를 **배터리관리시스템(BMS, Battery Management System)**⁽¹⁵⁾이라고 합니다.¹⁴

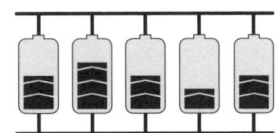

① 병렬연결에서의 충·방전 불균형 예시

② 직렬연결에서의 충·방전 불균형 예시

리튬이온배터리 간에 충·방전 상태의 불균형 예시
병렬 혹은 직렬연결된 리튬이온배터리 사이에 충·방전 상태 불균형이 발생하면 과충전은 물론 뒤에서 살펴볼 과방전의 원인이 된다.

....
13. 리튬이온배터리의 모양, 크기 등 물리적인 형상. 뒤에서 따로 살펴볼 것이다.
14. 배터리관리시스템은 과방전에서도 살펴볼 것이다.

산화 환원 물질의 표준 사용량은 어떻게 정해질까?

만약 같은 브랜드에 모델명도 같은 제품이라면 무엇을 고르든 균일한 품질을 기대합니다. 만약 복불복 게임처럼 성능이 오락가락하는 제품이라면 어떨까요? 그런 제품은 아무도 구매하고 싶지 않을 것이에요. 그래서 리튬이온배터리도 성능이 일정해야 합니다. 이를 위해 배터리 과학자들이 제안한 설계 개념에 따라 배터리 한 개에 들어가는 산화물질과 환원물질의 표준 사용량을 정하고 대량생산에 필요한 양만큼 재료회사에 주문하게 됩니다. 이제부터 설계 개념에 따라 리튬이온 전기화학셀에 들어가는 산화 물질과 환원 물질의 양을 정하는 방법을 간략히 살펴보겠습니다.

▨ 저장할 전자의 최대 개수와 이동 비율은 얼마?

산화 물질과 환원 물질의 양을 정할 때, 가장 중요하게 고려할 것은 충전할 때 흑연에 저장하고자 하는 최대 충전전하량, 즉 전자의 최대 개수입니다. 다음으로 고려할 것은 리튬 코발트 산화물에서 이동 가능한 전체 전자 중 이동시킬 전자의 비율이죠.

●흑연의 실질용량은?
리튬이온 전기화학셀을 설계할 때, 최대 충전전하량 관련 전자의 최대 개수 6개, 이동 비율은 50[%]로 정했다고 가정해 봅시다. 이 경우 우선 충전할 때 흑연으로 이동되는 전자는 총 6개입니다. 만일 흑연 1[g]당 기본단위(C_6)가 1개 있다고 가정하면 흑연 6[g]을 사용하면 리튬 코발트 산화물에서 이동해 오는 전자 6개를 받을 수 있을 것이에요.

그런데 흑연의 양은 실제 받아야 하는 전자의 양에 비해 조금 더 여유를 두게 됩니다.[15] 여분으로 3개의 전자를 추가로 더 받아줄 수 있도록 흑연 3[g]을 더 추가하면 최종 사용량은 9[g]이 되겠군요. 이때 흑연의 실질용량은 전자를 받을 수 있는 기본단위의 총개수와 같으므로 '9개'라고 하겠습니다.

● 리튬 코발트 산화물의 실질용량은?

한편 리튬 코발트 산화물에서는 6개의 전자가 나와 흑연으로 이동해야 합니다. 리튬 코발트 산화물 1[g]당 2개의 리튬이온이 들어 있다고 가정하면 3[g]이면 리튬이온 6개가 확보되겠네요. 하지만 앞서 설명한 것처럼 리튬 코발트 산화물의 총 전자 개수 중 50[%]만 이동시키기 때문에 2배의 양이 필요하겠죠? 즉 3[g]의 2배인 총 6[g]의 리튬 코발트 산화물이 필요한 것입니다.

이에 따라 리튬 코발트 산화물의 실질용량은 충전 시 리튬이온을 보내는 기본단위의 총개수, 즉 전자의 개수와 같으니 '6개'라고 하겠습니다.

....
15. 여유분을 두는 이유는 조금 뒤인 160쪽에서 설명하겠다.

•전기화학셀 생산에 필요한 흑연과 리튬 코발트 산화물의 양은?

그럼 이제 리튬이온 전기화학셀 1개에 들어가는 산화 환원 물질의 표준 사용량 계산이 끝났습니다. 핵심 사항을 다시 한번 요약하면 먼저 흑연의 경우 여유분까지 포함하여 전자를 총 9개 받을 수 있어야 하고, 리튬 코발트 산화물에서는 이동 비율 50[%]를 적용하여 6개의 전자만 보내도록 해야겠지요? 이러한 설계 개념의 구현에 필요한 산화 환원 물질의 양은 리튬이온 전기화학셀 1개당 흑연 9[g], 리튬 코발트 산화물 6[g]입니다. 따라서 만일 10개의 리튬이온 전기화학셀을 생산한다고 가정하면 재료회사에는, 1개당 표준 사용량에 생산 개수를 곱하여, 흑연 90[g]과 리튬 코발트 산화물 60[g]을 주문하면 되는 것입니다.

▥ 흑연은 왜 여유분을 고려해야 하나?

자, 조금 전 예고한 대로 흑연의 여유분이 왜 필요한지 살펴볼 것이에요. 흑연의 여유분과 관련된 리튬이온 전기화학셀의 설계 개념은 **N/P 비(N/P Ratio)**[16]입니다. 개념을 짧게 정의하면 N/P 비는 정극(Positive Electrode) 실질용량에 대한 부극(Negative Electrode) 실질용량의 비율을 나타낸 값이에요.[17] 흑연의 양에 얼마나 여유를 두어야 하는지와 관련된 것인데, 보통 1.0 이상의 수치를 보입니다.[16]

....
16. N/P 비 용어설명 참고.
17. 부극은 정전기력 포텐셜이 높은 전극(C_6), 정극은 정전기력 포텐셜이 낮은 전극($LiCoO_2$)이다.

앞선 예시에서 이미 구한 흑연과 리튬 코발트 산화물 간의 실질용량을 사용하여 N/P 비를 계산하면 다음의 식(34)와 같겠죠?

$$\frac{\text{흑연의 실질용량}(N)}{\text{리튬 코발트 산화물의 실질용량}(P)} = \frac{9개}{6개} = 1.5 \cdots (34)$$

N/P 비를 알면 흑연의 여유를 얼마나 두었는지를 알게 되고, 이 값으로 리튬이온 전기화학셀의 성능에 미치는 영향을 유추해 볼 수 있습니다. 그러면 흑연의 여유분이 구체적으로 어떤 영향을 미치는지 좀 더 알아봅시다.

　N/P 비를 크게 하여 흑연의 사용량에 여유를 충분히 둘수록 리튬이온이 흑연 내부로 이동[18]하기가 더욱 용이해집니다. 따라서 흑연의 사용량에 여유분을 추가할수록 산화 환원 반응이 무리 없이 잘 진행될 수 있을 뿐만 아니라, 혹시 과충전이 일어나더라도 추가로 전자와 리튬이온을 받아줄 흑연의 기본단위(C_6)에 여유가 많아지기 때문에 리튬이온이 리튬금속으로 석출되는 것도 지연시킬 테니 그만큼 화재의 위험성도 줄어들지요.

　그러면 흑연의 여유분을 무조건 많이 늘리면 좋지 않냐고 생각하겠지만, 그건 또 아닙니다. 단점도 있기 때문이죠. 흑연 양에 너무 많은 여유를 둔다는 것은 리튬이온배터리가 정상적인 작동을 하

---

18. 이를 리튬이온이 흑연의 층상구조 내에서 확산(Diffusion)한다고 한다. 뒤에서 좀 더 살펴볼 예정이다.

는 중에 사용하지 않는 흑연의 기본단위가 많아진다는 것을 의미합니다. 당연히 리튬이온 전기화학셀의 무게가 필요 이상 무거워지고, 부피도 커지겠죠? 그리고 경제적인 관점에서도 좋은 선택은 아니에요. 재료비가 올라갈 테니 결과적으로 리튬이온 전기화학셀의 가격도 올라갈 수밖에 없으니까요. 따라서 배터리 과학자들은 가장 적합한 N/P 비를 찾기 위해 많은 노력을 기울입니다. 아래의 그림은 N/P 비 1.5로 설계된 전기화학셀을 표현해 본 것입니다.

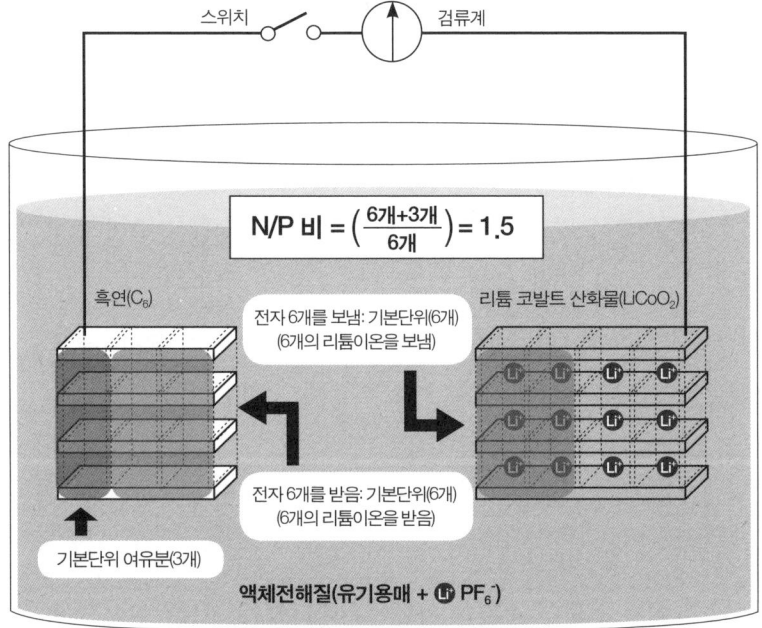

N/P 비 1.5로 설계된 리튬이온 전기화학셀 예시

N/P 비가 클수록 리튬이온이 흑연 내부로 이동하기에 용이한 반면, 재료비 상승 및 배터리의 부피나 무게가 늘어나는 문제가 있다. 과학자들이 적합한 N/P 비를 찾기 위해 노력하는 이유다.

흑연의 보호막은 어떤 역할을 하나?

이번에 살펴볼 것은 배터리의 수명과 밀접한 관련이 있습니다. 배터리의 최초 충전으로 다시 돌아와 봅시다. 지금 막 생산된 방전 상태의 리튬이온배터리는 최초 충전 과정을 거치게 된다고 했죠? 최초 충전은 리튬이온배터리의 방전을 위한 준비 작업이기도 합니다. 그런데 그뿐만이 아닙니다. 이 과정에서는 흑연의 표면에 보호막이 만들어집니다. 따라서 최초 충전은 산화 환원 물질 간 전자의 이동 그 이상의 매우 중요한 의미가 있습니다.

▥ 전자를 받은 유기용매가 계속 분해되면 어떡해?

앞서 설명했던 충전 과정을 잠시 떠올려 볼까요? 리튬 코발트 산화물에서 빠져나온 전자가 외부 도선을 따라 흑연으로 이동되고 흑연은 음이온이 됩니다. 이어서 양이온인 리튬이온이 흑연의 내부로 들어와 서로 결합했죠. 바로 이 과정을 흑연과 직접 접촉하고 있는 액체전해질의 관점에서 생각해 봅시다.

만일 액체전해질을 구성하는 유기용매에 비어있는 분자오비탈의 정전기력 포텐셜이 충전이 진행 중인 흑연의 분자오비탈이 가진 정전기력 포텐셜보다 더 낮다면 어떤 일이 일어날까요? 네, 맞아요. 흑연의 분자오비탈로 들어온 전자가 곧바로 유기용매의 분자오비탈로 자발적으로 이동합니다. 그리고 유기용매는 환원분해되면서 고체물질과 기체물질이 생성될 것이에요.[19][17] 이러한 환원분해가 일어나기 위한 흑연 반쪽셀의 최소 전압은 0.75[V]입니다(유기용매의 분해에 관해서는 172~173쪽 글상자 참고).[18]

흑연과 유기용매는 서로 직접적인 접촉 상태이기 때문에 전자의 이동통로는 이미 확보된 것과 같습니다. 만일 유기용매의 환원분해 반응이 충전이 진행되는 동안 멈추지 않는다면 어떻게 될까요? 흑연으로 이동한 전자들은 모두 유기용매를 분해하는 데 사용되고 말겠죠. 그렇게 되면 방전할 때 돌려보낼 전자가 남아있지도 않고, 유기용매도 잃게 되니 정말 큰일입니다. 과연 제대로 충전이 가능하기나 할까요? 결론부터 말하면 충전은 가능합니다. 왜냐하면 흑연의 표면에 생기는 보호막 때문이죠. 그렇다면 이 보호막은 어떻게 만들어지는 것일까요?

흑연의 보호막이 만들어지는 과정

최초 충전이 막 시작된 시점의 흑연 표면부터 다시 살펴볼까요? 리튬 코발트 산화물에서 흑연으로 이동하던 전자는 환원 분해 전압에 도달하면 곧바로 유기용매로 이동합니다. 그와 함께 유기용매는 고체물질과 기체물질로 분해된다고 했지요? 그렇게 분해된 물질 중 고체물질은 흑연의 표면에 달라붙게 되지요. 초기에는 달라붙

---

19. 앞서 본 것처럼 리튬이온은 에틸렌 카보네이트에 의해 솔베이션되어 있어서 리튬이온도 함께 고려해야 하지만 여기서는 단순화하여 유기용매인 EC의 환원 분해로 보았다.

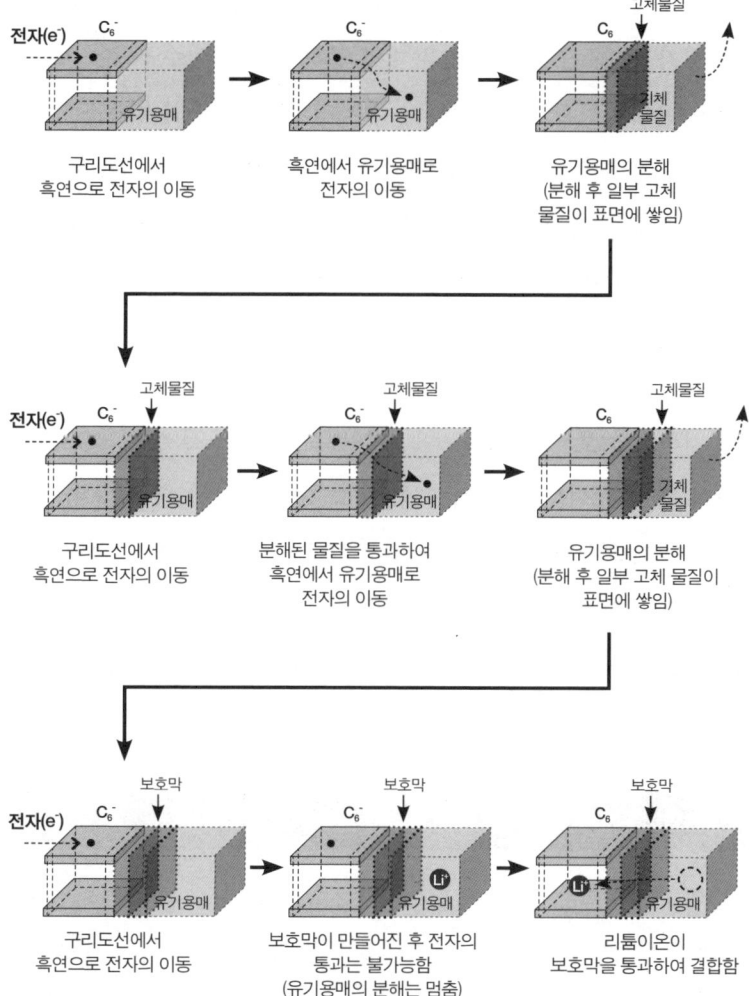

구리도선에서
흑연으로 전자의 이동

흑연에서 유기용매로
전자의 이동

유기용매의 분해
(분해 후 일부 고체
물질이 표면에 쌓임)

구리도선에서
흑연으로 전자의 이동

분해된 물질을 통과하여
흑연에서 유기용매로
전자의 이동

유기용매의 분해
(분해 후 일부 고체 물질이
표면에 쌓임)

구리도선에서
흑연으로 전자의 이동

보호막이 만들어진 후 전자의
통과는 불가능함
(유기용매의 분해는 멈춤)

리튬이온이
보호막을 통과하여 결합함

흑연의 보호막(SEI)이 만들어지는 과정

초기에는 달라붙은 고체물질의 두께가 매우 얇다 보니 전자가 통과할 수 있다. 하지만 분해가 계속 진행될수록 표면에 달라붙은 고체물질이 쌓이며 점점 두꺼워진다. 그러다가 고체 물질의 층이 일정 두께에 도달하면 더 이상 전자가 통과할 수 없는 보호막이 된다.

은 고체물질의 두께가 매우 얇다 보니 전자는 통과할 수 있어서 환원 분해가 계속 진행됩니다. 하지만 분해가 진행될수록 표면에 달라붙은 고체물질도 계속 층층이 쌓이며 점점 두꺼워지겠죠? 그러다가 이것이 일정 두께에 도달하면 더 이상 전자가 통과할 수 없게 됩니다. 바로 이렇게 유기용매의 분해물질로 만들어진 층을 흑연의 보호막, 즉 **SEI(Solid Electrolyte Interphase)**라 합니다.

165쪽에서 흑연의 보호막이 만들어지는 과정을 표현한 그림을 보았을 것이에요. 다만 혹시 오해가 있을까 봐 덧붙이면 이 그림에서는 편의상 보호막을 직육면체로 표현하였지만, 실제로는 그런 규칙적인 형태가 아니라는 점이에요. 보호막을 크게 확대하여 단면 모양을 관찰한다면 전체적으로 불규칙한 모양을 띱니다. 왜냐하면 유기용매가 분해되면서 만들어진 고체 성분들이 불규칙적으로 흑연의 표면에 다가와 한 덩어리씩 쌓이고 모여서 만들어졌기 때문이

잠깐만! 흑연의 보호막 두께는 얼마나 될까?

보호막이라고 하면 굉장히 두꺼운 막이 연상될 것이에요. 흑연의 보호막(SEI) 관련 실제 두께는 얼마나 되는지 궁금하지 않나요? 배터리 과학자들이 TEM(Transmission Electron Microscope, 투과전자현미경)을 사용하여 실제 관찰한 결과 등 여러 자료의 내용을 종합해 보면 1.5~584[nm] 범위에 들어갑니다. 'n'은 나노미터(10^{-9}m)를 의미합니다. 사용하는 유기용매의 종류나 리튬이온배터리의 작동 온도 등에 따라 두께 차이가 발생합니다.[19]

지요. 비유하자면 모양이 서로 제각각인 돌들로 쌓아 올린 돌담과 비슷합니다. 돌 하나하나를 고체 성분 덩어리 하나로 간주할 수 있죠. 보호막에서 흔히 관찰되는 성분으로 불화리튬(LiF), 수산화리튬(LiOH), 탄산리튬(Li_2CO_3) 등이 있습니다.[20]

흑연의 보호막이 만들어지고 나면 드디어 전자와 유기용매의 분해반응은 멈추고, 흑연으로 이동한 전자는 리튬이온과의 결합에만 사용됩니다. 이것이 가능한 이유는 보호막을 통과하지 못하는 전자와 달리, 리튬이온은 보호막을 통과할 수 있기 때문입니다. 따라서 보호막이 온전하게 보존되는 한 방전과 충전이 계속 반복되어도 더 이상 전자의 이동으로 인한 유기용매의 분해는 일어나지 않게 되는 거죠. 이렇게 볼 때, 유기용매가 분해되면서 만들어진 흑연의 보호막은 리튬이온배터리가 오랫동안 제 기능을 유지할 수 있도록 해주는 매우 고마운 존재인 것입니다! 그러므로 분해되었을 때 우수한 보호막이 생성되는 유기용매를 선택하는 것도 배터리의 성능을 위해 중요하다고 할 수 있겠죠?

이제 흑연을 보호하는 '보호막의 내구성'은 리튬이온배터리의 내구성(배터리의 수명)과 직결되는 중요한 인자임을 알게 되었을 것이에요. 배터리회사들도 최초 충전 시 만들어지는 흑연의 보호막이 중요하다는 것을 너무나도 잘 알고 있기에 흑연 보호막의 품질관리를 위한 공정을 마련하고 있지요. 리튬이온배터리의 전체 생산공정 중 흑연의 보호막이 만들어지는 공정을 '화성공정(Formation Process)'이라 하는데, 매우 중요한 품질관리 포인트입니다.[21]

⫿ 보호막을 만들기 위해 손실되는 전자는?

최초 충전 과정에서 이동되는 전자 중 일부가 흑연의 보호막이 만들어지는 유기용매의 분해에 사용된다고 했죠? 이 말은 곧 전자의 손실이 불가피하다는 점입니다. 예컨대 아래 그림을 보면 흑연의 보호막을 생성하는 데 전자가 2개 사용된 모습입니다. 전자와 리튬이온은 쌍으로 움직여야 하니까 결국 같은 수의 리튬이온도 손실되겠죠? 즉 초기 충전용량 중 일부는 보호막이 만들어지는 과정에서 사라지는 셈이에요. 따라서 리튬이온 전기화학셀의 설계 개념을 수

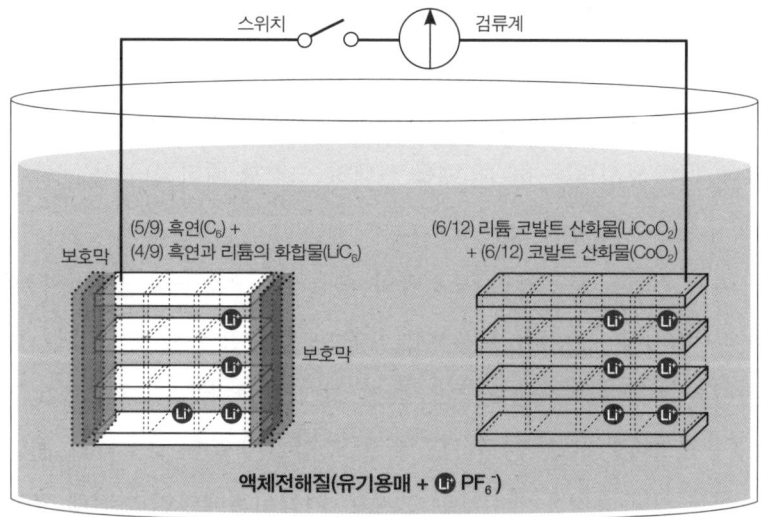

흑연의 보호막 생성에 사용된 전자
앞선 162쪽의 전기화학셀 그림과 비교해 보면 여기에서는 흑연의 보호막 생성에 전자 2개가 사용되었다. 결국 보호막 생성으로 인해 최대 충전전하량이 감소했다는 것을 알 수 있다.

립할 때 흑연의 보호막 형성을 위해 사용되는 전자의 개수도 잘 고려해야 더욱 세밀한 설계가 되는 것입니다.[22]

참! 앞에서 산화 환원 물질의 표준량을 계산했던 것을 기억하나요? 이 책에서는 충전종료전압을 가장 일반적인 4.2[V]로 설정하였기 때문에 액체전해질에 사용되는 유기용매의 산화 분해가 잘 일어나지 않습니다. 그러나 더 높은 전압, 예컨대 4.5[V]에서도 리튬 코발트 산화물을 사용하길 원한다면 리튬 코발트 산화물의 표면에도 보호막이 필요합니다. 이 말은 곧 리튬 코발트 산화물의 보호막 형성을 위한 전자의 개수도 추가해야 한다는 뜻이겠죠? 흑연의 보호막을 위한 전자의 개수를 따로 고려한 것처럼요.

산화 분해로 인해 리튬 코발트 산화물의 표면에 생기는 보호막은 **CEI(Cathode Electrolyte Interphase)**라 합니다.[23] 요약하면 충전전압 4.2[V]를 초과하는 리튬이온 전기화학셀[20]의 방전용량과 같은 핵심 인자를 설계할 때는 두 개의 보호막, 즉 SEI와 CEI의 형성에 쓰이는 전자의 손실을 함께 고려해야 더욱 정밀한 설계가 됩니다.

그런데 한번 만들어진 흑연의 보호막이 계속 유지되는 것은 아닙니다. 충전 방전 중 다양한 요인으로 인해 부분적인 손상이 일어날 수 있지요. 만약 이 손상된 부위로 전자의 이동이 가능해지면 또다시 유기용매의 분해가 일어나게 됩니다. 하지만 구멍이 뚫린 채로 계속 남아있지는 않습니다. 새롭게 유기용매가 분해되면서 생성되

....
20. 충전전압 4.2[V]를 초과하여 작동하는 리튬이온 전기화학셀을 고전압 리튬이온 전기화학셀이라 한다.

는 고체 물질이 손상된 부위에 달라붙으면서 어느 정도 두께에 이르면 결국 다시 전자의 이동을 막아주게 되니까요. 다시 말해 분해 생성물인 고체 물질이 일종의 패치(Patch)처럼 작용하여 자체 수리가 진행되는 셈입니다. 이러한 특징 때문에 장기간 충전과 방전을 반복한다고 해도 겉보기에는 리튬이온 전기화학셀의 성능에 큰 문제가 없어 보이는 것이지요.

▥ 유기용매가 분해될 때 생성되는 기체의 행방은?

보호막이 만들어지는 과정에서 우리가 놓친 것이 하나 있습니다. 앞서 유기용매는 고체물질과 기체물질로 환원분해된다고 했던 것을 기억하지요? 고체물질은 흑연의 보호막이 되었는데, 유기용매가 분해할 때 발생한 기체 물질은 어떻게 될까요? 이 기체의 행방을 한번 쫓아 볼까요? 배터리 제작 단계에서 최초 충전 중에 유기용매가 분해되어 흑연의 보호막이 만들어질 때 발생한 기체 물질은 모두 외부로 배출시킵니다. 그 후 밀봉하여 리튬이온배터리를 완성하지요. 따라서 출하 준비를 마친 리튬이온배터리의 내부에 남은 기체 물질은 전혀 없다고 봐야 합니다.

그런데 완전히 밀봉된 완성품 리튬이온배터리는 외부로 통하는 부분이 없는 폐쇄적인 구조가 됩니다. 즉 기체를 포함한 외부 물질의 출입이 원천적으로 불가능한 상태가 되는 거죠. 문제는 밀봉된 후입니다. 즉 다양한 작동 환경에서 장기간 리튬이온배터리의 반복된 방전과 충전 과정에서 흑연의 보호막 손상 등의 원인으로 유기용매가 조금씩 분해될 수도 있고, 기체물질도 발생할 수 있어요. 하지만 이미 밀봉된 상태이므로 이때 발생한 기체 물질이 아무리 소량이라도 외부로 배출되지 못한 채 배터리 내부에 계속 쌓이게 됩니다. 간혹 고온에 노출되는 등 작동 환경의 급격한 변화로 인해 유기용매의 분해가 급속하게 이루어지는 경우 기체 물질이 단기간에 많이 생성되기도 하죠. 이런 경우 자칫 내부 압력이 증가하여 원치 않는 필드 사고로 이어질 수도 있습니다. 특히 리튬이온배터리 내부에 기체 물질이 급증하면 파우치로 밀봉된 배터리가 마치 물풍선처럼 부풀어 부피가 커집니다.[24] 따라서 냉각장치를 통해 배터리 팩 온도를 일정 범위 안으로 유지하는 등 리튬이온배터리의 작동 환경을 잘 만들어 주어야 하죠.

자, 이제 우리는 액체전해질을 구성하는 유기용매가 앞서 살펴보았던 다양한 역할과 함께 흑연의 보호막 형성이라는 핵심적인 역할도 한다는 것을 알게 되었습니다. 그래서 배터리회사에서는 액체전해질을 제조할 때, 유기용매 외에 추가로 소량의 화학물질을 첨가하기도 합니다. 이런 물질을 **첨가제(Additive)**라고 합니다. 우수한 첨가제 개발은 액체전해질 분야의 기술적 진보와도 밀접한 관련이 있습니다. 예컨대 첨가제는 유기용매보다 먼저 분해되어 내구성이 더욱 향상된 보호막을 만드는 데 도움을 주니까요.[25] 현재 유기용매와 더불어 첨가제로 사용할 물질을 탐구하는 것도 배터리 과학자들의 노력이 집중되는 분야 중 하나입니다.

앞에서 흑연의 보호막과 리튬 코발트 산화물의 보호막이 만들어지는 것에 대해 살펴보았어요. 이와 관련해서 알아두면 좋을 것이 있습니다. 바로 유기용매의 분해에 관한 것이에요. 유기용매의 분해와 관련된 유용한 개념을 하나 소개하겠습니다. 리튬이온 전기화학셀에 사용되는 유기용매는 항상 산화 환원 물질에 접촉해 있으므로 리튬이온 전기화학셀의 전압 범위[21]에 따라 전자를 주면서 산화 분해되거나, 전자를 받아서 환원 분해될 가능성이 있습니다. 그래서 배터리 과학자들은 유기용매 분자의 특성 관련하여 **HOMO**(Highest Occupied Molecular Orbital)와 **LUMO**(Lowest Unoccupied Molecular Orbital)라는 용어를 많이 사용합니다. 용어를 간단히 설명하면 HOMO는 유기용매의 분자오비탈 중 전자가 위치한 가장 높은 정전기력 포텐셜의 분자오비탈입니다. 이 분자오비탈에 있는 전자가 산화 분해에 참여할 수 있는 전자입니다. 그리고 LUMO는 유기용매의 분자오비탈 중 비어있는 가장 낮은 정전기력 포텐셜의 분자오비탈입니다. 유기용매의 분자오비탈 중 전자가 들어와 환원 분해에 사용될 수 있는 오비탈이에요.

산화 물질인 리튬 코발트 산화물과 접촉한 부위에서는 유기용매의 HOMO가 중요합니다. 충전할 때 리튬 코발트 산화물에서 흑연으로 전자가 이동하면서 리튬 코발트 산화물의 반쪽셀 전압이 높아집니다. 그러다 반쪽셀 전압이 4.3[V]에 도달하면 유기용매의 HOMO에 있던 전자들이 리튬 코발트 산화물로 이동하면서 유기용매의 산화분해가 시작됩니다.

환원 물질인 흑연과 접촉한 부위에서는 유기용매의 LUMO가 중요하겠죠? 본문에서도 이야기했지만, 충전할 때 리튬 코발트 산화물에서 흑연으로 전자가

----

21. 리튬이온 전기화학셀(완전셀)의 전압은 충전할 때 커지고, 방전할 때 작아지는데 보통 전압창으로 알려진 '4.2[V]~2.7[V]' 사이에서 변한다. 174~175쪽 내용, 방전 충전 그래프 및 용어설명의 '네른스트 식' 참고.

들어오면서 흑연의 반쪽셀 전압이 낮아집니다. 그러다 반쪽셀 전압이 0.75[V]에 도달하면 흑연으로 들어온 전자들이 유기용매의 LUMO로 이동하면서 유기용매의 환원분해가 시작됩니다.

여기서 우리가 알 수 있는 중요한 점이 있습니다. 맞아요. 유기용매 분자의 'HOMO-LUMO Gap', 즉 HOMO와 LUMO 사이의 정전기력 포텐셜 차이(Gap)가 크다면 쉽게 산화 혹은 환원 분해가 일어나지 않겠죠? 그래서 리튬이온 전기화학셀이 작동하는 동안 안정적으로 유지되는 유기용매를 찾으려는 배터리 과학자들은 우선 '**HOMO-LUMO Gap**' 관련 정보부터 확인하지요.

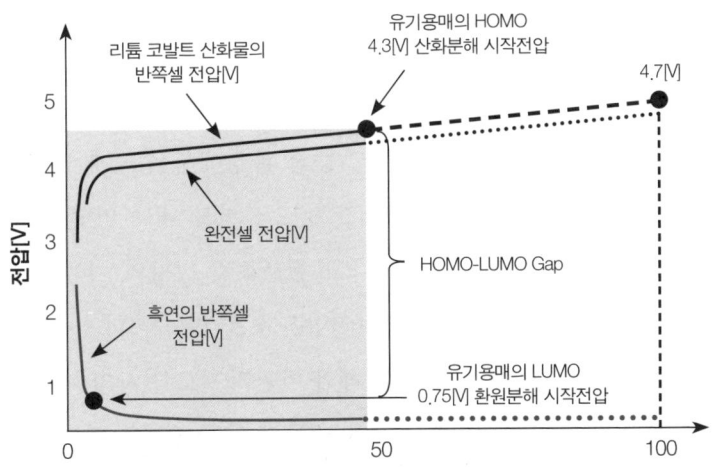

리튬 코발트 산화물에서 흑연으로 전자의 이동 비율[%]

유기용매의 산화 및 환원 분해

액체전해질에 사용되는 유기용매 분자의 특성인 HOMO, LUMO는 산화 혹은 환원 분해가 시작되는 최소한의 특정 전압과 밀접한 관련이 있다.

과도한 방전도 위험해!

이번에는 방전에 집중해 봅시다. 여러분의 기억을 떠올리기 위해 다시 짧게 설명을 덧붙이면 방전은 충전을 통해 리튬 코발트 산화물($LiCoO_2$)에서 흑연(C_6)으로 이동했던 전자들이 정전기력 포텐셜 차이에 의해 자발적으로 되돌아가는 과정이지요. 물론 충전할 때 전자들과 함께 이동했던 리튬이온들도 흑연에서 빠져나가게 됩니다.

▥ 방전에도 전자의 이동 비율이?

자, 앞에서 충전에 관해 설명하면서 예로 들었던 리튬이온 전기화학셀을 머릿속에 떠올려 봅시다. 충전 과정에서 성능과 안정성을 떨어뜨리는 문제들 때문에 리튬 코발트 산화물 내에 있던 이동 가능한 전자 중 일부만 이동시킨다고 했죠? 즉 전자의 이동 비율은 50[%]이고, 이와 연관된 충전종료전압은 4.2[V]였습니다.

그렇다면 방전할 때도 충전할 때와 마찬가지로 전자의 이동 비율이 제한될까요? 다시 말해 흑연과 리튬의 화합물(LiC_6)로부터 코발트 산화물(CoO_2)로 되돌아가는 전자들에 대해서도 혹시 적절한 이동 비율이 있을까요?

그렇습니다. 방전 시 코발트 산화물로 이동시키는 전자의 비율도 100[%]는 아닙니다. 즉 흑연으로 들어왔던 전자들 전체를 다시 돌려보내지 않는 것이죠. 배터리 과학자들은 97[%]의 이동 비율을 추천하는데, 이와 연관된 **방전종료전압**은 2.7[V]입니다.[22] 그러면 충전종료전압 4.2[V]와 방전종료전압 2.7[V]는 리튬이온배터리의 정상 작동 전압범위라는 의미이고, 이를 **전압창(Voltage Window)**이라 합니다. 전압창은 배터리 포장에 있는 공칭전압의 기초이죠. 앞서 본 공칭전압 3.7[V]는 방전종료전압이 2.8~3.0[V] 범위 안에서 선택되었음을 의미하는 명목상 전압입니다.[(26)]

한편 우리는 과충전은 충전종료전압을 초과하여 충전전압을 계속 높이는 것임을 알아보았죠? 그렇다면 과도한 방전이란 대체 무엇일까요?

▥ 과방전은 왜 일어날까?

과도한 방전은 전자의 이동 비율 97[%](방전종료전압 2.7[V])를 넘어설 뿐만 아니라 전자의 이동 비율 100[%]마저 초과하여 계속 방전이 진행되는 상태입니다. 즉 흑연과 리튬의 화합물(LiC_6)이 모두 흑연(C_6)으로 변환되어 더 이상 이동 가능한 전자와 리튬이온이 없는 상태에서 리튬이온배터리의 전압이 계속 낮아지는 상황을 말하는 것이에요. 이것이 바로 **과방전(Overdischarge)**이죠.

....
22. 최초 충전할 때 리튬 코발트 산화물에서 이동 가능한 전자 중 50[%]를 사용하므로 이를 실질 용량이라 하였다(148쪽 참고). 그런데 흑연과 리튬의 화합물에서 방전할 때 이동시키는 전자의 비율도 100[%]가 아니므로 작지만 실질용량에서 추가 손해가 발생한다.

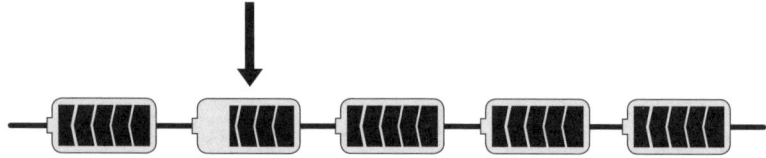

다수의 직렬연결 된 리튬이온배터리들 중에
충전 수준이 다른 리튬이온배터리와
비교하여 낮은 상태의 리튬이온배터리 존재함

직렬연결된 리튬이온배터리의 충전 수준 불균형
직렬연결된 배터리 간 충전 수준의 불균형 상태에서 방전이 일어나면 결국 낮은 충전 상태의 배터리에서
과방전이 일어나게 된다.

그런데 여기서 의문이 하나 생깁니다. 방전 시 전자의 적정 이동
비율인 97[%]를 넘는 건 그럴 수 있다고 해도, 어떻게 방전용량의
100[%]를 넘어 반응이 계속 진행되는 걸까요? 이러한 상황은 리튬
이온배터리 한 개가 단독으로 사용되는 경우보다 예를 들어 다수의
리튬이온배터리가 직렬연결된 동시에 배터리 간 충전 수준의 불균
형이 발생한 상태에서 일어납니다(위의 충전 수준 불균형 그림 참조).
즉 다른 리튬이온배터리 대비 낮은 충전 상태의 배터리가 전체 방
전에 참여하는 경우에 과방전이 발생하는 거죠.

▥ 과방전은 무엇이 문제인가?

지금부터 과방전과 연관된 현상들에 대해 개념적으로 살펴보겠습
니다. 이어지는 설명과 함께 178~179쪽에 정리한 리튬이온배터리
의 과방전 그림을 참고하면 좀 더 쉽게 이해할 수 있을 것이에요.

먼저 그림의 ①번을 봐주세요. 두 개의 리튬이온배터리가 직렬연결되어 있는데, 이 중 아래에 연결된 배터리의 충전 수준이 위쪽 배터리에 비해 현저히 낮은 불균형 상태입니다. 이 상태로 방전이 시작되면 충전 수준이 낮은 아래쪽 리튬이온배터리는 방전종료전압에 일찍 도달할 거예요. 하지만 위로 함께 연결된 배터리 때문에 작동을 멈추지 못한 채 강제적으로 방전이 계속 진행됩니다.

이렇게 아래쪽 배터리는 방전전압이 계속 낮아지다가 어느새 흑연의 보호막 내 전자가 있는 일부 분자오비탈의 정전기력 포텐셜이 흑연 분지오비탈의 정전기력 포텐셜보다 더 높아집니다. 이로 인해 전자가 보호막에서 흑연으로 자발적으로 이동하며 구리도선을 따라 위로 직렬연결된 리튬이온배터리로 이동하지요. 이는 흑연의 보호막이 생성될 때 유기용매의 환원분해가 일어났던 것과 반대 상황으로서 오히려 보호막이 전자를 내주면서 산화분해되는 거죠. 그리고 이때도 역시 기체물질이 발생[27]합니다(178~179쪽 과방전 과정 그림에서 '①, ②, ③, ④, ⑤' 과정에 해당).

보호막의 산화분해가 일어나는 전자의 이동 비율은 97~100[%] 범위이고, 리튬이온배터리의 방전전압은 대개 2.7[V]~0.0[V] 범위이지요. 방전전압 2.7[V]에서 흑연 보호막의 산화분해가 시작되기 때문에 배터리 과학자들은 흑연으로부터 이동하는 전자의 비율을 97[%]로 추천한 것입니다.[28] 이는 흑연의 표면에 만들어진 보호막이 잘 유지될수록 리튬이온배터리의 내구성을 유지하는 데 큰 도움이 되기 때문이죠.

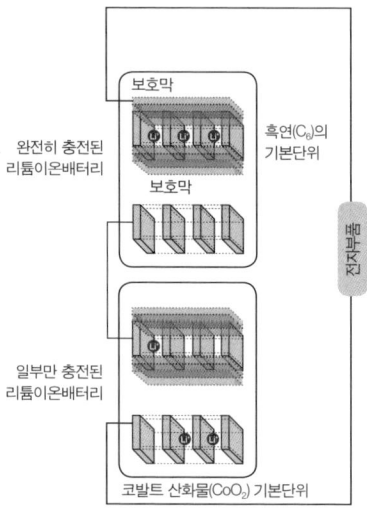

① 직렬연결된 리튬이온배터리의 방전시작
(충전 수준의 불균형 있음)

보호막

완전히 충전된
리튬이온배터리

흑연(C_6)의
기본단위

보호막

일부만 충전된
리튬이온배터리

코발트 산화물(CoO_2) 기본단위

전자부품

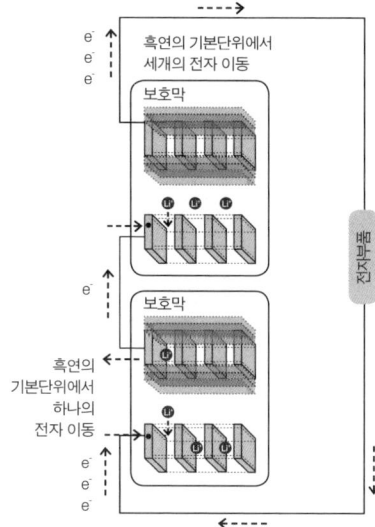

② 흑연에서 나온 전자는 상대방 배터리의
코발트 산화물로 이동, 흑연에서 나온 리
튬이온은 자신의 코발트 산화물로 이동

흑연의 기본단위에서
세개의 전자 이동

보호막

보호막

흑연의
기본단위에서
하나의
전자 이동

전자부품

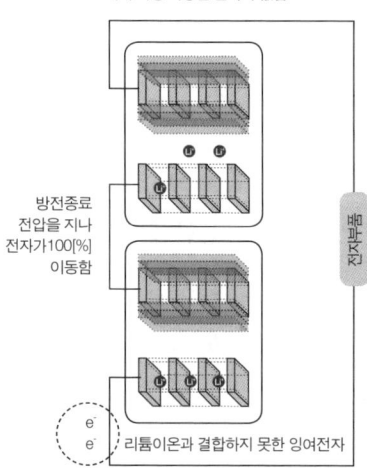

③ 충전수준이 낮은 리튬이온배터리의 흑연
내에 이동 가능한 전자가 없음

방전종료
전압을 지나
전자가100[%]
이동함

전자부품

e^-
e^- 리튬이온과 결합하지 못한 잉여전자

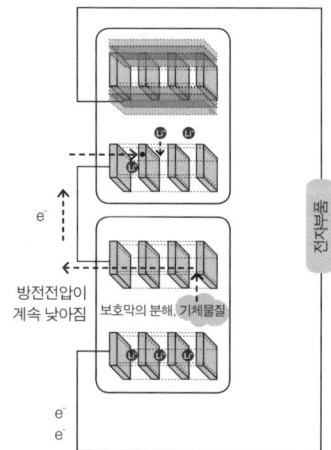

④ 충전수준이 낮은 리튬이온배터리의 흑연 보호막이 분해
되어 기체물질 발생(기체물질로 분해될 때 전자가 나옴)

방전전압이
계속 낮아짐

보호막의 분해, 기체물질

전자부품

이토록 쓸모 있는
리튬이온배터리 이야기

⑤ 분해되면서 나온 전자는 위로 연결된 리튬이온배터리의 코발트 산화물에서 리튬이온과 결합

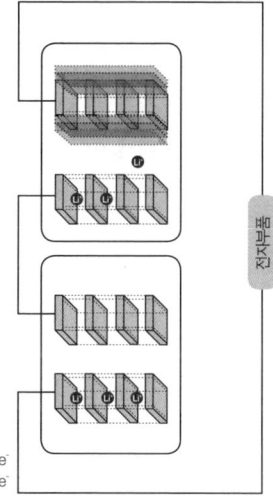

⑥ 흑연에 연결된 구리도선에서 구리원자가 구리이온으로 녹고 전자가 하나 나옴 (구리도선의 산화)

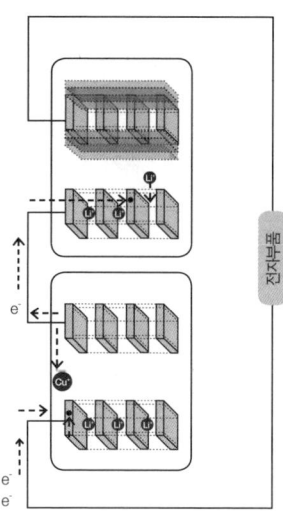

⑦ 구리이온은 리튬 코발트 산화물 표면에서 잉여전자 하나를 받아 석출됨(구리이온의 환원)

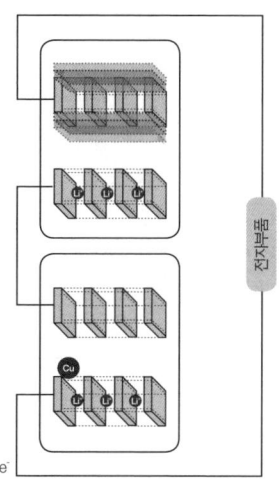

리튬이온배터리의 과방전

다수의 리튬이온배터리가 직렬연결되어 있고 그중 충전 상태가 낮은 배터리가 있는 데도 이를 인지하지 못하고 방전을 진행하면 해당 배터리에서 과방전이 발생한다(①~③번). 충전 불균형 상태에서 강제로 방전이 계속되면 결국 전자가 보호막에서 흑연으로 자발적으로 이동하고 직렬연결된 위쪽 리튬이온배터리로 이동한다. 이처럼 보호막이 전자를 내주면서 산화분해된다(④~⑤번). 보호막의 산화 분해 이후에도 방전이 계속되면 결국 구리도선에서 구리원자가 전자를 내주면서 산화되어 구리이온으로 액체전해질에 녹는다.[23(29)] 구리이온은 잉여전자를 받아 리튬 코발트 산화물 표면에서 구리금속으로 환원된다(⑥~⑦번).

....
23. 구리(Cu)는 Cu^+ 혹은 Cu^{2+} 이온으로 산화될 수 있는데, 과방전의 경우 Cu^+인 경우가 많다.

▐▐▐ 과방전을 방지하는 안전장치가 필요해!

상황을 한번 정리해 봅시다. 방전종료전압에 도달했는데도 멈추지 못하고 계속 방전되어 흑연으로부터 전자가 100[%] 빠져나가고, 보호막도 분해되어 추가로 전자가 이동되었습니다. 그런데도 계속해서 방전전압이 낮아지게 되면 어떤 일이 일어나게 될까요? 흑연의 보호막이 분해되어 기체가 발생하는 심각한 열화 상황에서 예상치 못한 새로운 문제가 발생합니다. 즉 흑연에 연결된 구리노선의 산화반응이 시작되고 맙니다. 결국 전자 하나를 잃고 구리이온으로 유기용매에 녹아버리죠. 전자는 구리도선을 따라 위로 연결된 배터리의 코발트 산화물로 이동하여 리튬이온과 함께 결합하여 리튬 코발트 산화물이 됩니다.

　한편 구리이온은 리튬 코발트 산화물로 이동하여 리튬이온과 결합하지 못하고 대기하던 잉여전자[24]와 만나 환원되면서 리튬 코발트 산화물의 표면에 구리금속으로 석출됩니다(179쪽의 그림 '⑥, ⑦' 과정에 해당). 이 과정에서 리튬이온배터리 전압은 음의 값을 띠게 되는데, 전압범위는 대략 0.0[V]~-2.0[V]입니다. 이처럼 리튬이온배터리의 전압이 음의 값이 된 것을 **역전전위(Reverse Potential)**라고 합니다.

　자, 이제 우리는 리튬이온배터리를 과방전하면 다음과 같은 두

------

24. 잉여는 '남아돈다'라는 뜻이다. 잉여전자란 아직 결합에 사용되지 못한 전자를 말한다.

가지의 나쁜 현상이 발생하는 것을 알게 되었습니다.

- 첫째, 흑연의 보호막이 산화 분해되고, 기체가 발생한다.
- 둘째, 구리도선에서 구리원자가 산화되어 이온으로 녹아 나온다.

'과방전 → 충전 → 과방전' 사이클이 반복될수록 '흑연 보호막의 산화분해 → 유기용매의 환원분해(보호막 재생) → 재생된 보호막의 산화분해' 과정도 반복되면서 기체물질이 계속해서 발생합니다. 이뿐만 아니라 유기용매도 줄어들면서 결국 배터리의 내구성이 심각하게 저하되죠. 또한 액체전해질로 녹아 나온 구리이온은 리튬 코발트 산화물의 표면에 구리금속으로 석출되기 때문에 산화 환원 물질의 직접적인 접촉이 일어날 수 있어요. 이는 화재나 폭발 등 안전을 위협하는 요소가 됩니다. 따라서 과방전으로 안전성이 위협받지 않도록 뭔가 안전장치가 필요하겠지요?

리튬이온배터리의 과방전 예방을 위해 앞서 설명한 과충전과 마찬가지로 **배터리관리시스템(BMS, Battery Management System)[25]**을 전기자동차에 적용하여 배터리팩에 들어있는 많은 수의 리튬이온배터리들을 충·방전 상태의 불균형이 없도록 잘 관리하는 것이 중요한 이유입니다.

....
25. 전기자동차에서 2차전지의 전류나 전압, 온도 등의 여러 요소들을 센서를 통해 측정함으로써 배터리의 충전, 방전 상태 및 잔류 용량을 제어하는 시스템을 말한다. 배터리가 작동하는 데 있어 최적의 환경이 만들어지도록 제어하는 시스템이다.

리튬이온 손실과 내부저항의 증가를 최소화하려면?

한 번 방전되고 나면 수명을 다하는 1차전지와 달리 2차전지는 일정 기간 방전과 충전을 반복하며 사용할 수 있습니다. 다만 그 과정에서 리튬이온이 손실되고 내부저항은 커져 방전용량 및 출력 특성의 감소로 이어지지요. 따라서 리튬이온 손실과 내부저항 증가를 막아야 배터리의 성능이 오래 유지되겠죠? 이와 관련하여 방전과 충진의 이해득실부터 살펴봅시다.

▥ 방전과 충전의 이해득실을 따져보자

방전과 충전의 관계를 설명하기 전에 영어관용구 하나를 소개합니다. 이는 1938년 미국 경제학자 밀턴 프리드먼(Milton Friedman)이 인용[26]하여 널리 유명해진 표현이기도 합니다.

"There is no such thing as a free lunch."

직역하면 "세상에 공짜 점심은 없다."인데, 얼핏 보기에 공짜처럼 보일 뿐, 보이지 않는 뭔가 치러야 할 대가가 반드시 따른다는 뜻이

---

26. 1976년 노벨 경제학상을 받은 프리드먼이 '경제학을 여덟단어로 표현하면(Economics in Eight Words)'이라는 제목의 글에서 인용했지만, 그가 최초로 한 말은 아니고, 미국 서부 개척시대에 술집에서 술을 시키면 점심을 무료로 제공하는 서비스에서 유래되었다고 한다.

겠죠. 갑자기 이 말을 왜 꺼냈는지 궁금한가요? 우리가 앞에서 살펴본 '방전'을 떠올려 보세요. 2차전지인 리튬이온배터리의 방전은 전류가 자발적으로 흐르는 것이기 때문에 마치 아무런 노력 없이 날로 먹는 공짜 점심 같은 느낌이 들지 않나요? 그러나 조금만 생각해 보면 과연 공짜인지 의심하게 될 거예요. 왜냐하면 일단 방전을 위해서는 충전이 되어야 하니까요. 충전을 하려면 외부에서 전압을 걸어 전류가 반대로 흐르도록 해야 하는 것이므로 방전을 위한 보이지 않는 대가가 미리 지불된 셈입니다.

심지어 방전 충전을 반복하면서 받고 주는 전류의 양 자이, 즉 선자의 개수 차이를 꼼꼼히 따져보면 더욱 확실해집니다. 받은 전하량(방전용량)보다는 준 전하량(충전용량)이 미세하지만 조금 더 크지요. 따라서 실제로는 준 만큼 도로 받지 못하니 아무리 미세해도 계속해서 손해를 보고 있다는 것을 알 수 있습니다. 어떤가요? 따져볼수록 공짜는커녕 오히려 야금야금 손해를 보는 것 같지요? 그런데 이처럼 방전 충전 과정에서 전하량의 손해가 생기는 이유는 무엇일까요?

왜 전하량의 손해가 생기는 것일까?

방전과 충전을 반복하는 과정에서 전하량의 손해가 발생하는 것은 리튬이온의 손실과 직접적인 관련이 있습니다. 몇 가지 구체적인 예를 들면 다음과 같은 것들이겠지요?

- 흑연의 보호막에 부분적인 손상이 발생하여 이로 인한 유기용매의 추가적인 분해가 일어난다.
- 방전 충전 상태를 제어하는 회로(BMS)의 불량으로 과충전이 발생하여 리튬 코발트 산화물($LiCoO_2$)의 부분적인 구조 변형이나 흑연과 리튬의 화합물(LiC_6) 표면에 덴드라이트가 생성된다.
- 과방전에 의한 보호막의 분해로 인한 리튬이온의 손실이 일어난다.

이런 이유들로 인해 충전할 때 리튬 코발트 산화물에서 나온 전자 혹은 리튬이온 중 단 하나라도 도중에 손실되어 방전할 때 돌아오지 못하면 그만큼 전하량 손해가 발생하는 것이에요. 리튬이온의 손실로 인해 방전·충전 동안 주고받는 전하량의 차이는 각각의 리튬이온배터리에 따라 달라지기 때문에 이 차이로 해당 배터리가 얼마나 효율적인지를 알아볼 수 있죠. 바로 이를 나타내 주는 대표적인 지표가 **쿨롱효율(CE, Coulombic Efficiency)**입니다.

리튬이온의 손실 및 쿨롱효율(CE)의 관계

리튬이온의 손실 원인	리튬이온의 손실 결과
• 흑연의 보호막에 부분적인 손상 • 과충전에 의한 리튬 코발트 산화물의 층상구조의 부분적인 변형 • 과충전에 의한 흑연과 리튬 화합물 표면의 덴드라이트 • 과방전에 의한 흑연의 보호막 분해	쿨롱효율(CE)이 100[%]보다 작음 $CE = \left(\dfrac{\text{방전용량}}{\text{총전용량}}\right) = \left(\dfrac{\text{방전시 돌아온 전자}}{\text{충전시 나온 전자}}\right)$ $= \left(\dfrac{\text{방전시 돌아온 리튬이온}}{\text{충전시 나온 리튬이온}}\right) \times 100[\%]$

왼쪽(184쪽 참조)의 표에 따르면 쿨롱효율 수치가 클수록 충전 방전 과정에서의 전하량의 손해가 작은 우수한 리튬이온배터리로 볼 수 있겠죠? 예를 들어 100개의 리튬이온이 충전 중에 리튬 코발트 산화물에서 나왔다가 99개가 방전 중에 돌아와서 결합하면 쿨롱효율은 99[%]가 되니까요. 실제로 리튬이온배터리의 쿨롱효율은 99[%] 이상(99.95[%] 수준이 나오는 경우도 있음)으로 알려져 있습니다. 이 정도의 수치는 다른 종류의 2차전지들과 비교할 때, 매우 우수한 수준입니다.(30)

전기자동차를 구매하는 사람 중 동력원인 배터리를 수시로 교체해도 상관없다고 생각하는 사람은 없습니다. 방전과 충전을 반복해도 성능이 떨어지지 않고 최대한 오래 사용하고 싶겠죠. 쿨롱효율이 높다는 점도 리튬이온배터리가 전기자동차의 동력원으로써 선택된 여러 이유 중 하나입니다.

▥ 방전 충전 그래프로 보는 배터리의 내부저항

이번에는 배터리의 전압과 내부저항의 관계를 살펴보려고 합니다. 내부저항이란 배터리 안에서 전류(전자, 리튬이온)의 흐름을 방해하는 인자를 모두 아우릅니다. 내부저항에 대해 알아보기 위해 방전 및 충전이 진행되는 동안 측정한 리튬이온배터리의 전압과 각 측정점에서 리튬이온배터리의 스위치를 끈 후 측정한 전압을 비교해 보겠습니다.

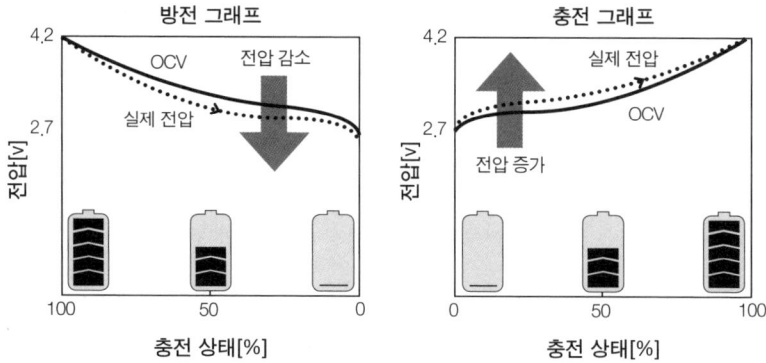

리튬이온배터리의 방전(좌) 및 충전(우) 그래프

방전에서는 OCV가 각 측정지점에서 실제 전압보다 높고, 충전에서는 각 측정지점에서 OCV가 실제 전압
보다 낮다. 이로 인해 방전 때는 전압의 감소, 충전 때는 전압의 증가가 나타나게 된다.

앞서 전압창(Voltage Window)은 '충전종료전압~방전종료전압' 사
이의 범위를 의미한다고 했죠? 그러니까 '4.2[V]~2.7[V]' 사이입니
다. 스위치를 끈 상태(전류가 흐르지 않는 상태)에서 측정한 리튬이
온배터리의 전압은 방전하는 동안 측정된 전압보다는 작고, 충전
하는 동안 측정된 전압보다는 큽니다. 이처럼 충전 혹은 방전을 잠
시 멈추고 스위치를 끈 상태에서 측정하는, 즉 전류가 흐르지 않
는 상태에서 측정한 리튬이온배터리의 전압을 **개방회로전압** 혹은
OCV(Open Circuit Voltage)[31]라고 합니다(위 그래프의 검은색 실선).
이 OCV는 과학자 네른스트(Nernst)가 제안한 **네른스트 식(Nernst**
Equation)으로부터 이론적으로 계산하여 구할 수도 있습니다.[32] 그
런데 실제 측정 전압과 OCV 사이의 차이는 왜 발생할까요?

측정 전압과 OCV 사이의 차이가 왜 생기는지 알아보기 위해 다

시 '폭포'에 방전 및 충전을 비유해 봅시다.[27] 먼저 방전이에요. OCV는 물이 흐르기 전 폭포의 낙차를 측정한 값이고, 실제 전압은 폭포에 물이 흐를 때 측정한 값으로 비유할 수 있어요. 186쪽의 왼쪽 방전 그래프에서 보면 실제 전압이 OCV보다 작죠? 이는 폭포에서 물이 흘러 내려올 때(전류가 흐를 때) 낙차에 비해 얻어지는 에너지가 작다는 뜻이에요. 이것이 전압의 감소로 나타난 거죠.

반대로 충전할 때를 살펴봅시다. 이번에는 실제 전압이 OCV보다 크지요? 이건 물을 폭포 위로 끌어올려 주어야 하는데, 실제로 펌프를 작동시키려면 폭포의 낙차에 비해 더 많은 에너지가 들어가야 한다는 뜻입니다. 이것이 전압의 증가로 나타난 거죠.

OCV와 방전 충전 중에 측정된 실제 전압 간 차이가 생긴 이유가 바로 리튬이온배터리에 발생한 내부저항 때문이에요.[33] 방전과 충전 중에 전자나 리튬이온이 이동하는 동안 어떤 이유로든 어려움을 겪게 됨을 의미합니다. 특히 충전 방전이 진행되면서 배터리 내부에 잔류하는 수분[34], 고온에서 SEI의 두께 증가[35] 등의 원인으로 내부저항이 점차 커지는데 출력 특성 감소의 근본적인 이유죠. 또한 충전 시간이 길어지는 원인입니다.

이번에는 방전과 충전 과정에서 전자와 리튬이온이 느끼는 내부저항에 대해 각 입자의 이동 경로와 반지름을 고려하여 살펴봅

....
27. 앞서 그리고 여기서도 폭포의 비유를 사용하고 있다. 그런데 기억해야 할 것은 충전 방전 그래프에서 볼 수 있듯 리튬이온 전기화학셀의 전압 즉 폭포의 낙차는 고정된 것이 아니라 반응이 진행됨(반응물이 줄어들고 생성물이 늘어남)에 따라 변한다는 것이다.

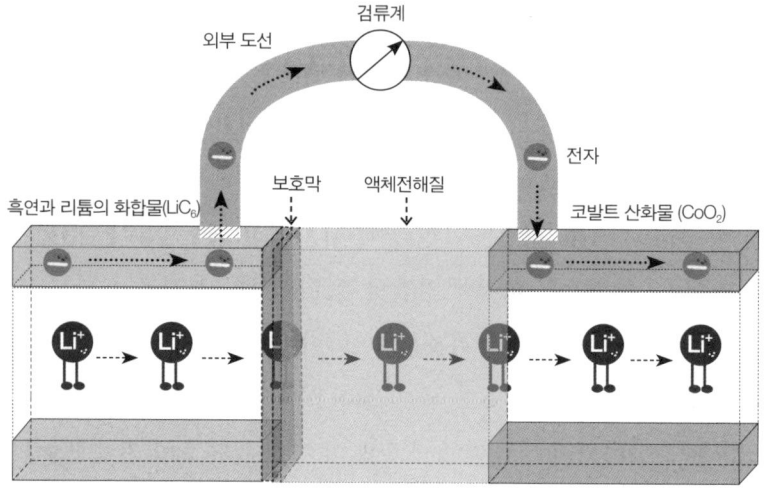

방전할 때 전자와 리튬이온이 이동하는 경로

전자보다 이동 중 다양한 물질을 만나고, 크기도 훨씬 큰, 즉 내부저항이 큰 상태인 리튬이온의 이동 속도가 결국 충전과 방전의 속도와 배터리 방전 속도에 따른 용량도 좌우하게 된다. 이동 속도가 가장 느린 구간을 율속단계라 한다.

시다. 위의 그림을 봐주세요. 전자는 산화 환원 물질의 내부를 지나 외부 도선을 통과하고, 산화 환원 물질과 외부 도선 사이의 경계 정도만 지나갑니다.[36] 한편 리튬이온은 산화 환원 물질이 갖는 내부 층상구조의 층 사이, 흑연의 보호막, 액체전해질을 통과하여 움직이지요. 즉 전자에 비해 리튬이온은 좀 더 다양한 물질 및 경계를 통과해야 합니다. 심지어 리튬이온은 반지름도 전자보다 상당히 큽니다.[28][37] 위 그림에서는 편의상 전자와 리튬이온을 서로 구분

....
28. 리튬이온의 반지름은 $73 \times 10^{-12}[m]$이고, 전자의 반지름은 $2.8 \times 10^{-15}[m]$이다. 리튬이온이 전자에 비해 대략 26,000배 크다.

만 할 수 있게 그려놓았지만, 전자의 반지름을 야구공[38] 정도에 비유한다면 리튬이온의 반지름은 대략 야구장[39] 5개를 이어 놓은 것과 같으니까요. 이동 경로나 크기 등을 두루 고려할 때, 리튬이온은 전자보다 더 큰 내부저항을 받는 환경에 놓이기 때문에 전자에 비해 느리게 움직입니다. 따라서 충전 방전의 속도 및 배터리 방전 속도에 따른 용량은 **리튬이온의 이동 속도**에 영향을 크게 받습니다. 다시 말해 충전이나 방전이 이루어질 때, 전체 반응의 속도를 결정하는 입자는 리튬이온이라는 뜻이죠. 이처럼 이동 과정에서 리튬이온이 가장 느리게 움직인 구간이 바로 선제 속노를 셜정하는 **율속단계 (RLS, Rate-limiting Step)**입니다. 따라서 이 구간과 일어나는 원인을 알게 된다면 개선을 위한 연구 방향도 도출할 수 있습니다. 율속단계에 관해서는 아래의 글상자 내용도 함께 참고하세요.

잠깐만! 율속단계[40]

화학반응에서 반응물이 생성물로 변환될 때, 곧장 변하는 것이 아니라 중간 과정을 거칩니다. 이때 보통 높아지거나, 낮아지는 여러 에너지 상태를 경험하죠. 그중 특히 반응물과의 내부에너지 차이($\triangle E$)가 가장 큰 상태를 율속단계라 하고, 이때 내부에너지 차이를 활성화에너지(E_a, Activation Energy)라 합니다. 반응물의 높은 에너지 상태에서 생성물의 낮은 에너지 상태로 가기 전 반응물이 지불하는 대가들 중 가장 큰 것으로 생각하면 좀 더 쉽게 이해될 것 같습니다. 같은 의미로 충·방전과 관련된 율속단계는 리튬이온의 이동 속도가 가장 느린 단계입니다.

• 방전 충전 시 리튬이온의 움직임이 왜 중요해?

리튬이온의 이동 관련하여 '리튬이온의 움직임이 원활한가?'는 사실 배터리 과학자뿐만 아니라 전기자동차 운전자 입장에서도 매우 중요한 문제입니다. 왜냐하면 리튬이온의 움직임은 다음과 같은 현실적인 물음과 매우 밀접한 관련이 있기 때문이지요.

- 리튬이온배터리가 방전될 때 출력은 충분히 큰가?
- 충진 속도기 삐른기?

방전될 때의 출력[29]은 순간 가속이나 경사로 등판 능력과 관련이 있고, 충전 속도 문제는 평상시도 그렇지만, 추운 지방 또는 평균 기온이 낮은 겨울철 충전 속도가 떨어지는 문제와 관련이 있으므로 전기자동차 운전자에게는 피부에 와닿는 결정적인 문제입니다. 이뿐 아니라 더욱 빠른 리튬이온의 움직임은 배터리의 방전용량을 더 증가시키는 효과도 있다는 것이 밝혀졌습니다.[30] 따라서 리튬이온의 움직임을 빠르게 할수록 배터리의 성능을 높일 수 있는 거죠. 그래서 배터리 과학자들은 188쪽의 그림에 묘사한 것처럼 리튬이온이 통과하는 물질별로 리튬이온의 움직임을 분석합니다.

....
29. 배터리가 순간적으로 흘려보낼 수 있는 전류량에 공칭전압을 곱해서 얻어진다.
30. 이 책에서 다루는 리튬 코발트 산화물은 아니지만 동일한 층상구조를 가진 NCM(니켈-코발트-망간) 산화물이 사용되는 리튬이온배터리의 방전용량 증가가 리튬이온의 이동을 더욱 원활하게 한 결과인 것을 알게 되었다. 리튬이온이 NCM의 층간 사이를 더욱 빨리 이동하도록 온도를 높여 충전 방전을 하여 이러한 결과를 얻은 것이다. 다만 자세한 설명은 이 책의 범위를 넘어서므로 생략한다.

• 리튬이온의 움직임을 좌우하는 동력은?

리튬이온의 움직임을 좌우하는 것은 무엇일까요? 리튬이온을 움직이게 하는 동력은 크게 두 가지, 즉 전압차와 농도차로 정리할 수 있습니다.

첫째, **전압차(ΔV)**, 좀 더 구체적으로 전기화학셀이 갖는 산화 환원 물질 사이의 전압차죠. 예를 들어 방전할 때 흑연과 리튬의 화합물(LiC_6)에서 나온 리튬이온은 액체전해질 내에서 양전하를 띠고 있기 때문에 음전하를 띤 코발트 산화물(CoO_2) 쪽으로 이동합니다.[41] 이런 움직임을 리튬이온이 '액체전해질 내에서 전도(Conduction)된다'고 합니다. 주로 전압차에 의해서 움직이는(전도되는) 구간은 액체전해질 내부입니다.

둘째, **농도차(ΔC)**입니다. 코발트 산화물 표면에는 리튬이온이 코발트 산화물의 내부로 계속 들어가기 때문에 리튬이온이 거의 없습니다. 그래서 매우 짧은 구간이기는 하지만 원래 액체전해질에 있는 리튬이온의 농도에 비해 농도가 낮아져 농도차가 발생하게 됩니다. 이 구간을 보통 배터리 과학자들은 '리튬이온 부족 구간'이라고 합니다.[31] 농도차에 의한 움직임은 **확산(Diffusion)**[32]으로 설명할 수 있습니다. 확산이란 액체나 고체 혹은 기체에서 농도 차이에 의해

---

31. 리튬이온 부족 구간이 나타나면 아무래도 리튬이온이 원활하게 표면까지 도착하지 못하는 것과 같다. 이것은 하나의 저항으로 작용하는데 이를 'Concentration Polarization'이라 한다.
32. 액체나, 고체 혹은 기체에서 농도 차이에 의해 물질이 이동하면서 흐름이 만들어지는 것을 확산이라고 한다. 과학자 픽(Fick)이 제안한 제 1, 2법칙(Fick's 1st and 2nd Law)을 따른다. '픽의 법칙' 용어설명을 참고하자.

물질이 이동하면서 흐름이 만들어지는 것을 말합니다. 방전할 때 리튬이온이 움직이는 시작점인 흑연과 리튬의 화합물 내에서의 이동은 종착점인 코발트 산화물 내에서의 이동과 유사한 확산입니다 (농도차에 의한 확산은 아래의 글상자에서 좀 더 자세히 설명하였다).

잠깐만! 확산

방전이 시작되어 흑연과 리튬의 화합물의 가장 외부에 있던 리튬이온이 밖으로 이동해도 내부에는 아직 리튬이온이 많이 남아있습니다. 즉 흑연과 리튬 화합물의 내부와 표면 근처 사이에 농도차가 발생하여 리튬이온이 확산하게 되죠. 그런데 막 밖으로 빠져나가려는데 얇은 막 하나가 리튬이온의 앞길을 가로막습니다. 바로 앞에서도 설명했던 흑연의 보호막이죠. 힘차게 밖으로 나가려던 리튬이온이 잠시 주춤하면서 부분적인 농도차가 또 생깁니다. 이렇게 야기된 농도 차이로 리튬이온은 확산에 의해 보호막을 이동하여 힘겹게 흑연의 밖으로 나가게 되는 것입니다. 배터리 과학자들도 리튬이온이 확산에 의해 보호막을 통과함을 발견한 후 이를 핵심적인 저항성분으로 고려해야 함을 알게 되었죠.[42]

보호막을 통과한 리튬이온은 이제 조금은 자유롭게 액체전해질을 통과하며 이동합니다. 여기에서는 앞서 본 것처럼 주로 전압차에 의해 움직이죠. 이렇게 액체전해질 내부를 이동하는 동안에는 특별히 농도차를 못 느낍니다. 왜냐하면 주변에 이미 충분히 많은 리튬이온이 있기 때문이죠. 그런데 코발트 산화물의 표면 근처에 도달하면 또다시 농도차를 느끼게 됩니다(이 구간을 보통 배터리 과학자들은 '리튬이온 부족 구간'이라고 함). 이 구간에서 리튬이온은 흑연의 보호막을 통과할 때처럼 농도차에 의해 확산(Diffusion)을 합니다.

• 역경을 극복하고 전자와 만난 리튬이온은 어떻게 될까?

자, 이제 리튬이온은 확산을 통해 간신히 리튬 부족 구간을 지나왔습니다. 역경을 딛고 코발트 산화물의 표면에 접촉한 리튬이온은 이미 도착한 전자를 만나 산화물 내부로 들어오게 됩니다.[33] 드디어 코발트 산화물의 내부로 들어온 리튬이온은 어떻게 될까요? 내부에는 비어있는 코발트 산화물의 기본단위들도 많이 있는 상태겠지요? 당연히 비어있는 부분과의 농도차가 발생할 것이에요. 이로 인해 리튬이온은 코발트 산화물 내에서 또다시 확산합니다.

방전을 기준으로 리튬이온의 움직임을 정리해 보면 '① 리튬과 흑연의 화합물 내에서의 확산, ② 흑연의 보호막 내에서의 확산, ③ 액체전해질에서의 전도, ④ 리튬이온 부족 구간에서의 확산, ⑤ 코발트 산화물 표면에서 전자와의 만남, ⑥ 코발트 산화물 내에서 확산'으로 나누어 볼 수 있습니다.[43] 그리고 충전할 때 '⑦ 흑연의 보호막에서의 확산'에서 리튬이온의 움직임이 특히 느리다는 것이 실험을 통해서 발견되었죠.[44]

리튬이온이 액체전해질에서는 에틸렌 카보네이트 용매 분자에 둘러싸여 솔베이션(Solvation)되어 있다는 것[34]을 기억한다면 이해하는 데 좀 더 도움이 될 것 같습니다. 특히 충전할 때 흑연의 보호

....
33. 사실 이 '만남의 순간'에서도 표면 상태 등의 영향을 받기 때문에 리튬이온은 또다시 어려움을 겪게 된다. 표면 상태나 표면적의 변화 등의 영향을 받아 리튬이온이 표면에서 전자를 만날 때 느끼는 어려움(저항성분)은 'Activation Polarization'이라 한다. 더 자세한 설명은 이 책의 범위를 벗어나므로 생략한다.
34. 솔베이션에 관해서는 이 책의 111쪽 글상자를 참고한다.

막을 통과한다는 것은 리튬이온 입장에서는 자신을 둘러싸고 있는 4개의 에틸렌 카보네이트 용매를 떨쳐버리는 일, 즉 디솔베이션 (Deslovation)을 해야 합니다. 게다가 리튬이온배터리가 작동하는 온도가 낮아지면 흑연의 보호막을 통과하기가 더욱 어려워집니다. 이것은 저온 상태에서의 배터리 작동 성능, 즉 겨울철 전기자동차의 성능에 큰 영향을 미칠 수 있죠.

그렇다면 충전할 때 특히 '⑦ 흑연의 보호막에서의 확산' 단계가 율속단게(RLS)인 것을 알아냈으니까 좀 더 자세히 추직하다 보면 개선할 대상이 나오겠죠. 개선 방법에 대해서는 배터리 과학자마다 다양한 의견과 방향이 있을 수 있지만요. 그리고 율속단계는 사용되는 재료와 작동환경 등 다양한 요소에 의존하기 때문에 달라질 수 있습니다. 그래서 배터리 과학자들은 여러 조건을 고려하여 리튬이온이 이동하는 물질 내 혹은 경계에서 리튬이온의 움직임을 나타내는 주요 수식들과 함께 실험을 통해 얻은 데이터를 기반으로 리튬이온의 이동을 방해하는 핵심 요인이 무엇인지 분석하여 찾고 이를 개선하기 위한 노력을 기울이고 있습니다.

간략한 개념 중심으로 축소해서 설명했지만, 사실 물질 간의 상호작용까지 고려하면 상당히 복잡한 현상이에요. 어쨌든 이렇게 리튬이온배터리의 내부에서 일어나는 리튬이온의 이동과 관련된 다양한 현상들과 상대적으로 영향력이 작기는 하지만 전자가 이동할 때 겪는 어려움이 모두 모여 겉보기에 하나의 내부저항처럼 나타나는 것입니다. 겉에서 볼 때는 단순해 보였는데 내부로 들어가보니 상당히 복잡하지요?

중요한 것은 내부저항에 의해 느려진 리튬이온의 이동 속도는 리튬이온배터리가 전기모터에 순간적으로 흘려보낼 수 있는 전하량[35]을 늘이거나 충전 시간을 단축시키는 데 있어 큰 걸림돌로 작용한다는 점이에요. 그래서 지금도 배터리 과학자들은 앞서 정리한 것처럼 리튬이온의 빠른 이동을 돕기 위한 방안에 대해 연구하고 있습니다. 특히 배터리회사들은 리튬이온배터리의 충전 시간을 획기적으로 줄여 전기자동차 운전자들의 불편함을 최소화하고자 많은 연구와 노력을 기울이고 있습니다.[45]

아울러 전자의 이동 통로를 더 많이 확보하는 방법 등 전자가 받는 저항을 줄이기 위한 연구도 함께 진행하고 있죠. 이처럼 리튬이온의 이온전도도와 전자의 **전자전도도**를 높이는 것은 리튬이온배터리의 성능을 더욱 높이기 위한 중요한 연구 분야로 계속 남을 것으로 예상됩니다.[46]

또한 내부저항은 방전전류 혹은 충전전류를 특히 빠르게 흘려보낼 때, **줄열(Joule Heat)**[36]이 과도하게 방출되는 원인이 됩니다. 방출된 열은 리튬이온 전기화학셀을 구성하는 물질의 분해나 화재 발생 가능성을 높이는 등 악영향을 미치지요. 방전과 충전 중 리튬이온배터리의 온도를 일정한 범위로 유지시키는 **배터리팩 냉각장치**[47]가 필요한 이유가 바로 여기에 있습니다.

....
35. 전기자동차의 출력 성능과 직접적으로 연관된다.
36. 저항으로 인해 전류가 흐를 때 발생하는 열을 말한다.

배터리의 수명은 어떻게 정할까?

자동차처럼 고가의 제품을 구매할 때는 가격과 성능을 꼼꼼히 비교하고 따져보게 됩니다. 특히 잔고장 없이 오랫동안 탈 수 있기를 바랄 것이에요. 운전자가 불편을 느끼지 않고, 언제까지 탈 수 있는지를 알려주는 자동차의 수명은 소비자들이 적절한 모델을 선택할 때 고려하는 중요한 항목 중 하나입니다. 자동차의 수명은 곧 핵심 부품의 수명과 직결되므로 이들 부품의 수명을 보통 자동차의 수명으로 간주하지요. 내연기관자동차에서는 엔진이, 전기자동차에서는 배터리팩이 핵심부품으로 총칭한다고 하겠습니다.

내연기관자동차의 경우 엔진 및 동력전달 부품의 제조사 보증기간은 2020년 기준으로 3~5년 정도이고,[48] 소비자들이 자동차를 실제 사용하는 기간은 평균 15년 정도(2021년 조사 기준)입니다.[49] 전기자동차의 경우 2023년을 기준으로 리튬이온배터리팩의 제조사 보증기간은 6~10년 정도죠.[50] 다만 오랜 역사를 지닌 내연기관자동차에 비해 전기자동차는 상용화된 지 고작 10년 남짓이며, 그나마 우리나라의 보급률은 겨우 1[%]에 불과합니다.[51] 그러다 보니 소비자들의 전기자동차 실제 평균 사용 기간을 추정할 만한 관련 데이터는 아직 충분히 쌓였다고 말하기 어렵습니다. 다만 내연기관자동차와 마찬가지로 리튬이온배터리팩의 제조사 보증기간보다는 실제 사용기간이 더 길 것으로 예상됩니다.

전기자동차 제조사의 입장에서 리튬이온배터리팩의 보증기간은 시장에서 우위를 선점하기 위한 주요 사안입니다. 그리고 이는 선택된 리튬이온배터리의 수명에 직접적인 영향을 받는다는 것도 쉽게 유추할 수 있지요. 그렇다면 전기자동차의 수명과 직결되는 리튬이온배터리의 수명은 어떻게 정해질까요?

▐▐▐ 사이클에 따라 손실되는 리튬이온의 양을 알 수 있는 쿨롱효율

앞서 살펴본 것처럼 리튬이온배터리에서는 충전 방전이 반복될수록 여러 원인으로 리튬이온이 조금씩 손실됩니다. 충전 방전이 한 번 진행되는 것을 **사이클(Cycle)**이라고 하는데, 한 번의 사이클 동안 잃는 리튬이온의 양은 **쿨롱효율(CE)**[37]과 연관됩니다. 만일 어떤 리튬이온배터리는 충전 방전 사이클이 무한 반복되어도 리튬이온의 손실이 전혀 없어서 쿨롱효율(CE)이 100[%]로 유지된다면 해당 리튬이온배터리의 수명은 무한하다고 할 수 있지요. 말하자면 완전무결한 리튬이온배터리인 것입니다.

　그런데 사이클이 반복되는 동안 쿨롱효율이 100[%]로 계속 유지되는 리튬이온배터리는 안타깝게도 존재하지 않습니다. 일반적으로 충전 방전이 반복될수록 리튬이온배터리의 내부저항은 점차 증가하는 한편 쿨롱효율(CE)은 감소하죠. 이를 리튬이온배터리의 성능열화(Performance Degradation)라 하는데, 이것이 수명과 밀접한

....
37. 쿨롱효율에 관한 것은 본문 184쪽을 참조한다.

관계가 있습니다. 물론 리튬이온배터리를 구성하고 있는 산화 환원 물질을 포함한 모든 재료와 연관된 열화 메커니즘은 참으로 다양합니다. 그렇지만 결국 '방전용량의 감소'와 '출력의 감소'의 두 가지 현상으로 나타나므로, 수명은 바로 '방전용량의 감소'와 직결된다고 할 수 있는 거죠.[52] 다만 쿨롱효율은 한 사이클에서 주고받는 전하량을 기준으로 하기 때문에 사이클당 성능열화 정도만 파악할 수 있을 뿐, 리튬이온배터리의 전체 수명을 판단하는 지표로는 부족합니다. 그럼 어떤 지표를 살펴봐야 할까요?

〔▥〕 사이클별 방전용량이 최초 방전용량의 몇 퍼센트인가?

리튬이온배터리의 수명을 정하기 위해 배터리 과학자들이 가장 많이 사용하는 지표는 **잔존용량**입니다. 잔존용량은 각 사이클에서의 방전용량이 최초 방전용량의 몇 퍼센트 수준인지 알려주는 지표죠. 예컨대 전기자동차로 매일 출퇴근한다고 생각해 봅시다. 운행 기간 동안 방전과 충전 사이클이 계속 반복되겠죠? 그리고 이 사이클이 반복될수록 잔존용량은 전기자동차를 구매한 시점 대비 95[%], 90[%], …, 85[%] 등 서서히 줄어들 거예요.

이처럼 사이클이 많이 반복될수록, 다시 말해 전기자동차를 장기간 운행할수록 잔존용량은 처음에 비해 상대적으로 줄어들게 됩니다. 그러다가 결국 한 번 충전으로는 전기자동차를 일정 거리까지 제대로 운행하기 어려울 만큼 운행거리가 현저히 줄어들 것이에요. 만약 스마트폰을 수년 이상 사용했다면 비슷한 경험을 했을 것입니다. 충전하기 무섭게 방전되는 스마트폰을 충전기에 계속 연결해 둔 적이 없나요? 하지만 도로를 달려야 하는 자동차는 핸드폰처럼 충전기에 마냥 꽂아 둘 수도 없습니다.

그럼 어느 정도까지 소비자가 이런 불편을 느끼지 않고 전기자동차를 최대한 운행할 수 있을까요? 그것이 바로 전기자동차의 수명을 결정하는 배터리 잔존용량의 기준이 될 것입니다. 전기자동차 제조사에서는 보통 잔존용량 70~80[%] 정도를 기준[53]으로 한다고 합니다. 이제 리튬이온배터리의 수명을 잔존용량 80[%]에 도달하기까지의 '사이클 회수'로 정해 보겠습니다. 이해를 돕기 위한 예로서 아래 그림을 봐주세요.

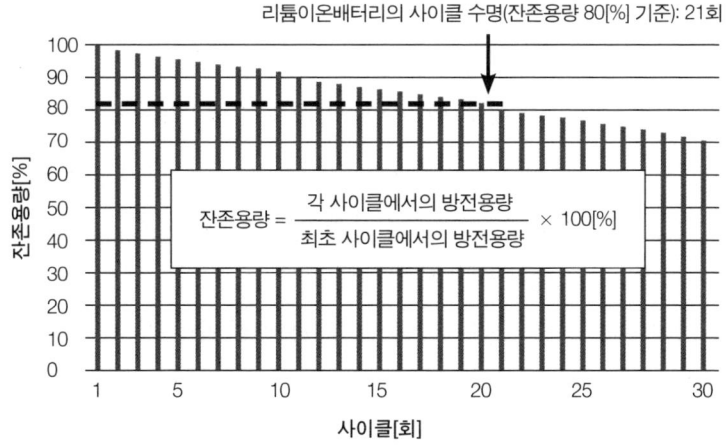

사이클과 잔존용량

여기에서 리튬이온배터리의 사이클 수명은 잔존용량 80[%]에 도달하는 21회이다.

그래프를 살펴보면 리튬이온배터리의 잔존용량은 사이클 횟수의 증가에 따라 점차 감소되다가 21회에서 80[%]에 도달한 것을 알 수 있어요(단, 설명을 위한 예시이므로 수치에 큰 의미를 두지 마세요). 그렇다면 이 리튬이온배터리의 수명은 21회로 정할 수 있고, 이것이 **사이클 수명(Cycle Life)**이 됩니다. 실제로 배터리 과학자들은 배터리 회사마다 보유한 자체 프로토콜(Protocol)에 따라 다양한 테스트 조건(온도, 충전 방전 속도(Rate), 사이클 사이의 대기 시간 등)을 적용하여 반복 실험을 실시한 후, 사이클 수명을 확정합니다. 테스트 조건과 결과는 필요에 따라 배터리회사에서 이해관계자들에게 제공하기도 하죠.

만약 전기자동차를 처음 구입했을 때, 한 번 충전하면 300[km] 주행이 충분히 가능했다고 가정합시다. 그러면 제조사 보증기간에 도달하는 시기에는 1회 충전 후 240[km] 정도(잔존용량 80[%]에 도달)를 주행할 수 있게 되겠죠? 전기자동차에 사용되는 리튬이온배터리의 수명은 사이클 횟수(예: 1,500~2,000회[54])를 기준으로 정하고 시간(예: 8~10년)이나 거리(예: 100,000마일) 등으로 환산합니다. 이러한 기준이 세워진 것은 미국 정부에서 적어도 8년 이상을 보증하도록 규정하였기 때문입니다.[55]

전기자동차의 상용화는 이미 리튬이온배터리의 성능 우수성을 방증합니다. 리튬이온배터리의 사이클 수명이 내연기관의 수명에 필적하는 수준에 도달했다는 뜻이니까요. 하지만 배터리 과학자들은 지금보다 성능을 더욱 향상시키기 위해 계속 노력합니다.

배터리의 얼굴, 폼팩터를 알아보자!

이번에 살펴볼 것은 바로 리튬이온배터리의 외모에 관한 것입니다. "보기 좋은 떡이 먹기도 좋다."는 옛말도 있지만, 외모도 경쟁력이라는 말이 사회 곳곳에서 심심치 않게 들립니다. 물론 리튬이온배터리를 예쁘게 만드는 것이 궁극적인 목적은 아닙니다. 그렇지만 최종적으로 생산된 리튬이온배터리의 물리적인 외형이나 크기 등을 뜻하는 **폼팩터(Form Factor)**는 단지 외모를 넘어 전기자동차의 구조적 기능성과 깊이 관련된 중요한 요인으로 꼽힙니다.

▥ 폼팩터의 다양한 형상

리튬이온배터리는 보통 여러 개의 리튬이온 전기화학셀을 직렬 혹은 병렬로 연결한 후 이를 포장하여 완성합니다. 여러분도 잘 아시는 것처럼 리튬이온 전기화학셀을 직렬로 연결하면 전압이 증가하고, 병렬로 연결하면 방전용량이 증가하죠. 배터리회사는 이와 같은 원리를 적용하여 리튬이온 전기화학셀을 어떻게 배열할 것인지를 설계합니다. 무엇보다 전기자동차 회사에서 요청한 규격(공칭전압과 방전용량)에 맞춰 한 개의 리튬이온배터리 안에 들어가는 리튬이온 전기화학셀의 개수, 크기, 모양 등을 설계 단계에서 정하게 되지요. 여기까지는 동일하지만, 최종 형상까지 제조사마다 같은 것은 아닙니다. 생산 단계에서 여러 가지 다른 형상으로 만들어집니다.

- 사각형 크기에 맞춰 재단한 전극과 분리막을 순서에 맞게 여러 층으로 쌓아 병렬로 연결한다(병렬연결된 개수만큼 방전용량이 커짐).[56]
- 전극을 아주 길게 만들고 전극 사이에 분리막을 넣은 후 접거나 돌돌 말아서 젤리롤(Jelly Roll)을 만든다(산화 환원 물질이 코팅된 전극의 면적이 증가하여 방전용량이 커짐).[57]

이처럼 다양한 형태로 제작된 리튬이온 전기화학셀을 최종적으로 파우치, 작은 금속 상자 혹은 원통 모양의 금속캔에 넣은 후 액체전

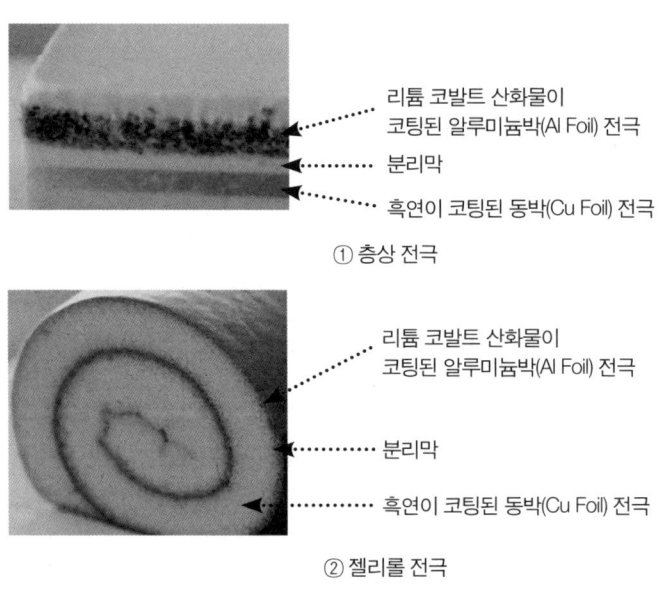

리튬 코발트 산화물이
코팅된 알루미늄박(Al Foil) 전극

분리막

흑연이 코팅된 동박(Cu Foil) 전극

① 층상 전극

리튬 코발트 산화물이
코팅된 알루미늄박(Al Foil) 전극

분리막

흑연이 코팅된 동박(Cu Foil) 전극

② 젤리롤 전극

층상 전극(위)과 젤리롤 전극(아래)
층상 전극(위의 그림)은 여러 층으로 쌓인 모습이 조각케이크의 단면과 모양이 비슷하다. 한편 젤리롤 전극 (아래 그림)은 돌돌 말린 모습이 롤케이크의 단면과 모양이 비슷하다.

해질을 주입하고 밀봉합니다. 파우치는 진공 실링(Sealing) 장비로 압착하고, 작은 금속 상자나 캔은 레이저빔으로 용접합니다.

리튬이온배터리의 최종 형상은 포장 재질과 모양에 따라 크게 파우치(Pouch), 각형(Prismatic), 원통형(Cylindrical)의 3가지로 분류되는데(아래 그림 참조), 이를 아울러 폼팩터(Form Factor)라 하지요.

〔Ⅲ〕 최고의 폼팩터를 찾아라!

사용되는 리튬이온배터리의 총개수, 겉모양과 부피 그리고 차체와의 결합 등을 종합적으로 고려하여 배터리팩을 설계해야 하는 전기자동차 회사의 입장에서 리튬이온배터리의 폼팩터는 중요한 요소 중 하나겠죠? 즉 더 많은 선택을 받기 위해서는 리튬이온배터리의 얼굴인 폼팩터가 그만큼 중요하다는 뜻이에요.

그래서 각 전기자동차회사와 배터리회사는 최고의 폼팩터를 찾

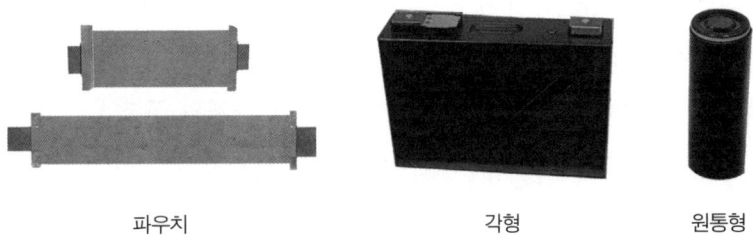

파우치   각형   원통형

전기자동차용 리튬이온배터리의 폼팩터(Form Factor)
전기자동차 회사는 리튬이온배터리의 총개수, 겉모양과 부피 그리고 차체와의 결합 등을 종합적으로 고려하여 배터리팩을 설계해야 한다. 따라서 리튬이온배터리의 폼팩터는 중요한 요소 중 하나이다.

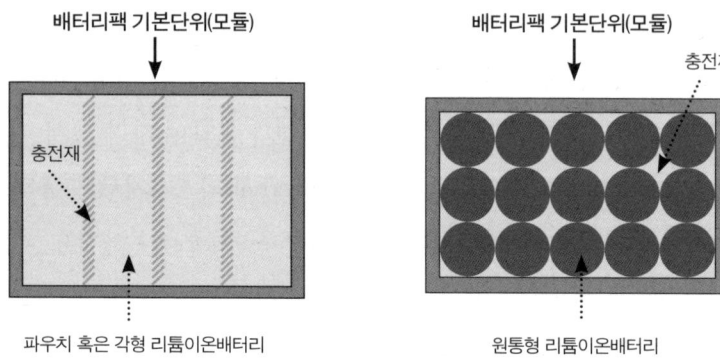

배터리팩 기본단위(모듈)

충전재

파우치 혹은 각형 리튬이온배터리

배터리팩 기본단위(모듈)

충전재

원통형 리튬이온배터리

배터리팩 기본단위(모듈)의 단면 모양
리튬이온배터리의 폼팩터에 따라 배터리팩 내부에 남는 공간의 모양이 다르다

기 위해 노력합니다. 특히 최근에는 리튬이온배터리를 단순한 에너지원으로서의 기능을 넘어 전기자동차의 차체 내부에 들어가 무게도 지탱하도록 하는 구조적인 기능도 추가로 고려합니다. 이와 함께 기존의 모듈(Module), 팩(Pack)으로 대표되는 많은 수의 배터리를 포장하고 밀봉하는 방식도 변화하고 있죠.

예컨대 T사의 경우 4680(지름 46[mm], 길이 80[mm]) 원통형 배터리가 들어가는 팩이 차체의 바닥에 들어가도록 설계합니다. 이를 '바닥용 배터리(Floor Battery)'라 하는데 차체의 바닥처럼 기능하도록 설계하고 생산하는 거죠.[58] 이렇게 차체의 구조적인 하중도 견디도록 설계 및 생산되는 배터리를 '구조용 배터리(Structural Battery)'라고 합니다. 중국의 B사도 구조용 배터리 전기자동차를 출시하였습니다. 이처럼 혁신적인 아이디어를 구현하기에 적절한 배터리의 폼팩터를 찾기 위한 다양한 시도는 계속될 전망입니다.

전기자동차용 리튬이온배터리를 일상에서 보기란 쉽지 않죠? 그래서 어쩌면 배터리의 폼팩터와 관련된 설명이 머릿속에 잘 와닿지 않을지도 모릅니다. 형상을 떠올리기 쉽도록 생활에서 쉽게 접할 수 있는 몇 가지 배터리들로 비유해 보려고 합니다. 아래 그림과 같은 1차, 2차 배터리들은 여러분도 접한 적이 있을 것이에요. 모아 놓고 보니 코인 모양부터 원통형, 각형까지 다양한 폼팩터가 있지요?

특히 리모컨, 마우스, 키보드 등의 일상용품에 널리 사용되는 원통형 배터리는 기존 배터리 산업에서 대량생산 시설을 보유하고 있고, 표준화도 되어 있다 보니 실제 전기자동차에 바로 사용되기도 합니다. 대표적으로 T사의 최초 모델 로드스터(Roadster)[59]는 노트북 등 IT 제품에 사용되던 18650(지름 18[mm], 길이 65[mm]) 원통형 배터리를 그대로 사용하였죠. 로드스터의 배터리팩에는 6,800개의 원통형 배터리가 사용되었는데 무게는 대략 450[kg]이었습니다. 시장에 이미 나와 있는 배터리를 그대로 사용한다는 것은 자동차용 배터리를 처음부터 설계해야 하는 기초연구개발 비용, 대량생산 공정을 개발해야 하는 생산기술연구 비용, 설비 투자 비용 등이 들어가지 않기 때문에 가격 경쟁력이 매우 우수하다는 장점이 있죠.

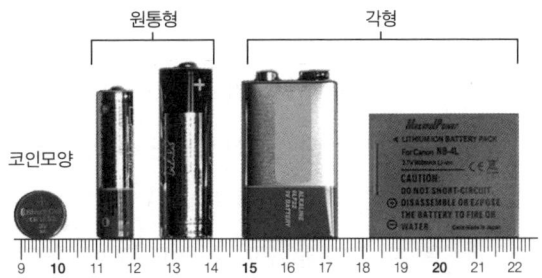

생활 속 배터리로 살펴보는 다양한 폼팩터(자의 눈금은 [cm]임)
전기자동차용 배터리를 실제 보기는 쉽지 않지만 생활속에서 편리하게 사용하는 1차, 2차 배터리들도 모아 놓고 보면 코인 모양부터 원통형, 각형까지 다양한 폼팩터가 있다는 것을 쉽게 알 수 있다.

전기자동차의 화재는 어떻게 발생할까?

여러분도 뉴스에서 전기자동차 화재 사고를 접한 적이 있을 것이에요. 주차장에 멀쩡히 서 있던 자동차가 갑자기 불길에 휩싸이는 모습은 보기만 해도 아찔합니다.[60] 일반적으로 불이 나면 머릿속에 떠오르는 것은 '물'과 '소화기'가 아닐까요? 하지만 전기자동차 화재는 안타깝게도 물을 뿌린다고 쉽게 잡히지 않습니다. 심지어 일반석인 소화기[38]로는 진화할 수 없어요. 사실상 일반인이 전기자동차 화재를 진압하는 것은 불가능하다고 봐야 합니다. 그래서 더더욱 위협적으로 여겨지는 것이겠지요. 지금부터 전기자동차의 화재가 어떻게 발생하는지 좀 더 자세히 살펴봅시다.

▥ 엄청난 방전용량을 가진 리튬이온배터리

자, 먼저 불은 어디에서 시작될까요? 전기자동차 화재에서 발화점은 대부분 리튬이온배터리입니다. 전기자동차에 사용되는 리튬이온배터리는 스마트폰 같은 작은 통신기기나 가전제품에 사용되는 것 대비 한 개당 방전용량이 상당히 큽니다. 다른 배터리와의 비교를 통해 얼마나 큰지 확인해 볼까요? 여러분이 가장 흔히 접하

---

38. 간혹 금속화재용(D급) 소화기가 전기차용 소화기로 인식되는데, 이 소화기는 마그네슘 등 금속 자체가 연소할 때의 초기 진화용일 뿐, 리튬이온배터리 화재에서 제 기능을 발휘하지 못하므로 사실과 다르다.

배터리팩의 내부

배터리팩 내부를 들여다보면 많은 수의 리튬이온배터리들이 연결되어 있다. 사진의 경우 원통형 리튬이온
배터리들이 연결되어 있는 배터리팩의 내부 모습이다.

는 개인용 IT 기기에 들어가는 리튬이온배터리의 방전용량은 보통
0.9[Ah] 정도입니다. 이에 비해 파우치나 사각형의 금속캔으로 포장
된 전기자동차용 리튬이온배터리의 경우 자동차회사 모델에 따라
다소 차이는 있지만, 방전용량이 대략 20[Ah]~200[Ah] 정도[61]이므로
아주 크다는 것을 알 수 있어요.

　게다가 전기자동차 안에는 리튬이온배터리 한 개만 들어가는 것
이 아니에요. 개당 방전용량이 상당한 리튬이온배터리를 금속 상자
안에 많게는 수백 개 이상을 넣고 전선으로 직렬 및 병렬로 연결한
후 밀봉해요. 이것이 조금 전 설명한 **배터리팩**인데, 큰 전기에너지
가 저장된 배터리팩은 보통 시트 밑이나 차체 하단에 위치합니다.
이처럼 운전자나 승객 가까이에 위치하기 때문에 리튬이온배터리
에서 화재가 발생한다면 탑승자의 안전에 큰 위협이 되지요.[62]

　하지만 화재 때문에 전기자동차의 안전성 문제를 지나치게 의심

전기자동차 운전자를 화재로부터 보호하기 위해 중국 정부에서 시작된 안전 규정 중에 이른바 '5-minute rule(5분 룰)'이 있습니다. '5-minute warning(5분 경고)'라고도 하지요. 이는 배터리팩의 온도가 급격히 상승할 때 운전자에게 배터리팩이 고온이라는 경고 알람이 뜬 후 최소 5분은 운전석으로 불꽃이 침투해서는 안 된다는 규정이에요. 운전자가 대피할 수 있도록 적어도 5분간 운전석으로 불길이 번지지 않아야 한다는 것입니다. 배터리팩의 화재 안전 분야도 이러한 규정으로 인해 기술적으로 상당히 중요한 분야가 되었습니다.

하거나 막연한 불안감에 사로잡히지 않았으면 합니다. 왜냐하면 전기자동차의 발화는 통계적으로 드문 일이니까요. 내연기관자동차의 통상적인 화재 발생 건수와 비교해도 매우 낮은 편이죠. 내연기관자동차의 화재 발생 건수는 전기자동차보다 약 20배 이상으로 더 많다고 보고되니까요.[63] 그럼에도 전기자동차의 화재 소식은 유독 보도 매체에서 집중적으로 다뤄지며, 큰 이슈로 번지는 것 같습니다. 아마 다음과 같은 두 가지 이유 때문일 것입니다.

첫째, 리튬이온배터리에서 화재가 발생하면 진압이 쉽지 않고, 대부분 전기자동차가 완전히 전소된다.

둘째, 내연기관자동차는 운행 중에 주로 화재가 발생하지만, 전기자동차는 주차된 상태에서도 발화될 수 있기 때문에 주거지나 사무실 등에 추가 피해가 우려된다.

▥ 불의 최초 시작과정

전기자동차 화재에 대한 종잡을 수 없는 불안감을 해소하려면 원인을 잘 살펴볼 필요가 있습니다. 막연할수록 더 불안한 법이니까요. 리튬이온배터리 화재의 원인은 다양하지만, 최초 시작 과정은 동일하므로 이에 집중해서 살펴보려고 합니다. 리튬이온배터리의 화재는 어떻게 시작될까요?

앞에서 살펴본 산화 환원 반응을 기억하나요?[39] 이 중 직접적 방식의 예시였던 아연과 구리이온의 산화 환원 반응에서 힌트를 얻어봅시다. 반응 중에 아연원자에서 구리이온으로 전자가 곧바로 이동했는데, 이것이 가능했던 이유는 산화 물질인 아연원자와 환원 물질인 구리이온이 하나의 비커 속 수용액 안에서 직접적으로 접촉했기 때문이었죠? 그리고 이때 반응 전후 내부에너지 차이는 대부분 열로 방출되었습니다.

마찬가지로 리튬이온배터리를 구성하는 리튬이온 전기화학셀에서도 다양한 이유, 즉 과충전이나 과방전, 자동차 간 충돌에 의한 기계적인 충격으로 변형이 일어나거나, 날카로운 이물질이 뚫고 들어오는 경우, 혹은 생산 중에 발생한 미세한 금속 조각이 배터리 내부에 남아있게 되면 충전된 산화 물질(LiC_6)과 환원 물질(CoO_2)이 직접 접촉하는 일이 생길 수도 있습니다. 이런 경우 산화 물질에서

....
39. 이 책의 02 배터리와 전기화학셀에 서술한 산화 환원 반응 내용을 참고한다.

나온 전자와 리튬이온이 곧바로 환원물질로 이동하면서 순간적으로 많은 열이 방출됩니다.

배터리 안에서 한꺼번에 많은 열이 방출되면 어떤 일이 일어날까요? 이 열은 리튬이온배터리를 구성하는 다양한 물질이 분해되거나 상호 반응하도록 합니다. 특히 유기용매(인화점: 143[℃])[64]가 기화되도록 함으로써 배터리의 내부 압력을 크게 올리게 되지요. 게다가 산소를 포함하는 리튬 코발트 산화물이 열분해되면 산소가 방출되기 때문에 화재 발생 3요소(Fire Triangle)인 가연성 물질, 산소, 열[65]을 충족시키게 됩니다. 즉 다음에 정리한 바와 같이 3가지를 모두 갖추는 것이에요.

① 고온에서 '유기용매(가연성 물질)'의 기화가 일어난다.

② 열분해된 리튬 코발트 산화물에서 '산소'가 방출된다.

③ 산화 환원 물질의 접촉으로 '열'이 발생한다.

화재 발생의 3요소를 두루 갖춘 상태에서 배터리 내부의 온도가 계속 상승하면 결국 발화되죠.[40] 예를 들어 파우치로 포장된 배터리의 경우 접착 밀봉된 부위가 찢어지면서 발화된 유기용매 가스가 뿜어져 나오면서 마치 폭발하듯 위협적인 화재로 번지는 것이에요.

....
40. 소화를 위해 보통 화재발생 3요소 중 하나를 제거하는 전략을 사용한다. 그런데 리튬이온배터리는 밀봉 상태에서 화재발생 3요소가 밀봉된 내부에 있기 때문에 기존 소화 전략은 무용지물이라 해도 과언이 아니다.

▐█▌ 화재의 전파를 막을 순 없을까?

좀 전에 설명한 것처럼 리튬이온배터리는 열에 의해 내부 구성 물질의 분해와 상호반응에 의해 가연성 가스와 산소가 만들어지면 발화됩니다. 그와 함께 화염을 분출하며 불길에 휩싸이겠죠. 이런 일련의 과정이 연속적으로 일어나는 것[41]을 **열폭주(Thermal Runaway)**[66]라고 합니다. 문제는 일단 한번 열폭주가 시작되면 돌이키기 어렵다는 점입니다. 도무지 제어할 수 없는 상황으로 치닫는 모습은 마치 브레이크가 고장난 쏙수 기관차가 연상되지요.

제조사마다 조금씩 다르지만, 하나의 배터리팩 안에는 리튬이온배터리가 수백 개 이상 모여있습니다. 만약 한 개의 리튬이온배터리에서 화재가 발생하면 이웃한 리튬이온배터리로 열이 전달되면서 옆에 있던 리튬이온배터리에서도 열로 인한 동일한 열폭주 메커니즘으로 화재가 발생하게 되지요.[42]

나란히 세워진 도미도 중 하나가 쓰러지면 결국 차례로 다 쓰러지듯 주변의 리튬이온배터리로 화재가 번지는 것이에요. 이렇게 화재가 배터리에서 배터리로 계속 옮겨 가면서 배터리팩에 있던 수백 개의 리튬이온배터리가 모두 타오르면 결국 전기자동차가 전소되

---

41. 하나의 반응이 또 다른 반응을 유도하고, 유도된 반응은 그 다음 반응을 유도하는 식으로 계속되는 반응을 '연쇄반응(Chain Reaction)'이라 한다.
42. 최초로 발화되는 리튬이온배터리는 산화 환원 물질의 접촉으로 인해 내부에서 발생한 열이 문제였다면, 주변에 있는 리튬이온배터리에게는 최초 발화되는 리튬이온배터리로부터 전달되는 열이 문제인 것이다.

#열폭주가_시작되면_도무지_#막을_수_없다!

**이토록 쓸모 있는
리튬이온배터리 이야기**

는 것이죠. 화재 시 나타나는 리튬이온배터리의 이러한 특성 때문에 **화재전파(Fire Propagation)**, 즉 한 개의 배터리에서 시작된 불길이 옆의 배터리로 도미노처럼 옮겨붙는 것을 막아내는 기술의 필요성이 점점 커지고 있습니다.[43]

배터리 과학자들은 배터리팩을 설계할 때, 배터리 화재의 전파 원인인 리튬이온배터리 간 열 전파를 차단하기 위한 목적으로 다양한 재료들을 테스트해 보고 있습니다.[67] 설사 배터리팩의 리튬이온배터리 한 개에서 화재가 발생해도 이웃한 리튬이온배터리들로는 화재가 전파되는 것을 막고자 하는 거죠. 화재가 리튬이온배터리 하나에서 끝나도록 함으로써 피해를 최소화하려는 것이 연구의 목적이에요.

▥ 무엇이 리튬이온배터리의 열폭주를 부추기는가?

리튬이온배터리 화재의 시발점은 전자제품의 스위치가 꺼진 상태에서 전류가 흐르는 합선과 유사하다고 볼 수 있습니다. 합선이 일어나는 상황을 살펴볼까요? 전자제품을 너무 오랫동안 사용하면 전선을 둘러싸고 있던 피복도 낡아서 벗겨질 수 있습니다. 이로 인해 서로 만나면 안 되는 두 가닥의 전선끼리 접촉하게 되면 한꺼번

....
43. 217쪽의 그림에서 보는 것처럼 리튬이온 전기화학셀에는 분리막이 있어서 구조적으로 산화 물질과 환원 물질이 직접 접촉할 수 없게 만들어졌다. 그렇지만 분리막만으로는 열폭주를 완벽하게 막기에는 역부족이다.

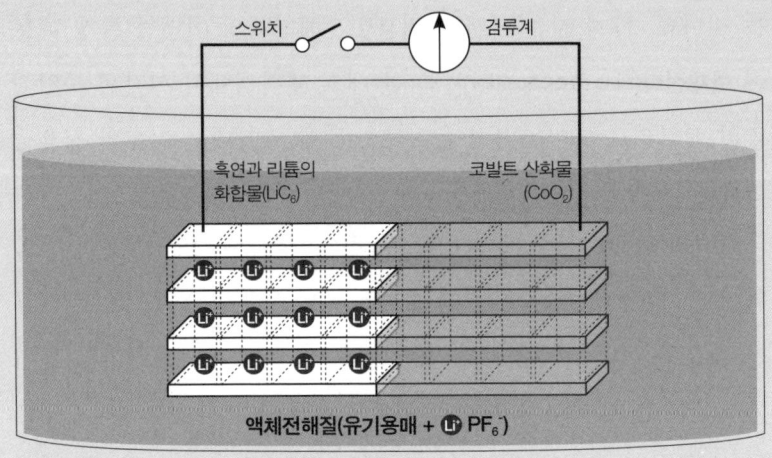

스위치　　검류계

흑연과 리튬의
화합물(LiC₆)

코발트 산화물
(CoO₂)

액체전해질(유기용매 + PF₆)

① 산화 환원 물질의 직접 접촉

에 많은 전류가 흐르게 되죠. 이때 상당히 큰 열이 발생하고, 주변에 있던 물건이 열을 받아 발화됩니다. 때로는 건물 전체로 화재가 퍼져나갈 수도 있는 거죠.

　자, 위부터 오른쪽 페이지에 걸쳐 그림 ①~③까지 열폭주 과정을 표현해 보았어요. 일반적으로 전기가 흐르는 두 선이 저항 없이 연결되는 것을 단락(Short Circuit)이라 합니다. 리튬이온배터리의 산화 환원 물질이 접촉하는 것은 **내부 단락(Internal Short Circuit)**이라 합니다. 한편 리튬이온배터리의 외부 (+)단자와 (-)단자가 도선으로 바로 연결되면 이를 **외부 단락(External Short Circuit)**이라 합니다. 외부 단락에서도 저항 없이 많은 전자들이 한 번에 이동하게 되고 리

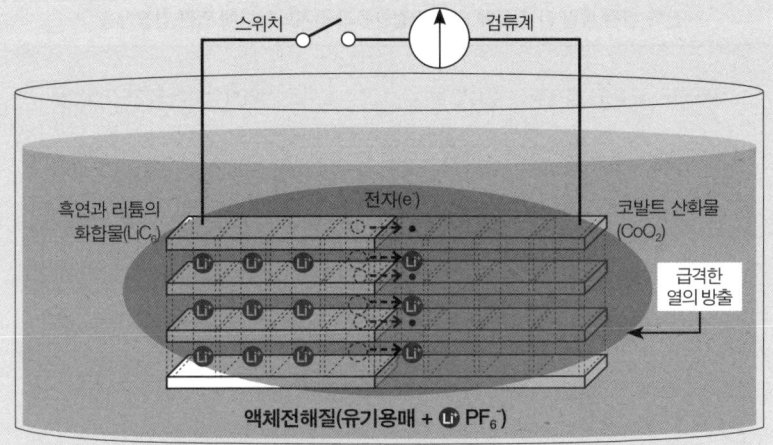

② 전자와 리튬이온의 급격한 이동(216쪽 상단 표의 직접반응)

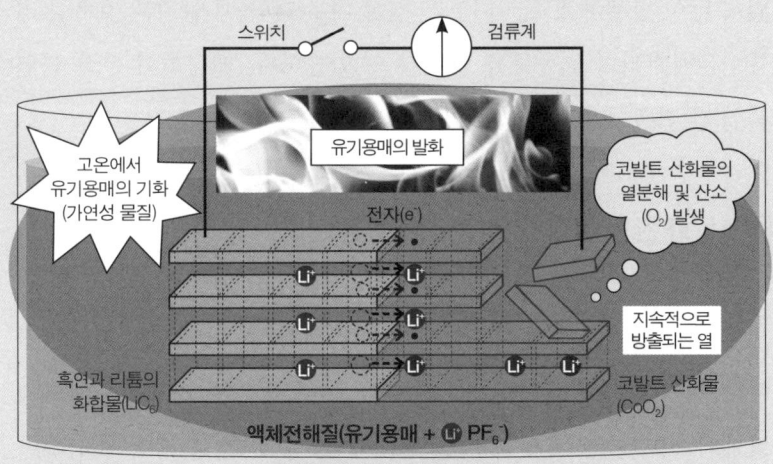

③ 열폭주에 의한 유기용매의 발화

리튬이온배터리의 열폭주가 일어나는 과정

과충전이나 과방전, 기계적 충격에 의한 변형 등 여러 가지 이유로 산화 물질(LiC_6)과 환원 물질(CoO_2) 간의 직접적인 접촉이 발생한다(그림 ①). 이후 전자와 리튬이온이 직접 이동하면서 엄청난 열이 방출되고 연쇄적인 열폭주 반응이 시작된다(그림 ②). 열폭주 반응이 진행되어 결국 유기용매가 발화되는 큰 화재로 이어진다(그림 ③). 열폭주가 진행되면 리튬이온배터리 내부에 화재의 3요소를 모두 갖추게 된다. 즉 외부에서 가연성 물질, 산소나 열의 공급 없이도 자체적으로 폭발하듯 화염을 분출하는 것이다.

산화 환원 물질 간 접촉에 의한 직접반응과 전기화학셀에 의한 간접반응

산화 환원 물질 간 접촉되어 직접반응	리튬이온 전기화학셀에 의한 간접반응
$LiC_6 + CoO_2 \rightarrow LiCoO_2$ (전자와 리튬이온이 바로 이동)	산화반응: $LiC_6 \rightarrow C_6 + e^- + Li^+$ 환원반응: $CoO_2 + e^- + Li^+ \rightarrow LiCoO_2$

튬이온들도 따라서 열심히 이동하죠. 그러면 내부저항으로 인한 줄열이 많이 발생하겠죠. 이 '열'은 결국 내부 단락 때 살펴본 것처럼 리튬이온배터리의 열폭주를 일으킬 수 있습니다. 배터리의 산화 환원 물질 간 접촉이 일어나면 얼마나 위험한지 잘 알 수 있죠.

🔋 산화 환원 물질 간 직접 접촉을 막아라!

지금까지 설명한 리튬이온배터리 화재에 관한 이야기를 종합하면 한 가지가 분명해집니다. 그건 바로 어떤 경우든 리튬이온배터리 화재가 시작되는 최초 과정인 산화 환원 물질 간의 직접적 접촉만큼은 반드시 막아야 한다는 점이죠. 그래서 배터리회사에서는 리튬이온 전기화학셀의 산화 환원 물질 간의 접촉 방지를 위해 두 물질 사이에 **분리막**(오른쪽 페이지 그림 참조)을 넣어줍니다. 분리막이란 리튬이온이 통과할 수 있는 작은 크기의 구멍들이 무수히 존재하지

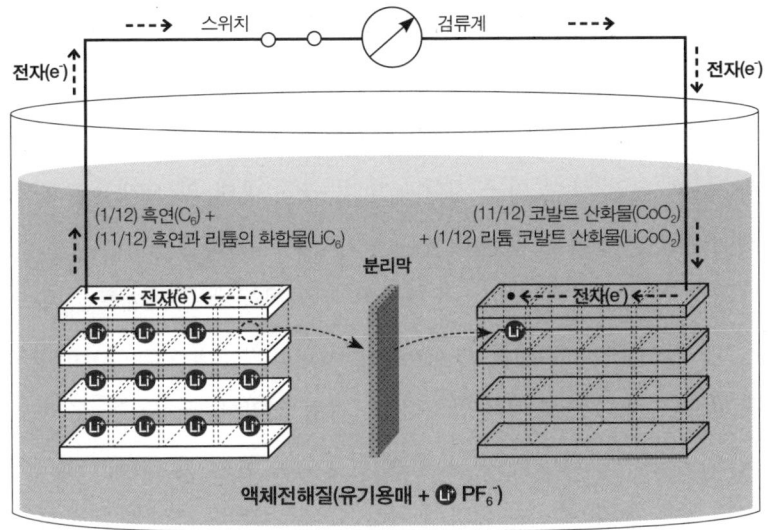

분리막

산화물질과 환원물질의 직접 접촉을 방지하는 분리막은 배터리의 안전성과 깊이 관련된다. 분리막은 리튬이온이 통과할 수 있는 미세한 구멍들이 무수히 많지만, 전기절연성이 높기 때문에 전자는 통과할 수 없다.

만, 전자는 이동할 수 없는 전기절연성이 뛰어난 흰색의 얇은 고분자 막입니다. 배터리의 온도가 일정 수준을 넘어서면 고분자가 녹으면서 구멍이 막혀 산화 환원 물질의 접촉을 방지하게 되죠. 또한 분리막은 대부분 표면에 세라믹 분말이 코팅되어 있는데 고온에서 좀 더 효과적으로 산화 환원 물질의 접촉을 막게 됩니다.[68] 분리막은 화재발생 예방을 위해 리튬이온 전기화학셀이 자체적으로 가지고 있는 제1의 중요한 방어 수단이므로, 분리막이 훼손되면 화재로 이어질 수 있습니다. 그러나 이미 열폭주가 시작된 후라면 분리막만으로는 열폭주의 진행을 막기에 역부족입니다.

🔋 배터리 화재, 어떻게 진압할 것인가?

앞서 본 것처럼 리튬이온배터리 화재는 본질상 진압이 어렵습니다. 화재 진압 관련 최근 경향과 방법 관련 국내·외 사례들을 간략히 소개하면서 화재 관련 내용은 여기서 마무리하겠습니다.

미국 캘리포니아주의 소방당국은 전기자동차의 화재를 진압하는 데 적어도 3,000갤런(11,400리터 = 2리터 생수병 5,700개) 이상의 물이 필요한 것으로 추정합니다. 이처럼 진압에 들어가는 물의 양이 엄청나다 보니 건물이나 주변 환경으로 불이 옮겨붙는 피해가 없는 경우 일단 전소될 때까지 기다리라는 지침을 소방관들에게 전달하였습니다.[69] 리튬이온배터리에 화재가 발생하면 불을 끄기가 거의 불가능에 가깝다는 것을 사실상 인정한 셈입니다.

국내에서는 전기자동차에 발생한 화재를 진압하기 위해 방수 및 불연성 소재 섬유포로 제작된 이동형 냉각 수조에 담그는 방법이 제안되기도 합니다.[70] 노르웨이나 스웨덴에서는 전기차 화재 시 커다란 담요처럼 생긴 'Lithium Battery Fire Blanket'을 차체에 덮어 불길이 새어 나갈 수 없게 차단하는 전략을 사용합니다.[71]

전기자동차에 사용되는 리튬이온배터리의 화재 확률을 영(Zero, 0)으로 만드는 것은 현실적으로 어렵습니다. 하지만 화재 위험성을 최대한 낮추기 위한 노력과 함께, 이미 발생한 전기자동차의 배터리팩 화재를 효과적으로 진압하는 방법 및 기술 개발을 위한 노력은 지금도 계속되고 있습니다.

리튬이온배터리의 성능을 높이기 위한 연구들

지금까지 우리는 전기자동차를 움직이는 리튬이온배터리에 관해 살펴보았습니다. 배터리를 구성하는 물질은 무엇이고, 또 어떤 원리로 에너지를 만들어내는지, 또 배터리의 성능을 좌우하는 것들에 관해서도 알아보았죠. 특히 리튬이온배터리를 구성하는 네 가지 핵심 물질은 배터리의 성능과 밀접한 관련이 있습니다. 따라서 배터리 연구에서 차지하는 비중도 대단히 높습니다.

🔋 배터리 성능 및 안전성을 좌우하는 네 가지 핵심 물질

리튬이온배터리를 이루는 전기화학셀에는 각 역할에 따라 꼭 필요한 다음 네 가지의 핵심적인 물질이 있다는 것을 알게 되었을 거예요.

- 산화 물질
- 환원 물질
- 액체전해질
- 분리막

이 네 가지 핵심 물질은 곧 배터리의 **성능**과 **안전성**을 좌우하는 물질이기도 하지요. 그래서 배터리 과학자들은 이들 핵심 물질을 중심으로 리튬이온배터리의 품질을 더욱 향상시켜 사람들이 편안하고 안전하게 전기자동차를 운행할 수 있도록 여러 분야에서 함께 노력하고 있습니다. 지금부터 리튬이온배터리 분야에서는 주로 어떤 연구가 이루어지고 있는지 살펴볼까요?

▥⎸ 어떤 연구들이 이루어지고 있는가?

아래의 그림은 리튬이온배터리의 전기화학셀을 구성하는 4가지 핵심 물질을 표현한 것이에요(그림 속 ①~④ 참조). 이와 관련한 배터리 과학자들의 주요 연구 내용을 간략하게 정리하면 다음과 같습니다.

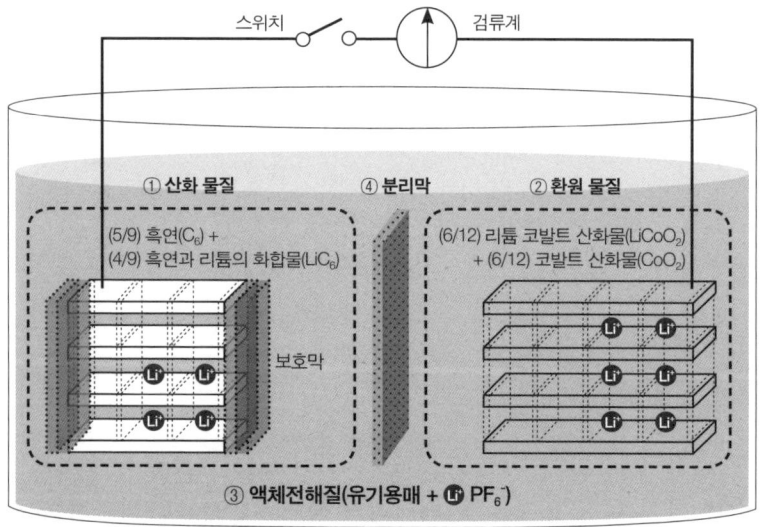

리튬이온 전기화학셀을 구성하는 4가지의 핵심 물질
산화물질, 환원물질, 액체전해질, 분리막의 4가지가 리튬이온 전기화학셀을 구성하는 핵심 물질이다. 바로 이 4가지 물질은 배터리 과학자들의 주요 연구 대상이기도 하다.

- 정전기력 포텐셜 차이가 더 큰 새로운 산화 환원 물질쌍을 발굴한다.
- 방전용량이 향상될 수 있는 리튬이온을 더 많이 포함한 새로운 형태의 리튬 산화물을 발굴한다.
- 발굴한 산화 환원 물질쌍을 대량으로 제조하는 방법을 연구한다.
- 리튬 산화물의 구조적인 안정성을 높이는 방법을 연구한다.
- 리튬이온의 움직임을 느리게 하는 물질, 구간 및 원인은 무엇인지 분석한다.
- 리튬이온의 움직임을 더 빠르게 하는 방법을 연구한다.
- 전자의 흐름을 더욱 원활하게 만드는 방법을 연구한다.
- 내구성이 더욱 향상된 흑연의 보호막을 만들 수 있는 유기용매와 첨가제를 발굴한다.
- 발화점이 높아 화재에 강한 유기용매를 발굴한다.

이 밖에도 리튬이온배터리의 성능열화가 일어나는 원인에 대해 체계적으로 분석하여 개선 방법을 도출하는 연구도 빼놓을 수 없습니다. 리튬이온배터리의 수명을 정하는 기준을 마련하고 이에 근거하여 전기자동차의 수명을 정하고 검증하는 것도 배터리 과학자들의 주요 업무 중 하나입니다.

더 나아가 배터리 과학자들은 기존 배터리의 안전성을 획기적으로 높이는 연구도 진행 중입니다. 그중 하나가 바로 **전고체배터리(ASSB, All-solid-state Battery)**[72]입니다. 워낙 관심이 뜨거운 분야인 만큼 관련 연구는 따로 분리하였습니다. 바로 이어서 살펴봅시다.

전고체배터리, 어디까지 알고 있니?

전고체배터리는 쉽게 말해 리튬이온 전기화학셀의 4가지 핵심적인 물질 중 하나인 액체전해질을 대신하여 **고체전해질**을 사용한 배터리입니다. 이 고체전해질은 최근 중요한 미래 기술로 급부상하고 있습니다. 간단해 말해 배터리 작동 중 하는 역할은 같은데, 그 성상[44]이 액체에서 고체로 바뀐 것이에요. 고체전해질이 보편화된다면 앞서 소개했던 4가지의 핵심 물질 중 분리막은 더 이상 필요 없어질 것입니다. [73]

▐▐▐ 전고체배터리의 장점 ❶ 화재 위험성의 급감

전고체배터리의 가장 큰 강점은 높은 가연성 물질인 유기용매를 포함한 액체전해질을 제거했다는 점입니다. 앞서도 살펴본 것처럼 열폭주가 시작되면 유기용매가 기화되어 부피 팽창이 일어납니다. 이어 코발트 산화물이 열분해될 때 나온 산소와 결합하여 결국 폭발하듯 화염을 분출하면서 걷잡을 수 없는 큰 화재로 이어지니까요. 한편 고체전해질에는 유기용매가 사용되지 않기 때문에 훨씬 안전한 배터리가 될 수 있다는 것이 전고체배터리를 연구하는 배터리 과학자들의 생각이지요. [74]

....
44. 물질의 성질과 상태를 이르는 말이다.

▐▌ 전고체배터리의 장점 ❷ 전기에너지 저장 능력 상승

배터리 수준, 특히 배터리팩(동일 체적) 수준에서 저장할 수 있는 전기에너지도 대폭 증가할 것으로 기대됩니다.[75] 우선 산화 환원 물질의 관점에서 보겠습니다.

현재 리튬이온배터리의 음극재로 사용되는 것은 흑연입니다. 실리콘과 리튬금속 등을 사용했을 때보다 안전성, 부피변화[45(76)](형상의 안정성) 측면에서 우수하지만, 전기에너지 저장 능력은 떨어지는 문제가 있습니다. 즉 흑연을 사용함으로써 리튬금속의 덴드라이트에 의한 화재 발생 문제는 일정 부분 제어가 가능해져 안전성이 보완되었죠. 반면 리튬금속 덩어리에 있는 수많은 리튬원자 대신 작고 일정한 수의 리튬이온들만 흑연에 층간삽입을 하다 보니 전체적으로 전자의 수에서는 큰 손해를 보게 된 것이에요. 좀 더 구체적으로는 무게당 이론용량(단위: [mAh/g]) 기준으로 비교하였을 때, 대략 10배 정도 작습니다.[46(77)] 그런데 고체전해질이 개발되면 리튬금속에서 덴드라이트가 자라는 것을 막고, 실리콘의 부피 팽창을 억제할 수 있을 것으로 기대하기 때문에 흑연을 리튬금속이나 실리콘으로 대체할 수 있습니다. 그렇게 되면 현재의 리튬이온배터리에 비해 전고체배터리의 전기에너지 저장 능력이 대폭 향상될 것으로 연구자들은 예상합니다.[78]

....
45. 부피변화비교: 흑연(13.2[%]), 실리콘(400[%]), 리튬금속(50회 충·방전 후 100[%]).
46. 이론용량비교: 흑연(372[mAh/g]), 실리콘(3579[mAh/g]), 리튬금속(3860[mAh/g]).

전고체배터리를 연구하는 과학자들은 어떤 재료들을 눈여겨 보고 있을까요? 고분자(폴리머) 재료 혹은 산화물이나 황화물과 같은 세라믹 재료 등이 주요 후보로 꼽힙니다.[79]

산화물계 세라믹 재료와 황화물계 세라믹 재료 기반의 고체전해질은 간단히 산화물계 혹은 황화물계 고체전해질이라고 합니다. 전고체배터리 연구에 핵심이 되는 재료들이기도 하지요. 최근 배터리회사나 정부출연연구기관[47] 주도로 이들 재료에 대한 연구가 활발히 진행 중입니다. 특히 황화물계 고체전해질이 많은 기대와 주목을 받고 있어요. 황화물계 고체전해질 분야는 우리나라 배터리회사들도 상당 부분 앞서가는 분야이기도 합니다.

. . . .
47. 운영재원의 일정 부분 이상을 국가출연금으로 충당하는 연구기관이다.

배터리팩 수준에서의 전기에너지 저장 능력 향상은 추가적인 공간 확보와도 관련이 있습니다. 대표적인 예로 전고체배터리는 고체전해질을 사용하므로 열폭주의 발생 가능성이 낮아집니다. 따라서 배터리팩의 온도를 제어해 주는 냉각장치와 같은 부가적인 기계 장치들의 필요성도 대폭 감소할 것입니다.[80] 결과적으로 그만큼 배터리팩의 배터리 저장 공간을 더 확보할 수 있을 테니 추가로 전고체배터리를 더 채울 수 있겠죠. 그렇게 된다면 현재 있는 공간을 더 효율적으로 활용하여 전기에너지 저장 능력을 향상시킬 수 있을 것으로 배터리 과학자들은 기대하고 있습니다.

▥ 전고체배터리는 언제 상용화될까?

기존 배터리의 한계점을 보완하는 전고체배터리는 '꿈의 배터리'라는 별칭으로도 불립니다. 하지만 상용화를 위해서는 아직 해결해야 할 중요한 문제점들이 남아있습니다. 예컨대 황화물계 고체전해질은 전고체배터리 현실화의 유력한 후보 중 하나로 많은 기대를 받고 있습니다. 하지만 여전히 '원가' 같은 주요 문제가 해결되지 않아 대량생산의 걸림돌이 되고 있지요. 그럼에도 몇몇 기업들은 이미 공개적으로 전고체배터리 양산 시기를 밝히기도 했습니다.

우선 한국 배터리 3사 중 S사는 황화물계 고체전해질 기반의 전고체배터리를 2024년부터 오는 2026년까지 A샘플, B샘플, C샘플[48]을 차례로 개발하고, 2027년부터는 450[Wh/kg]의 에너지밀도[49(81)]를 가진 전고체배터리의 생산을 시작할 것이라는 로드맵(Roadmap)을 밝혔지요.[(82)] 한국 배터리3사의 경쟁자인 중국 배터리 기업들 중 하나인 C사는 전기자동차용 전고체배터리의 소량생산 시기를 최소 3년 이후로 전망하였습니다. 다만 이 기업조차 좀 전에 언급한 '원가' 등의 주요 문제는 아직 해결하지 못했음을 시인했죠.[(83)] 그런

....
48. 배터리회사에서 자동차회사에 새로운 전기자동차 모델에 사용될 리튬이온배터리 샘플을 제공할 때 각 개발 단계별로 구분하여 부르는 말이다. C샘플이 대량생산 가능한 수준의 샘플을 의미한다.

49. 리튬이온배터리의 에너지밀도는 아래의 식에서 구할 있다. 공칭전압과 방전용량은 리튬이온배터리에 표기된 값을 사용하면 된다.

$$\text{에너지밀도}[Wh/kg] = \frac{\text{총전기에너지}}{\text{리튬이온배터리의 총무게}} = \frac{\text{공칭전압}[V] \times \text{방전용량}[Ah]}{\text{리튬이온배터리 구성물질 무게의 총합}[kg]}$$

데 최근 중국 자동차회사들은 전고체배터리를 탑재한 전기자동차의 출시를 더 앞당기겠다는 발표를 내놓고 있기도 합니다. 이 발표대로 라면 상용화 시점이 한국 배터리회사인 S사보다 1년 앞서겠지만, 실현 여부는 아직 장담할 수 없습니다.

황화물계 고체전해질 연구는 우리나라 배터리회사들이 두각을 나타내는 분야이기도 합니다. 하지만 사실 이 분야는 일본의 유명 자동차회사인 T사에서 오랜 시간 주도권을 가지고 연구를 추진해 왔지요.[84] 2012년 일본 도쿄공업대학(Tokyo Institute of Technology)의 료지 칸노(Ryoji Kanno) 교수님이 LGPS($Li_{10}GeP_2S_{12}$)로 불리는 황화물계 세라믹재료를 발견했습니다.[85] 특히 LGPS의 상온(Room Temperature) 리튬이온 전도도가 약 $1.2 \times 10^{-2}[Scm^{-1}]$로서 액체전해질의 리튬이온 전도도[50] 대비 우수한 것으로 알려지면서 많은 기대를 받기 시작했습니다. 이때부터 T사는 LGPS 포함 다양한 황화물계 고체전해질 관련 연구를 진행하였고, 이를 기반으로 지난 도쿄 올림픽에서 프로토타입(Prototype) 전고체배터리 전기자동차를 전시한다는 계획을 발표했지만, 실행되지 못했죠.[86] 최근 보도를 보면 2026년 소량생산[87] 2027년 이후 생산량 증대 계획을 발표하였습니다.[88] 다만 발표된 로드맵 대비 실행되는 시점이 자꾸 늦춰지는 것으로 미뤄볼 때, 상용화 도달을 위해 극복해야 할 어려움들이 제대로 해소되지 않았음을 방증합니다.

....
50. 액체전해질의 리튬이온 전도도는 상온에서 $10^{-2}[S \cdot cm^{-1}]$ 수준이다.

전고체배터리가 지금의 리튬이온배터리를 대체하려면 좀 더 연구 개발이 필요해 보이죠? 그런데 이미 상용화된 전고체배터리가 있기는 합니다.

처음으로 시장에 등장한 고체전해질은 1975년 영국의 과학자 피터 라이트(Peter Wright)가 발명하였는데, 폴리머재료인 PEO(Polyethylene Oxide)를 기반으로 한 것이었습니다. 프랑스의 볼로레(Bollre)사는 이 폴리머 전해질이 사용된 전고체배터리를 상용화합니다. '리튬금속폴리머(LMP, Lithium Metal Polymer)배터리'로 불리는데, 리튬이온배터리에 사용되던 산화 환원 물질 중 하나인 흑연 대신 리튬금속을 사용하였기 때문이죠. 이 배터리를 탑재한 최초의 전기자동차가 블루카(Blue Car)입니다. 폴리머 고체전해질이 사용된 전고체배터리가 사용된 이 블루카는 이탈리아의 피닌파리나(Pininfarina)사와 프랑스의 르노(Renault)사가 생산하였죠.[89]

출퇴근용으로 적합한 블루카는 파리(Paris)시에서 추진한 자동차 공유(Carsharing) 프로그램에 선정되었고, 2011년에 처음으로 파리에서 운행을 시작하였습니다.[90]

하지만 아마 이 폴리머 전해질 기반의 전고체배터리는 대중에게 생소할 것이에요. 그 이유는 리튬이온배터리를 대체할 만큼 널리 보급되지 못했기 때문이죠. 상온에서 폴리머 전해질의 리튬이온 전도도는 $5 \times 10^{-5}[S \cdot cm^{-1}]$[91]로서 좋지 않습니다. 따라서 블루카는 배터리팩의 온도를 항상 80~90[℃][92]로 유지해야 하죠. 이 온도에서의 리튬이온 전도도가 대략 $1.5 \times 10^{-3}[S \cdot cm^{-1}]$ 수준입니다.[93]

고온임에도 불구하고 상온에서 액체전해질의 이온전도도도인 $10^{-2}[S \cdot cm^{-1}]$ 수준과 비교해 볼 때, 결코 우수하다고 볼 수 없습니다. 이러한 단점으로 인해 상용화에는 성공하였지만, 자동차 공유 프로그램과 같은 틈새시장에만 보급된 것입니다.

황화물계 고체전해질뿐만 아니라, 산화물계 고체전해질에 대한 연구도 활발히 진행 중입니다. 현재까지 공개된 상용화 로드맵만 놓고 보면 황화물계 세라믹 재료와 비슷한 시기에 산화물계 고체전해질도 상용화에 도달할 수 있다고 전망합니다. 그러나 제품의 조성이나 생산 방법 등 아직 공개되지 않은 핵심 내용들도 있다 보니 제품의 개발이 계획대로 잘 진행되는지 신중하게 지켜볼 필요가 있습니다.[51]

▐▐▐▌ 배터리 연구의 미래는?

지금까지 리튬이온배터리의 성능을 높이기 위한 연구들을 핵심적인 4가지 물질을 중심으로 간략히 살펴보았습니다. 아울러 중요한 미래 기술인 고체전해질 관련해서도요. 전고체배터리는 현재 사용되는 리튬이온배터리를 넘어 다음 세대 배터리를 준비하는 기술 분야이고, 성공한다면 '게임 체인저(Game Changer)'가 될 수 있습니다. 하지만 상용화 사례를 찾아보면 대체로 그리 성공적이지 못합니다. 특히 상온에서의 낮은 이온전도도 때문에 한계를 드러내고 있지요. 그 결과 아직은 틈새시장에서 제한적으로만 사용되는 수준에 머무르고 있습니다. 이 말은 곧 리튬이온배터리를 안전이나 성능 측면에서 보완하거나, 아예 현 수준을 뛰어넘어 대체하는 수준

---

51. 고체전해질과 관련된 더 자세한 연구 내용은 이 책의 범위를 벗어나므로 생략한다.

의 상용화에 성공한 고체전해질은 아직 없다는 것이에요. 배터리 과학자들도 쉽게 해결하기 어려울 만큼 높은 기술적인 장벽이 가로막고 있는 거죠.

앞으로 폴리머 재료 혹은 산화물이나 황화물로 대표되는 세라믹 재료 중 하나가 액체전해질을 대체하여 시장에 널리 보급될 정도로 빠르게 기술이 성숙해질지 아니면, 전혀 새로운 형태의 고체전해질 재료가 세상에 깜짝 등장할지도 예측하기가 쉽지 않습니다.[94] 그러나 분명한 것은 전고체배터리의 상용화는 전에 없던 새로운 공급망(Supply Chain)이 구축된다는 뜻이고, 이는 곧 하나의 산업으로 발전하게 된다는 의미입니다. 또 한 가지 분명한 것은 어려운 이 기술 분야에서 상용화라는 목표를 성취하는 국가나 회사는 남들이 쉽게 따라올 수 없는 진입장벽의 보호를 받으며 한동안 그 열매가 안겨줄 달콤한 풍요를 누리게 될 것이라는 점이에요.

자, 여러분은 어떤 재료가 최종적인 승자가 될 것이라고 예상하나요? 상온에서의 리튬이온 전도도가 높고 구체적인 로드맵이 언론매체에 발표된 황화물계 고체전해질이 가장 가능성이 있어 보이나요? 아니면 현재 리튬이온배터리의 성능과 안전성 수준이 더욱 향상되어 결국 절대적인 승자가 될까요? 다양한 고체전해질 재료를 개발하기 위해 지금도 연구에 몰두하는 배터리 과학자들의 도전이 향후 어떤 결실로 이어질지 궁금하지 않나요?

05

지속가능한 미래

전기자동차는 정말 친환경적일까?

지구온난화와 기후변화는 이제 전 세계의 지속가능한 미래를 위협하고 있습니다. 이에 세계 각국에서 문제해결을 위한 다양한 전략이 논의되는 가운데, 온실가스를 배출하지 않는 전기자동차의 보급도 해결 방안의 하나로 꼽힙니다. 이 전략은 정말 유효한 것일까요? 지금까지 우리는 전기자동차의 동력원으로 가장 널리 사용되는 리튬이온배터리의 이모저모를 알아보았죠. 이제 끝으로 친환경의 관점에서 전기자동차를 바라보려 합니다.

지구온난화가 가져온 정책의 지각변동

요즘은 세계 곳곳에서 기후변화를 넘어 기후재앙이라는 말마저 들려옵니다. 세계기상기구(WMO, World Meteorological Organization)에 따르면, 지구의 평균온도는 산업혁명 이전보다 약 1.09도가 높아졌다고 합니다. 즉 100년 남짓한 기간이죠. 이는 과거 1000년 동안 유례를 찾아볼 수 없을 만큼 가파른 상승폭입니다.

어쩌면 '겨우 1.1도인데 왜들 난리야?'라고 생각할 수도 있습니다. 하지만 지금 같은 급격한 온도 상승은 지구 스스로 조절할 수 없는 상황을 초래해 생태계 전반에 크나큰 위협이 될 것이라고 합니다.

이미 우리도 일상에서 기후변화를 체감하고 있습니다. 2022년 유엔기후변화협약 당사국총회에서 유엔 사무총장 안토니우 구테흐스(Antonio Guterres)는 다음과 같이 발언하기도 했습니다.

> "우리는 지금 기후변화의 지옥으로 향하는 고속도로에서 가속 페달을 밟고 있다."[1]

특히 지구온난화의 주요 원인이 온실가스의 배출인 만큼 탄소 배출 제로는 생존을 위한 인류의 과제가 되었습니다. 이미 각 나라에서도 기후변화에 대응하기 위한 다양한 정책을 마련하고 있습니다. 대표적으로 기업이 사용하는 전력 100[%]를 재생가능에너지로 충당하겠다고 약속하는 글로벌 캠페인인 **RE(Renewable Energy)100**[1]이 있습니다. 또한 2050년 기후중립(Climate Nuetral)[2] 달성을 목표로 EU집행위원회에서 2019년 발표한 유러피안그린딜(European Green Deal)도 있죠.[3]

---

1. RE100에 관해서는 251쪽에서 좀 더 자세히 설명하겠다.
2. 인간의 활동이 지구의 기후에 어떤 영향도 미치지 않는 상태이다.
3. 2022년 8월 16일 발효된 미국의 인플레이션감축법(IRA, Inflation Reduction Act)[2]도 기후변화 대응을 포함하지만, 트럼프 행정부에서의 정책 변화 가능성으로 본문에서는 생략하였다.

소비문화를 바꾸는 기후변화와 그린워싱

기후변화의 심각성은 이제 개개인의 소비에도 영향을 미치고 있습니다. 실제로 소비자의 제품 선택 기준이 예전과 달라진 점을 발견할 수 있습니다. 예컨대 이전에는 기능이나 디자인, 가격 정도가 중요한 고려 대상이었다고 하면 최근에는 환경에 미치는 영향을 꼼꼼하게 따지는 소비자들이 늘어남에 따라 친환경이 중요한 소비 기준의 하나로 자리매김한 것입니다.

▥ 친환경 제품이 어필하는 시대

환경을 고려하여 만들어진 제품이라면 조금 비싸도 기꺼이 지갑을 여는 소비자들이 늘어나는 현상에 기업들이 주목하고 있습니다. 한 기사에 따르면 기존 제품 대비 12[%] 정도 비싸도 사겠다는 소비자들이 늘고 있다고 합니다.[3]

그리고 현 60~70대인 미국의 베이비부머(Baby Boomer)[4] 세대도 제트 세대(Gen Z)들 못지않게 친환경에 관심이 높다고 하네요. 즉 젊은 세대만 환경을 의식하는 것이 아니라는 것이죠. 기업들도 이를 잘 알고 있기 때문에 관련 기업정책 개발이나 친환경 제품 개발에 노력하고 있습니다. 기후변화가 경제 활동에 큰 영향을 미치고 있는 시대가 되고 친환경 제품이 소비자들에게 어필되는 시대가 된 것입니다.

▥ 친환경을 가장한 그린워싱 주의보!

환경문제에 대한 소비자들의 의식이 높아지는 상황에서 최근 유럽에서는 이른바 **그린워싱(Greenwashing)**을 하는 제품들을 걸러내자는 법안이 유럽의회에서 논의되고 있습니다. 그린워싱이란 소비자들에게 어떤 제품이 환경에 미치는 영향에 대해서 거짓 인상을 심어주는 것을 말합니다. 근거없이 막연하게 '친환경제품'이라는 문구를 제품에 표기하거나, 탄소발자국(Carbon Footprint)이 감소된다고 하거나, 정부의 인증절차를 거치지 않고 기업이 자체적으로 만든 친환경 라벨을 붙이는 일 등을 금지하는 것이 법안의 목적입니다.[5] 친환경인 척 소비자를 기만할 수 없게 하고, 정확한 정보만 표기할 수 있게 하자는 것입니다.

우리나라에서도 환경부에서 7가지 환경성적표지 인증제도를 운영하고 있으며 인증을 받은 제품에 한하여 친환경 라벨을 붙일 수 있도록 하는 정책을 2001년부터 시행하고 있습니다.[6] 보통 동종업계 기준으로 친환경 영향력이 우수한 상위 20~30[%] 기업이 인증을 받는다고 합니다. 이런 제품에 '공공기관 녹색제품 의무구매' 대상이 되도록 하는 인센티브 등 다양한 혜택을 제공하고 있습니다.

자동차도 마찬가지입니다. 리튬이온배터리를 사용한 전기자동차의 등장으로 내연기관차의 환경오염을 우려한 소비자의 선택지가 늘어났죠. 하지만 전기자동차를 타기만 하면 정말 친환경이 실현될까요?

또···
뭐가 있지?

#일회용품만_줄인다고_#친환경일까?

**이토록 쓸모 있는
리튬이온배터리 이야기**

전과정평가를 알아보자

혹시 여러분은 어떤 제품을 고를 때 친환경적이다 아니다를 판단하는 기준이 있나요? 대체로 주관적이고 단편적인 기준일 거예요. 예컨대 이런 식이 아닐까요?

- 포장재는 플라스틱보다 종이로 된 것이 친환경이야.
- 환경을 생각한다면 비닐봉투보다 장바구니나 에코백을 사용하는 것이 이롭지 않나?
- 일회용 컵이나 용기 대신 다회용 컵을 사용하면 되나?

일상에서 꾸준히 이런 실천을 반복하는 것은 분명 의미가 있습니다. 하지만 전 과정을 꼼꼼하게 들여다보면 문제점을 발견할 수 있습니다. 예컨대 비닐봉투 대신 천으로 만든 가방을 사용해서 환경에 이로운 효과를 얻으려면 최소 1,000회 이상을 반복해서 사용해야 하는데, 이런 점까지는 고려하지 않는 경우가 대부분이니까요.

그렇기 때문에 기업활동의 결과물인 제품이 친환경적인가 아닌가를 평가하려면 반드시 수치화해서 비교할 수 있어야 합니다. 환경에 미치는 영향을 객관적으로 측정할 수 있을 때 해당 제품을 생산하는 기업, 제품을 선택하는 소비자, 정부의 환경정책입안자 등 이해관계자들의 결정에 근거를 제공할 수 있으니까요. 특히 최근 지구온난화와 직접적인 관련이 있는 이산화탄소의 경우 예를 들어 어떤 공장에서 특정 제품을 생산할 때 몇 톤의 이산화탄소(CO_2)가 발생하는지 측정하여 수치를 제시할 수 있다면 그 공장이 미치는 환경영향 중 이산화탄소 배출 분야의 심각성 정도에 대해 객관적으로 파악할 수 있을 것입니다.

그런데 공장에서 제품을 생산한다는 것은 원재료를 가져와서 이를 가공하는 것이므로 제품과 이어진 공급망(Supply Chain)이 형성됩니다. 즉 예를 들어 '광물-중간재료-완제품'과 같은 공급망이 만들어지는 식이에요. 이를 다른 말로는 제품의 가치사슬(Value Chain) 혹은 생태계(Ecosystem)라고도 합니다. 따라서 진정한 친환경은 만들어진 제품, 즉 최종 단계는 물론 제품이 만들어지기까지 공급망 전반에서 발생하는 이산화탄소를 포괄적으로 측정해야 합니다. 그리고 이를 이해관계자들과 공유한다면 더 확실한 영향력을 알 수 있겠죠. 즉 어떤 제품이 생산되어 소비자에게 선택받고, 사용되고, 소비자의 손을 떠나 폐기되기까지 제품의 일생 동안 발생하는 이산화탄소의 총량을 계산할 수 있다면 정확하고 객관적인 평가가 가능할 것입니다. 이처럼 어떤 제품과 연관된 공급망 전반에 걸쳐 이산화탄소의 총량을 계산하는 환경영향평가 도구 중 최근에 많이 사용되는 것이 **전과정평가(Life Cycle Analysis)**입니다.

전과정평가 방법을 최초로 사용하여 제품의 환경영향을 평가한 기업은 글로벌 음료회사 코카콜라입니다.[7] 인류가 달에 첫걸음을 내디딘 해인 1969년에 실시하였죠. 코카콜라는 다양한 포장재료(예, 유리용기, 플라스틱용기) 생산을 위해 방출되는 매연과 폐기물의 어떤 제품의 생산부터 폐기까지 모든 단계에서 방출하는 이산화탄소의 양을 계산하는 것은 사업을 영위하는 회사 입장에서 결코 확보하기 쉽지 않은 데이터(Data)입니다. 제품 하나에 얽힌 공급망 내에 존재하는 모든 회사들의 이산화탄소 방출량에 대한 정보를 알아야 하기 때문이죠. 그래서 어떤 회사에서 자신이 생산하는 제품에 대한 이산화탄소의 총배출량을 계산하고자 할 때 아마 부족한 데이터가 많을 것입니다.

이때 부족한 이산화탄소 발생량 데이터는 **LCI(Life Cycle Inventory)**에 등록된 데이터를 활용합니다. 예를 들어 A회사에서 제품 P를 생산하거나 고객에게 운송할 때 발생하는 이산화탄소 양을 정확히 측정하고 이를 LCI에 등록해 두었다면 동일 업종에 있는 B회사도 유사한 R제품의 생산 및 운송에 동일한 이산화탄소 양이 발생한다고 가정하고 이를 사용하는 것입니다. 이처럼 산업마다 제품별 표준 이산화탄소 발생량을 측정한 후 이를 등록하여 데이터베이스(Database)를 구축하는 활동을 하는데 '구축된 데이터베이스'를 'LCI'라 합니다. 그래서 우수한 품질의 이산화탄소 발생량 데이터, 즉 실제 상황이 잘 반영된 정확한 데이터가 확보된 LCI를 구축하는 것은 전과정평가의 기초가 됩니다. 물론 실제 이산화탄소 발생량 데이터를 모두 측정할 수 있다면 가장 정확한 값을 얻을 수 있겠죠. 또한 LCI는 상품 기획을 할 때 친환경적인 반응 과정이나 방법을 선택하기 위한 수단으로도 활용될 수 있습니다. 즉 어떤 공정을 개발하기 전에 환경에 미칠 영향을 시뮬레이션(Simulation)을 통해 예측해 보는 거죠. 프로젝트 초기 단계에서 개발 방향을 정하는 데 활용하기도 합니다.

전과정평가

전기차가 진정 친환경이 되려면 가치사슬에 얽힌 전 과정이 친환경인지를 들여다볼 필요가 있다.

총량, 에너지 사용량, 생산단가 등을 알기 위해 원재료와 사용되는 연료의 종류 등을 포함한 공급망 전체에 대한 전과정평가를 실시하였습니다. 이는 당시 미국의 개척자적인 시대정신과 경제적인 관점에서 회사 내부적으로 진행한 것이었죠. 이후 전과정평가는 지속 발전되어 오늘날에 환경영향평가를 위한 중요한 도구가 되었습니다. 포장재료뿐 아니라 인류문명이 만들어내는 모든 제품에 대하여 전과정평가가 가능하다는 뜻입니다. 이러한 개념에 기초하여 이야기를 이어가 봅시다.

전기자동차가 환경에 미치는 영향

지금부터 전기자동차가 환경에 미칠 영향력에 대해서 조금 더 살펴봅시다. 전기자동차는 여러 산업 분야가 협력하여 2050년까지 이산화탄소 배출량을 영(Zero, 0)으로 만드는 **탄소중립** 목표 달성을 위한 미래 모빌리티(Future Mobility) 분야의 핵심 전략인 것은 이미 이야기했었죠? 또 지구의 평균 온도가 산업화 이전 대비 2도 이상 오르지 않도록 합의한 파리기후협정을 위해서도 탄소중립 달성은 필수입니다. 그동안 내연기관자동차가 배출해 온 온실가스 비중이 상당했던 만큼 전기자동차에 거는 기대감도 높아졌죠.

거리에서 내연기관자동차가 모두 사라지고, 전기자동차만 운행한다고 가정할 때, 어떤 일이 일어날지 예측해 볼까요? 전기자동차

도로를 달리는 전기버스

전기버스는 리튬이온배터리가 방전할 때 나오는 전기에너지를 얻어 도로를 달린다. 매연이 배출되는 배기관(Tail Pipe)도 없다. 즉 운행 중에는 이산화탄소의 배출량이 없다. 그런데 과연 이것만으로 전기버스는 '친환경'이라고 말할 수 있을까?

는 내연기관자동차와 달리 운행 중에는 이산화탄소가 발생하지 않습니다. 최소한 운행 중에는 이산화탄소 걱정은 하지 않아도 된다는 뜻이죠. 따라서 전기자동차로 바뀌면 거리를 꽉 채운 자동차들이 내뿜는 배기가스로 인한 대기오염은 없을 테니 친환경적이라고 말할 수 있겠네요. 그런데 과연 이것만으로 충분할까요?

지금은 거리에서 '친환경전기버스'라는 홍보 문구를 외부에 붙인 채 운행 중인 전기버스를 쉽게 볼 수 있습니다. 사람들이 많이 이용하는 대중교통이 점점 친환경 전기차로 바뀌는 것에 대해 흐뭇함을 느끼는 독자도 있을 것이에요. 하지만 앞서 이야기했던 전과정 평가의 관점에서 생각해 본 적은 별로 없을 것입니다. 물론 주행 중

배기가스를 내보내지 않는 것만으로도 분명 장기적으로 환경에 의미 있는 변화를 가져올 것입니다. 하지만 우리는 한발 더 나아가 좀 더 넓게 바라보기로 합시다. 즉 지금부터 앞서 소개한 전과정평가의 내용을 생각하면서 전기자동차와 관련된 이산화탄소의 배출량을 어떤 관점으로 바라봐야 제대로 평가할 수 있는가에 대한 해답을 한번 찾아볼까요?

왜 관점을 확장해야 하는가?

전기차가 진정한 친환경이 되기 위해서는 전 과정, 즉 주행뿐만 아니라 생산부터 폐기까지 아우르도록 관점을 확장해야 합니다. 예컨대 전기자동차를 운행하다 거의 방전되면 충전소를 찾아서 충전을 해야 하죠. 그런데 이때 화석연료에 의해 만들어진 전기에너지로 충전한다면 전기자동차 사용 중 화석연료 연소에 의한 이산화탄소가 배출되는 것입니다. 그렇기 때문에 **에너지 전환(Energy Transformation)**[4]이 중요합니다.

왜 이것이 중요한지 석탄 화력발전에 의존도가 높은 인도네시아의 예로 살펴봅시다. 인도네시아는 에너지 생산에서 석탄 화력발전이 차지하는 비중이 전체의 54.8[%]로 높습니다. 인도네시아에서

....

4. 에너지의 공급 체계를 화석연료와 같은 지속불가능한 방법에서 재생가능에너지를 비롯한 지속가능한 방법으로 바꾸는 것을 말한다.

전기자동차를 사용한다고 하면 전기자동차 모델에 따라 이산화탄소 발생량이 100~200[g/km] 정도로 계산됩니다.[9] 한편 내연기관자동차의 경우는 250~270[g/km]으로 계산되지요.

내연기관자동차보다는 전기자동차의 이산화탄소 발생량이 분명 더 작지만, 생각보다 큰 차이는 없죠? 따라서 인도네시아처럼 석탄화력발전 의존도가 높은 나라에서라면 내연기관보다는 조금 낫긴 하겠지만, 전기자동차를 사용해도 상당량의 이산화탄소가 계속 발생할 수밖에 없는 것이에요.

이번에는 관점을 더 확장해 봅시다. 전기자동자를 사용하는 기산뿐만 아니라, 전기자동차가 공장에서 생산되는 과정까지 포함하는 거죠. 현재 조립 로봇을 비롯해 전기자동차회사의 공장 내 각종 장비들을 구동하는 데 필요한 전기에너지는 어디에서 올까요? 벌써 예상했겠지만, 역시 상당 부분 화력발전에 의존합니다. 또한 전기자동차에 들어가는 부품 생산 과정도 사정이 크게 다르지 않죠. 리튬이온배터리를 비롯한 전기모터, 차체, 시트, 전기장치 등 각종 부품들도 각 공장에서 생산될 때 주로 화력발전에 의해 공급된 전기에너지가 사용되고 있으니까요.

각 부품회사에 필요한 재료(예, 산화 환원 물질)를 공급하는 재료회사들과 재료회사에 광물을 공급하는 광물회사들이 사용하는 장비들도 화력발전으로 공급되는 전기에너지로 작동됩니다. 그뿐만이 아닙니다. 회사와 회사 간에 광물, 중간재료 및 부품 등의 운반에는 여전히 내연기관에서 동력을 얻는 운송수단이 대부분을 차지

하므로 역시 다량의 온실가스가 배출되죠.[5]

관점의 확장은 이것만으로 충분하지 않습니다. 사용 이후로 논의를 조금 더 넓혀 봅시다. 왜냐하면 전기자동차를 천년만년 사용할 수 있는 건 아니니까요. 앞서 살펴보았듯 배터리와 함께 수명이 정해져 있기 때문이죠. 사용 후에는 다음과 같은 것들을 생각해 볼 수 있습니다.

- 폐차하는 과정에서는 이산화탄소가 배출되지 않을까?
- 수명에 도달한 전기자동차용 리튬이온배터리를 다른 용도로 재사용(Reuse)하거나 핵심 금속(리튬, 코발트, 니켈 등)을 추출하는 재활용(Recycle) 과정에서는 어떨까?

이러한 과정에서도 주로 화력발전소에서 오는 전기에너지에 의존하므로 당연히 이산화탄소가 배출됩니다. 따라서 전기자동차의 폐차나 재사용 및 재활용을 위한 과정들도 결코 친환경적이지는 않음을 알 수 있죠. 결국 전기자동차는 달릴 때 빼고는 상당한 이산화탄소를 배출하는 셈입니다.[10] 즉 전기자동차 생산의 첫걸음인 리튬 원료 확보부터 중간재료와 리튬이온배터리의 생산, 전기자동차 조립 및 이후 사용, 폐차, 재사용, 재활용까지 모든 과정에 연관된 회

....

5. 2023년 호주에서 100[%] 전기로만 움직이는 대형 화물열차가 세계 최초로 데뷔한다는 발표가 있었고, 선박의 경우 중소형 선박을 중심으로 전기선박으로 전환되기 시작했다. 전기비행기는 2030년 상용화될 거라는 전망이 있지만, 아직 시범 비행 수준이다. 종합적으로 볼 때, 아직은 내연기관을 사용하는 운송수단 비중이 압도적이다.

사들의 모임을 **공급망(Supply Chain)**이라 하는데, 공급망에 속한 각 회사들이 기업활동을 하는 중에 이산화탄소가 끊임없이 발생하는 것이에요.[11]

결국 이산화탄소의 총발생량은 발전에 사용되는 에너지원 비율인 **전원믹스(Electricity Mix)**의 국가별 상황에 크게 의존함을 알 수 있습니다(전원믹스는 250쪽 글상자 참조). 전기자동차 공급망에 속한 기업들이 전 지구적으로 분포하고 있기 때문이죠. 예컨대 노르웨이는 재생가능에너지 비율이 무려 98.3[%](2022년 기준)에 이릅니다. 자연히 전기자농차를 사용하는 전 기간의 이산화탄소 발생량 역시 적을 거라고 예상할 수 있습니다. 한편 우리나라는 석탄 화력발전이 차지하는 비율이 32.5[%](2022년 기준)로 화석연료를 에너지원으로 사용하는 비율이 여전히 높은 편입니다. 따라서 같은 기간 전기자동차를 사용할 때의 이산화탄소 발생량이 노르웨이보다는 훨씬 많을 것으로 예상됩니다.

이렇게 전기자동차의 요람에서 무덤까지 전체 과정의 관점에서 이산화탄소 발생량이 어느 정도인지 계산해 보는 것을 **전과정평가(Life Cycle Analysis)**라 합니다. 이렇게 전체를 놓고 계산해 봐야 대기로 방출되는 이산화탄소의 총량을 알게 되어 전기자동차의 사용이 이산화탄소의 감소에 실제 기여한 정도를 정확하게 파악할 수 있죠.

또 비록 이산화탄소가 온실가스의 대부분을 차지하지만, 그 외의 온실가스도 있기 때문에 좀 더 정확한 분석을 위해 각 가스의 온실효과를 이산화탄소 기준으로 환산하는 '환산계수'를 곱하여 이산화

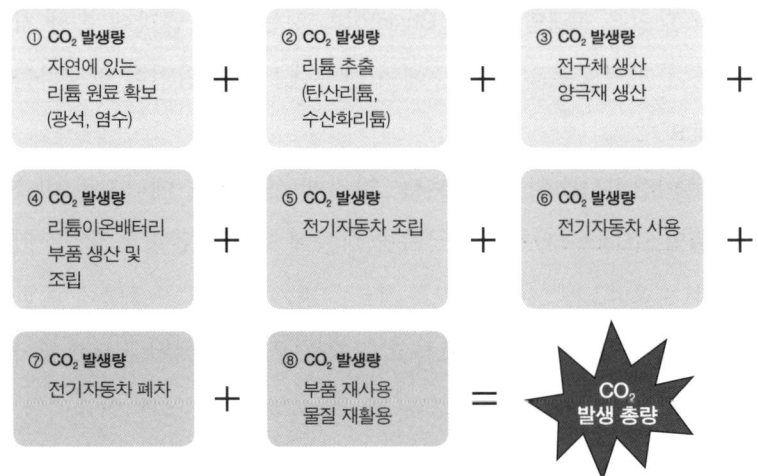

전과정평가

주행뿐만 아니라 전기자동차와 관련된 모든 과정에서 CO_2 발생량을 고려하는 것이다.[12]

탄소의 배출량으로 환산한 후 모두 더해줍니다. 예컨대 메탄(CH_4)의 환산계수는 25로, 메탄 1[kg]은 이산화탄소 25[kg]과 같지요. 이처럼 온실가스 종류에 각각의 환산계수를 곱하여 이산화탄소에 해당되는 양으로 환산하는 것은 마치 각국 화폐를 달러로 환전해 돈의 가치를 비교하는 것과 유사합니다. 이렇게 계산해서 나온 온실가스의 총량을 이산화탄소환산량($CO_{2\text{-}eq}$)[13]이라고 한다는 점도 꼭기억해 주세요. 앞으로 관련 정보를 볼 때, '이산화탄소량'인지 혹은 '이산화탄소환산량'인지 구분할 수 있겠죠?

　내연기관자동차와 전기자동차의 온실가스 발생량을 '요람에서 무덤까지', 즉 전과정평가 관점에서 분석한 자료(2021년 기준)가 있어서 소개합니다. 이 자료를 보면 전기자동차에서 방출된 총이산화탄소환산량은 39[tCO$_{2\text{-eq}}$]^{6}이고, 내연기관자동차는 55[tCO$_{2\text{-eq}}$]으로 계산됩니다.[14] 여러 보고서가 나온 만큼 계산된 값들 간에 차이는 있습니다. 다만 한 가지 분명한 건 전기자동차가 일생동안 방출한 온실가스 총량이 내연기관자동차 대비 더 작다는 점이죠. 즉 전기자동차의 사용이 내연기관자동차의 사용 대비 온실가스의 감축에 효과적이라는 점에는 이견이 없는 것 같습니다. 따라서 우리는 이런 자료들을 근거로 전기자동차가 내연기관자동차보다 친환경적이라고 판단할 수 있는 것이에요.

최근 우리나라의 H사 등 글로벌 7개 자동차회사를 중심으로 전기자동차 산업에 대한 이산화탄소 발생 동향 연구 결과를 살펴보면 재생가능에너지원에 의한 발전이 증가되고, 재활용 소재를 적극 활용하는 등 친환경적인 방식의 전기자동차 생산에 유리한 긍정적인 시나리오의 경우 전기자동차 공급망(Supply Chain)에서 발생하는 이산화탄소 총량을 2020년 대비 2050년까지 47[%] 정도 감소시킬 수 있다는 가능성이 제시되었습니다.[15] 이산화탄소를 배출하는 가장 큰 부문은 '원료채취에서 전기자동차 생산'과 '전력생산을 위한 발전'이었고, 이 둘을 합하면 98~99[%] 정도의 비율을 차지하였습니다. 폐차 이후의 기업활동에서 배출되는 이산화탄소의 양은 상대적으로 적은 1~2[%]였습니다.

그러나 과학자들은 전기자동차 공급망의 이러한 노력에도 불구

....
6. '이산화탄소환산량 톤'이라는 뜻. 즉 39톤의 이산화탄소환산량이다.

하고 2050 탄소중립 목표를 달성하기에는 감축량이 아직 19[%] 정도 부족하다는 지적입니다. 전기자동차의 차체 등에 사용되는 주요 재료인 스틸(Steel), 알루미늄(Aluminium), 플라스틱(Plastic)과 동력원으로 사용되는 리튬이온배터리를 생산하는 각 회사에서의 온실가스 감축 노력 계획이 잘 실행된다고 해도 탄소중립 달성을 위해 요청되는 기여분 대비 부족하다는 것이죠. 참고로 리튬이온배터리 생산기업들은 현재 114.4[kg·CO$_{2-eq}$/kWh][7] 수준의 이산화탄소환산량을 10.3[kg·CO$_{2-eq}$/kWh]로 91[%] 감축하겠다는 목표를 세우고 있습니다.

기업에서도 당연히 다양한 노력을 기울여야겠지만, 글로벌 전기에너지 생산을 위한 에너지원이 재생가능에너지로 변화되는 시점을 앞당기는 것이 분명 중요해 보입니다.

미래의 중심 에너지는 전기에너지다

지금까지 전기자동차는 친환경이라고 막연하게 생각해 왔을 것입니다. 아니면 조금 구체적으로 운행 중에 내연기관 자동차처럼 온실가스를 배출하지 않기 때문에 친환경이라고 생각했을 것이에요. 하지만 막상 전과정평가의 관점으로 바라보니 에너지 전환이 시급

---

7. 배터리 생산회사에 사용하는 단위다. 우선 전기에너지의 단위 '[Wh] = 공칭전압[V] x 방전용량[Ah]'으로 계산된다. 전기에너지 1[kWh]에 해당하는 배터리 개수만큼 생산할 때 방출되는 이산화탄소환산량이다.

함을 느꼈을 것이에요. 화석연료의 연소에 의한 열에너지가 공급망 내에 있는 기업들의 활동, 즉 생산에서 폐기에 이르는 과정에서 여전히 중요한 역할을 하고 있음을 이해했을 테니까요.

물론 화석연료를 사용한 열에너지가 산업화 이후 현재까지 인류에게 엄청난 편리를 안겨준 것을 부인할 순 없습니다. 하지만 너무 과도한 사용으로 이어져 지금의 지구온난화 문제가 발생하였죠. 이것은 역설적으로 문제해결 방향성을 명확하게 제시해 주기도 합니다. 즉 가까운 미래에 전기에너지를 **재생가능에너지(Renewable Energy) 발전**(태양광, 풍력, 바이오매스 등) 방식으로 생산함으로써 화석연료의 연소 과정, 즉 열에너지의 생산 과정을 궁극적으로 없애기 위한 노력이 지구온난화 문제해결에 불가피함을 깨닫게 해주니까요.

지금까지는 열에너지가 모든 에너지들의 중심적인 에너지였습니다. 즉 열에너지가 필요에 따라 여러 형태의 에너지로 변환되는 모습이었죠. 하지만 미래에는 재생가능에너지 발전에 의한 전기에너지가 중심적인 에너지로서 다른 여러 가지 형태의 에너지로 변환되는 모습으로 나아가야 할 것입니다. 노력하기에 따라 훨씬 더 가까운 미래가 될지도 모르죠.

에너지를 만들어내는 단계부터 이산화탄소를 발생시키지 않을 때, 전기자동차와 연관된 공급망 내의 모든 회사들이 기업활동을 하는 내내 더 이상 이산화탄소를 배출하지 않게 될 테니까요. 그것이 가능해질 때, 비로소 전기자동차도 진정한 친환경자동차로 당당하게 자리매김할 것입니다. 이러한 모습의 사회를 실제로 구현하기 전원믹스(Electricity Mix)란 한 국가의 발전에 사용되는 에너지원 비율입니다. 전원믹스가 태양광, 풍력, 수력 등 재생가능에너지에만 의존한다면 그 국가 내에서 사업을 영위하는 기업들의 이산화탄소 배출량이 없어지고, 그 국가 내에서 전기자동차를 운행한다면 전과정평가에 의한 총이산화탄소 발생량도 상당히 감소할 것으로 생각됩니다. 만일 전 지구적으로 전원믹스가 재생가능에너지에만 의존한다면 지구상의 모든 기업들이 사업을 영위하면서 이산화탄소를 배출하지 않게 될 테니 이런 상황에서 전기자동차를 운행하며 이산화탄소의 발생량은 영(Zero, 0)이 될 것입니다.

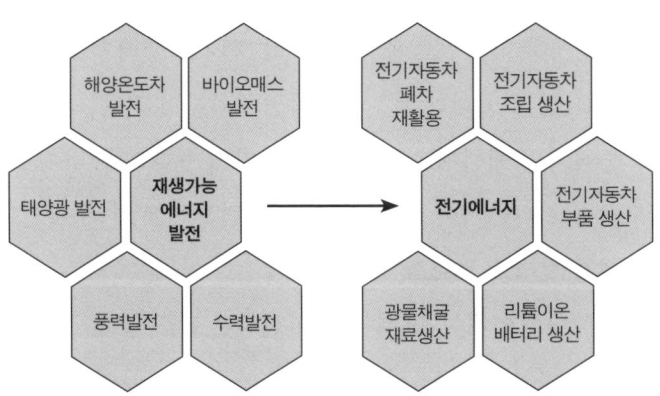

재생가능에너지 발전으로 전기에너지 생산
미래의 중심 에너지는 재생가능에너지에 의해 생산된 전기에너지가 되어야 할 것이다.

위해 전 세계적으로 많은 기업들이 **RE100**[8]에 가입하고 있습니다. RE100에 가입한 회사들은 2040년까지 공장 가동을 포함한 기업활동에 필요한 모든 전기에너지를 재생가능에너지에 의한 발전으로 100[%] 충족시키기 위해 노력하고 있는데 탄소중립을 이루기 위한 매우 중요한 활동입니다. 2040년까지 RE100을 달성하게 된다면 UN에서 진행하고 있는 2050년 Net Zero(이산화탄소 총배출량 영(Zero, 0))를 달성하는 데도 실질적인 도움이 되겠죠.[16]

열에너지 하면 떠오르는 이미지는 '뜨겁게 타오르는 강렬한 불꽃' 같습니다. 실제로 우리 인류가 비교적 짧은 시간 일궈낸 눈부신 성장도 이 열에너지처럼 뜨겁고 거침없었죠. 하지만 이제는 활활 타올랐던 열을 식혀가는 미덕이 필요한 때입니다. 다시 말해 우리는 인류 문명의 발전과 생활의 편리함을 제공하였던 열에너지 시대에서 조금은 쌀쌀맞고 차갑게 느껴지는 전기에너지의 시대로 넘어가는 과도기에 서 있습니다. 골리앗과 다윗의 싸움처럼 크기와 범위에서 열에너지와는 비교도 되지 않는 작은 리튬이온배터리 안에 담긴 전기에너지 또한 변화의 씨앗 중 하나일 것입니다. 우리 혹은 우리의 다음 세대는 어떤 에너지 시대를 마주하게 될까요?

---

8. RE100에는 풍력, 태양광, 수력, 지열 등 재생가능에너지만 포함되며, 원자력을 포함하지 않는다. 이것 때문에 한쪽에서는 원자력을 배제하는 RE100만으로 지속가능하기 어렵다는 이유로 원자력을 포함하는 무탄소에너지(24/7 CFE(Carbon-free Energy)) 정책을 주장한다. 비슷한 예로 환경적으로 지속가능한 경제활동 범위를 정한 유럽연합(EU)의 그린택소노미(Green Taxonomy)도 2020년 처음 발표 당시에는 원자력발전과 천연가스를 배제했으나, 2023년 1월부터 천연가스와 원자력발전을 포함시키기도 했다. 다만 원자력발전이 친환경인가에 관한 논쟁은 이 책의 범위를 벗어나므로 생략한다.

• 에필로그 •

우리가 함께 열어갈
새로운 에너지 시대

지금까지 리튬이온배터리의 작동 메커니즘을 통해 전기자동차를 움직이는 에너지의 실체를 들여다보았습니다. 이 책을 마치기 전에 전기에너지와 함께 새로운 에너지 시대를 열어가기 위한 힌트를 얻고자 합니다.

이 책에서 우리는 눈에 보이는 것들, 예컨대 야구공 또는 행성처럼 거대한 물체가 운동할 때 갖는 물리적인 에너지를 눈에 보이지 않는 전자, 원자, 분자들도 갖는다는 것을 알게 되었습니다. 나아가 이를 통해 물질이 가진 내부에너지와 화학적인 에너지의 의미도 도출해 보았죠. 물질의 화학적인 에너지가 열에너지로 방출되도록 하는 반응은 연소반응이었습니다. 한편 리튬이온배터리의 전기화학 셀에서는 간접적인 방식으로 진행된 산화 환원 반응에 의해 전기에너지로 변환되었죠. 열에너지와 전기에너지는 반응물과 생성물의 내부에너지 차이가 반응 과정에서 외부로 나타나는 서로 다른 에너지의 한 가지 형태임을 알게 되었을 것이에요.

화석연료가 산소와 만나 연소할 때 발생하는 열에너지는 인류의 핵심 성장동력이었습니다. 즉 화력발전소에서 대량생산된 전기에너지가 다양한 형태의 에너지로 변환되며 지금껏 중심적인 에너지원으로서 자리매김했죠. 그 덕분에 오늘날과 같은 문명사회로의 발전이 가능했던 것입니다. 그러나 역설적이게도 화석연료가 만들어내는 그 엄청난 에너지는 편리함을 이유로 과도한 사용으로 이어졌고, 이로 인한 이산화탄소의 폭발적 증가는 **지구온난화**라는 인류의 미래가 걸린 심각한 환경문제를 불러왔습니다.

반면 배터리에 저장되는 전기에너지는 열심히 여기저기 출연하면서도 상대적으로 미미한 역할에 머물러 왔습니다. 그런데 전 세계가 마주한 지구온난화라는 위기 상황은 오랜 시간 좀처럼 주연으로 발돋움하지 못했던 배터리의 전기에너지가 주연급으로 급부상하는 기회를 제공한 것입니다. 특히 다양한 배터리 중에서 리튬이온배터리는 전기화학셀의 높은 전압으로 인한 큰 전기에너지를 생산해낼 수 있는 능력뿐만 아니라, 많은 수의 반복적인 방전 충전을 견딜 수 있는 우수한 내구성을 장점으로 거의 모든 전기자동차의 동력원으로 채택되었고, 가히 전기자동차의 심장이라고 불리게 된 것입니다. 자동차의 동력원이 내연기관에서 리튬이온배터리로 전환되면서 전기자동차는 지구온난화라는 위기에 맞서 싸울 수 있는 다양한 기술적인 방법들 중의 하나로서 전략적 중요성과 영향력이 점차 커지고 있지요. 하지만 아직은 안전 문제를 포함하여 성능을 더욱 올리기 위한 연구가 필요합니다. 무엇보다 생산 및 충전, 폐기 등의 과정까지 완전히 친환경적으로 이루어져야 하는 과제도 함께 힘을 모아 해결해야 할 것입니다.

이 책에서는 전기자동차의 리튬이온배터리에 사용된 산화 환원 물질의 특징들을 중심으로 방전과 충전의 의미를 알기 쉽게 설명하고자 하였습니다. 또한 리튬이온배터리의 성능을 좌우하는 핵심적인 항목들에 대해서도 개념 위주로 살펴보았죠. 더불어 리튬이온배터리의 연구 분야에 대해서도 간략히 소개하였습니다. 오늘날 주요 기업과 연구소에서 진행 중인 연구의 폭과 깊이를 생각해 볼 때 본문에서는 지극히 일부만 다룬 것임을 밝힙니다.

지금 이 순간에도 성능과 안전성이 더욱 향상된 리튬이온배터리를 생산하기 위한 배터리 과학자들의 연구는 계속되고 있습니다. 특히 전기자동차 외에 승객의 탑승이 가능한 드론 형태의 도심항공교통(UAM, Urban Air Mobility), 전기항공기, 전기선박 등 다양한 미래 친환경 운송수단에 리튬이온배터리를 적용하고자 하는 노력이 진행 중입니다. 특히나 하늘을 나는 UAM의 경우 결국 배터리 기술이 성패를 좌우할 것입니다.[1] 앞으로 리튬이온배터리가 어떤 형태로 발전될지 더욱 기대가 됩니다. 어쩌면 이 책을 읽는 독자 중에 향후 이 분야에서 활약하게 될 인재가 탄생할지도 모르겠군요.

또 심각한 기후변화 시대를 살아가는 우리가 함께 무겁게 받아들

잠깐만! 도심항공교통(UAM)[(2)]

UAM(Urban Air Mobility)은 리튬이온배터리에서 공급된 전기에너지로 전기모터에 연결된 프로펠러를 회전시켜 하늘을 나는 큰 드론과 유사합니다.[(3)] 에어택시(Air Taxi)로 불리기도 합니다. 소음과 매연의 발생 없이 공항과 도심의 호텔 등 주요 시설 사이를 빠르게 이동해 승객을 실어 나를 수 있죠. 2050년까지 100개 도시에 9,800대의 에어택시가 운용될 것이라는 전망도 있네요.

2024년 8월 파리올림픽(Paris Olympics)에서는 에어택시를 타고 공항과 경기장 사이를 오갈 수 있을 것으로 기대되었습니다.[(4)] 하지만 최초의 상용 비행을 준비하던 독일의 V사는 올림픽 전까지 항공 인증을 받지 못했죠.[(5)] 항공 인증에 필요한 기술이 아직 준비되지 못한 것이었습니다. 조금 아쉽지만, 에어택시가 도시와 도시를 넘나들며 비행하는 날이 곧 오길 기대해 봅니다.

여야 할 공동 과제인 환경문제도 짧게나마 짚어보았습니다. 앞으로는 리튬이온배터리가 동력원으로 사용되는 전기자동차가 친환경적인가라는 질문에 "네, 전기자동차는 배기가스를 배출하지 않기 때문에 친환경이에요!"라는 단편적 접근에만 머물지 않기를 바랍니다. 비단 전기자동차의 운행에만 국한할 것이 아니라, 충전은 물론 생산과 유통, 폐기 등의 과정 구석구석에서 아직 상당한 이산화탄소가 발생하고 있음을 잊지 말아야 한다는 뜻입니다. 이를 위해 관점을 확장하여 원재료의 채취부터 조립, 운행, 폐기, 재사용 및 재활용까지 전 과정에 걸쳐 이산화탄소의 발생량을 계산해 보는 것이 필요하다는 데 여러분도 동의할 것입니다. 근본적인 이산화탄소 배출량의 감축은 단순히 내연기관 자동차 대신 리튬이온배터리를 사용하는 전기자동차를 운행하는 것만으로는 충분하지 않으니까요.

따라서 에너지가 필요한 전 과정에서 화력발전 대신 재생가능에너지 발전으로 전기에너지 생산 방법의 근본적인 변화가 요구된다는 것도 알 수 있었습니다. 다만 이러한 시도에 대해서는 회의적인 의견도 여전히 많습니다. 무엇보다 재생가능에너지발전만으로는 폭증하는 에너지 소비량을 감당할 수 없다는 이유겠죠.

2024년 미 대선에서 도널드 트럼프가 징검다리 재선에 성공하자, 벌써 국제사회가 함께 추진해온 기후변화 대책에 대한 지각변동을 예상하며 우려하는 이들이 적지 않습니다. 트럼프는 45대 대통령으로 재임하던 때부터 줄곧 재생가능에너지 확대에 회의적인 입장을 드러내며 친환경에너지를 홀대해 왔으니까요. 벌써부터 정권 인수팀에서 전기차 세액공제 폐지가 논의되는 등 환경 정책의 변화가 감지되는 상황입니다. 하지만 에너지 생산 방법의 근본적인 변화는 지구의 지속가능한 미래와도 깊이 관련된 만큼 외면할 수 없는 과제임에 분명합니다.

이 책을 통해 리튬이온배터리를 매개로 물리학, 화학, 환경공학 등 여러 분야를 넘나들며 저마다 다양하게 생각을 확장시킬 기회를 가졌으면 합니다. 특히 책 속의 내용들로 마음껏 사고실험을 해볼 수 있었다면 더 좋겠습니다. 리튬이온배터리에서 일어나는 반응을 통해 전기에너지가 생산되고 저장되는 원리를 다양한 과학적 호기심으로 확장시킨 독자도 있을 것이고, 환경문제에 초점을 맞추어 지구온난화 문제해결을 위해 리튬이온배터리가 사용된 전기자동차를 운행하는 것으로 충분한가 등에 고민하며 에너지 생산이 근본적으로 친환경으로 전환될 필요성에 좀 더 공감한 독자도 있을 것입니다. 어느 방향으로든 생각을 확장시키려는 시도는 그 자체로 충분히 의미 있는 일이라고 생각합니다. 또 좀 더 자세히 알고 싶거나 관심 있는 내용은 관련된 책을 찾아보면 도움이 될 것입니다.

미래에 배터리 연구자를 꿈꾸는 청소년뿐만 아니라 리튬이온배터리에 관해 이런저런 호기심을 갖고 있던 일반인, 배터리 공부에 막 첫걸음을 뗀 입문자에게 이 책이 호기심과 궁금증을 조금이나마 해소해 주는 톡 쏘는 청량음료가 되었기를 바랍니다.

또 다음 페이지부터 본문에 등장하는 몇 가지 용어들에 대한 개념 설명을 좀 더 자세히 덧붙였습니다. 본문에 바로 설명하려니 이야기의 흐름을 끊을 수도 있고, 다소 전문적인 내용들도 포함되어 있어 따로 정리하게 되었죠. 좀 더 자세히 알고 싶었던 개념들에 대한 지적 호기심을 충족시키는 데 도움이 되기를 바랍니다.

• 용어설명 •

본문에서 특정 개념이나 용어가 등장할 때, 가능하면 본문이나 각주에 설명을 덧붙였습니다. 중요하고 기본적인 내용이지만 본문에서 설명하면 내용의 흐름과 이해를 방해할 수 있어 따로 좀 더 자세한 설명을 덧붙이고 싶었습니다. 아울러 중요한 용어들의 간략한 정의도 본문 내용의 명확한 이해에 도움을 주기 위해 따로 용어설명에 추가하였습니다. 이를 가나다순으로 정리해 두면 독자들이 필요한 개념을 좀 더 쉽게 찾아볼 수 있을 거라는 생각에 따로 용어설명을 덧붙입니다. 모쪼록 정리한 내용이 도움이 되었으면 합니다. 다만 지면 관계상 생략한 좀 더 전문적인 내용들은 관련 도서를 찾아볼 것을 권합니다.

- **N/P 비**: 정극(Positive Electrode) 실질용량에 대한 부극(Negative Electrode) 실질용량의 비율이다. 리튬 코발트 산화물($LiCoO_2$)과 흑연(C_6)을 산화 환원 물질쌍으로 사용한 리튬이온 전기화학셀의 경우 부극은 흑연, 정극은 리튬 코발트 산화물에 해당한다. 따라서 N/P 비는 아래 식(i)과 같이 계산된다.

$$N/P\ 비 = \frac{부극의\ 실질용량}{정극의\ 실질용량} = \frac{흑연의\ 실질용량}{리튬\ 코발트\ 산화물의\ 실질용량} \quad \cdots \text{ (i)}$$

- **광자**: 과학자 아인슈타인(Einstein)은 금속의 표면에 빛을 비추면 전자가 튀어나오는 현상인 광전효과를 통해 빛은 진동수에 비례하는 에너지를 갖는 입자인 광자(Photon)라 하였다.[1] 그런데 당시 빛은 또한 반사, 굴절 등 파동의 성질

을 띠고 있다는 것도 알려져 있었기 때문에 아인슈타인의 빛은 입자라는 주장은 모순되는 것 같았다. 이후 과학자들은 과학자 드브로이(de Broglie)가 제안한 빛(광자)은 매우 작은 입자이면서 동시에 반사나 굴절 등 파동(Wave)의 성질도 갖는다는 사실에 동의한다. 이처럼 광자가 입자이면서 파동인 것을 파동-입자 이중성(Wave-particle Duality)이라 한다. 광자의 에너지는 다음의 식(i)과 같이 표현된다.

$$E = h \times f = \frac{h \times c}{\lambda} \quad \cdots \text{(i)}$$

E는 광자가 갖는 에너지 $[J]$, h는 플랑크상수 $(6.63 \times 10^{-34}[J \cdot s])$

f는 빛의 진동수 $[Hz]$, c는 빛의 속도$(3 \times 10^8[m/s])$, λ는 빛의 파장 $[m]$

- **금속결합**: 금속원자들이 모여 고체가 될 때 최외각 전자들이 금속원자들의 속박에서 벗어나 금속원자 사이를 자유롭게 움직이면서 만들어지는 결합이다. 이 전자들을 자유전자라 한다. 자유전자들은 음의 전하를 띠고 금속원자의 나머지 부분(결합에 참여하지 않는 전자들과 핵)은 양전하를 띠게 되므로 상호 끌어당기는 인력이 발생한다. 각 금속원자에서 나온 음전하를 띤 자유전자들을 전자구름이라고 하면 양전하를 띤 금속원자의 나머지 부분은 전자구름에 박혀 있는 것으로 본다.[2] 이는 마치 백설기(전자구름)에 건포도(원자의 나머지 부분)가 일정하게 박혀서 정렬되어있는 모습이다. 한편 공유결합이나 이온결합 화합물에서는 전자들이 고체 내부에서 자유롭게 움직이지 못한다. 따라서 금속결합에서 관찰되는 자유전자들은 금속결합의 중요한 특징이다.

- **네른스트 식**: 방전 혹은 충전 중인 전기화학셀의 전압 변화는 과학자 네른스트(Nernst)가 제시한 식(i)을 사용해서 계산이 가능하다. 다음의 식(i)에서 Q는

반응지수이므로 전기화학셀의 전압은 생성물이 줄어들고 반응물이 늘어날수록 감소하게 된다. 리튬이온 전기화학셀의 OCV도 아래의 식을 활용하여 예측할 수 있다.

$$E = E^O - \frac{R \times T}{n \times F} \times (\ln Q) = E^O - \frac{2.3 \times R \times T}{n \times F} \times (\log Q) \quad \cdots \text{(i)}$$

E는 산화 환원 반응이 진행되는 동안의 전기화학셀의 전압[V]

E^O는 표준상태에서 전기화학셀의 전압[V]

R은 이상기체상수 $8.134[J/mol \cdot K]$, T는 절도온도[K]

n은 산화 환원 반응시 이동하는 전자의 몰수[mol], Q는 반응지수

F는 패러데이 상수 $96,487[C/mol]$

ln은 밑을 e로 하는 자연로그, log는 10을 밑으로 하는 상용로그

- **리튬 코발트 산화물**: 리튬 코발트 산화물($LiCoO_2$)은 2019년 노벨 화학상을 공동수상한 존 굿이너프(John Goodenough) 교수가 발견한 리튬, 코발트, 산소의 무기화합물이다. [3] 코발트 산화물의 층 사이로 리튬이온의 층간삽입 반응이 가능한 층상구조를 갖는다. 리튬 코발트 산화물은 리튬이온배터리의 장점인 4[V] 이상의 높은 전기화학셀 전압이 구현되도록 하였고, 최초로 상업 생산된 리튬이온배터리에 사용되었다.

- **미분방정식**: 미지의 함수 $y = f(x)$의 미분(dy/dx)이 포함된 방정식을 미분방정식이라 한다. 예를 들어 아래의 방정식 식(i)은 미분방정식이다.

$$\frac{dy}{dx} = 3x^2 \quad \cdots \text{(i)}$$

미지의 함수 y의 변수 x에 대한 미분 $\left(\frac{dy}{dx}\right)$이 $(3x^2)$과 같다는 방정식임

미분방정식을 만족하는 함수를 '해(Solution)'라 하고, 이 함수를 구하는 것을 미분방정식을 푼다고 한다.

- **반응의 자발성**: 철로 만들어진 교량이 시간이 지나면서 부식되는 것처럼 저절로 자연스럽게 진행되는 반응을 자발적인 반응이라 한다. 반응의 자발성을 판단할 수 있는 기준으로 과학자 깁스(J. W. Gibbs)는 식(i)과 같은 깁스자유에너지 변화($\triangle G_{sys}$)를 제안한다.[4]

$$\triangle G_{sys} = \triangle H - T \times \triangle S_{sys} \quad \cdots \text{(i)}$$

$\triangle G_{sys}$ 반응 전후 물질의 깁스자유에너지변화[J]

$\triangle H$는 반응 전후 물질의 엔탈피 변화[J]

T는 반응이 일어나는 절대온도[K]

$\triangle S_{sys}$는 반응 전후 물질의 엔트로피 변화[J/K]

화학반응의 자발성을 알기 위한 식(i)이 제안된 이후 깁스자유에너지 변화($\triangle G_{sys}$)의 부호('-' 혹은 '+')는 화학반응의 자발성을 결정하는 절대적인 기준이 되었다. 깁스자유에너지 변화 값이 음('-')이면, 즉 깁스자유에너지가 반응 전후 감소($\triangle G_{sys} < 0$)하면, 그 반응은 자발적이다. 이 책에서 이야기하는 모든 자발적인 반응은 깁스 자유에너지 변화의 부호가 음이다.

- **보존력**: 외부의 힘을 받아 얻게 되는 일의 크기가 물체가 움직인 경로의 전체 길이가 아닌 시작점과 끝점의 직선거리에 의해 결정되면 그때 외부에서 가해진 힘을 보존력이라 한다. 시작점과 끝점 사이의 직선거리는 변위라 한다. 외부에서 가해진 보존력에 의해 물체가 얻는 일을 수식으로 나타내면 다음 페이지의 식(i)과 같다.

$$w = F \times s \quad \cdots \text{(i)}$$

w는 일의 크기 $[J]$, F는 외부에서 가해진 보존력의 크기 $[N]$

s는 물체가 이동한 변위$[m]$

- **분리막**: 리튬이온 전기화학셀에 사용되는 산화물질과 환원물질 간의 물리적인 접촉을 방지해 주는 다공성(구멍이 많이 존재하여 유체가 흐를 수 있는) 고분자 막이다. 분리막(Separator)은 폴리올레핀(Polyolefin) 계열의 열가소성 플라스틱(예: 폴리에틸렌, 폴리프로필렌)으로 만든 얇은 시트를 잡아당기거나 용매에 녹여 두께를 줄이고, 많은 수의 구멍을 생성시킨다. 분리막의 두께는 대략 10$[\mu m]$ 내외로 리튬이온은 통과할 수 있지만, 절연성이 있어 전자는 통과할 수 없다.

- **분자오비탈**: 원자들이 전자를 공유하는 화학결합을 통해 분자가 될 때, 원자오비탈 대비 에너지 준위와 모양이 다른 분자오비탈이 형성된다. 분자오비탈은 원자오비탈처럼 반대 스핀 방향을 갖는 전자 두 개만 받아줄 수 있고, 에너지 준위가 특정하며, 분자 주위에 전체적으로 퍼져있는 속이 빈 3차원 모양이다. 오른쪽 그림처럼(263쪽 참조) 수소원자가 만나 수소분자가 되는 경우 원자오비탈(1_s)과는 다른 분자오비탈(시그마(σ_{1s}), 시그마 스타(σ_{1s}^*))이 형성된다.[5] 공유되는 2개의 전자는 에너지 준위가 낮은 시그마 오비탈에 위치한다. 이것이 화학결합의 한 종류인 시그마 결합이다. 에너지 준위가 높은 시그마 스타 오비탈은 보통 비어있다.[1] 분자오비탈에는 '시그마(σ) 오비탈' 외에 '파이(π) 오비탈'[2]도 있다. 시그마 오비탈에 있는 전자들은 핵과의 결합력이 큰 반면 파이 오비탈에 있는 전자들은 핵과의 결합력이 작아서 자유로운 이동이 가능하다.[3]

....
1. 전자가 σ_{1s}^*에 위치하면 화학결합이 약해지기 때문에 'Anti-bonding' 오비탈이라 한다.
2. 파이 오비탈은 시그마 오비탈과 90도의 각도를 이룬다.

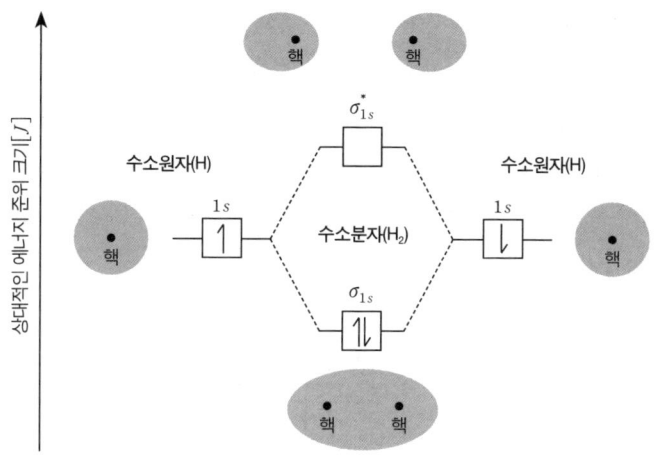

- **비자발적인 반응**: 외부에서 에너지를 가해야 진행되는 화학반응을 비자발적인 반응이라 한다. 마치 언덕 아래에서부터 공을 굴리면서 올라가듯 진행되기 때문에 비자발적인 반응을 영어 표현으로 'Uphill Process'라 한다.

- **산화 환원 반응**: 오래전 화학반응을 연구하던 과학자들은 어떤 물질이 산소를 얻거나 잃는 반응을 산화 혹은 환원 반응이라 정의하였지만 최근에는 원자, 이온 혹은 분자로부터 하나 이상의 전자가 나가거나(산화반응) 들어가는(환원반응) 화학반응을 산화 환원 반응이라 정의한다. 이때 전자를 주고받는 물질은 항상 쌍으로 존재한다. 예를 들어 산화 환원 반응인 'A⁰ + B⁰ → A⁻ + B⁺'를 보면 반응물 B에서 전자 하나가 반응물 A로 이동한다. 물질 A를 물질 B의 산화를 돕는 산화제라 부르거나 물질 B를 물질 A의 환원을 돕는 환원제라 부르기도 한다.

---

3. 시그마 오비탈에 있는 전자들은 'Localized Electron'이라 하고, 파이 오비탈에 있는 전자들은 'Delocalized Electron'이라 한다.

- **슈뢰딩거 방정식**: 아래의 식(i)이 과학자 슈뢰딩거(Schrödinger)가 제안한 미분방정식이다. [6] 미분방정식에 포함된 파동함수는 위치(x)와 시간(t) 두 가지 변수에 의존하는 함수이다. 아래의 슈뢰딩거 방정식(Schrödinger Equation)을 만족하는 파동함수를 찾는 것을 해(Solution)를 구한다고 한다. 이렇게 찾은 파동함수는 원자내 전자가 위치하는 에너지 준위, 오비탈의 개수와 모양을 알 수 있는 근간이 된다.

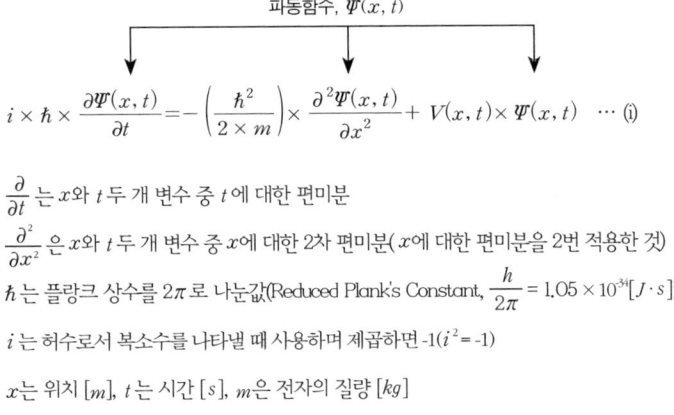

파동함수, $\Psi(x, t)$

$$i \times \hbar \times \frac{\partial \Psi(x, t)}{\partial t} = -\left(\frac{\hbar^2}{2 \times m}\right) \times \frac{\partial^2 \Psi(x, t)}{\partial x^2} + V(x, t) \times \Psi(x, t) \quad \cdots \text{ (i)}$$

$\dfrac{\partial}{\partial t}$ 는 x와 t 두 개 변수 중 t에 대한 편미분

$\dfrac{\partial^2}{\partial x^2}$ 은 x와 t 두 개 변수 중 x에 대한 2차 편미분(x에 대한 편미분을 2번 적용한 것)

$\hbar$ 는 플랑크 상수를 2π로 나눈값(Reduced Plank's Constant, $\dfrac{h}{2\pi} = 1.05 \times 10^{-34}[J \cdot s]$)

i 는 허수로서 복소수를 나타낼 때 사용하며 제곱하면 $-1(i^2 = -1)$

x는 위치 $[m]$, t는 시간 $[s]$, m은 전자의 질량 $[kg]$

$V(x, t)$는 전자의 포텐셜에너지로서 위치(x)와 시간(t)의 함수 $[J]$

- **알짜힘**: 어떤 물체에 외부에서 작용하는 모든 힘을 각각의 방향과 크기를 고려하여 상쇄하거나 중첩하였을 때 최종적으로 남는 힘을 알짜힘(Net Force)이라 한다. 결국 물체는 알짜힘의 방향으로 이동하게 된다. 만일 알짜힘이 영(Zero)이면 물체의 운동상태에 변화가 일어나지 않는다.

- **앙페르의 오른나사 법칙**: 직선 도선에 흐르는 전류가 발생시키는 자기장의 방향을 정하는 법칙이다. 나사못을 드라이버로 박아 넣는 경우 나사못이 들어가

는 뾰족한 끝 방향을 전류의 방향과 일치시키면 드라이버에 의해 나사가 회전하는 방향이 자기장의 방향이다. 또 다른 방법으로는 직선 도선에 흐르는 전류의 방향에 오른손 엄지손가락을 일치시키면 자기장의 방향은 나머지 네 손가락을 감아쥐는 방향이다. [7]

- **에너지보존법칙**: 어떤 물체가 보존력이 해준 일을 받아 운동할 때 포텐셜에너지와 운동에너지의 합은 일정하게 보존된다. 보존력의 일종인 중력을 받아 운동하는 물체의 에너지보존법칙을 수식으로 표현하면 다음의 식(i)과 같다.

$$E_T = E_P + E_k = m \times g \times h + \frac{1}{2} \times m \times v^2 \quad \cdots \text{(i)}$$

E_T는 에너지의 총합 $[J]$, E_P는 중력 포텐셜에너지의 크기 $[J]$, E_k는 운동에너지의 크기 $[J]$
m은 물체의 질량 $[kg]$, g는 중력가속도 $[m/s^2]$, h는 지면으로부터 물체까지의 높이 $[m]$
v는 물체의 속도 $[m/s]$

- **에너지 준위**: 전자가 원자 내에 위치할 수 있는 특정 오비탈에서 갖는 운동에너지와 정전기력 포텐셜에너지의 합이다. 원자의 핵에서 멀리 떨어진 오비탈의 에너지 준위(Energy Level)가 핵에 가까운 오비탈의 에너지 준위와 비교하여 더 크다.

- **오비탈**: 원자핵 주변에 전자들이 배치될 수 있는 특정 에너지 준위를 갖는 3차원 모양을 이르는 말이다. [8] 특히 오비탈의 3차원 모양은 과학자 슈뢰딩거(Schrödinger)가 제안한 미분방정식을 만족하는 파동함수(ψ_{nlm})를 구한 후 절댓값을 제곱($|\psi_{nlm}|^2$)하여 얻을 수 있다(용어설명의 '슈뢰딩거 방정식' 참조). 전자는 3차원 공간(예, 속이 빈 공이나 아령)에 존재하지만 위, 아래, 중간 중 어디에 있다고 할 수 없다. 다만 특정 위치에 있을 확률은 이미 구한 $|\psi_{nlm}|^2$으로 알 수

있어서 이를 확률밀도 함수라 부르기도 한다. 한편 이 공간 내에 있는 확률이 영(Zero, 0)인 위치(Node)들이 만드는 면을 마치 러시아 전통 인형 마트료시카처럼 공간을 구분하는 면(단면을 보면 층이 생김[9])으로 보기도 한다.

- **운동량보존법칙**: 눈에 보이는 큰 물체, 예컨대 두 개의 당구공이 충돌할 때 외부에서 작용하는 힘이 없으면 충돌 전 총운동량은 충돌 후 총운동량과 같다. 즉 충돌 전후의 총운동량은 보존된다(단, 마찰은 무시). 운동량보존법칙은 특히 운동하는 물체나 입자의 충돌로 인한 속도, 운동에너지 변화 등을 구하는 데 사용된다. 또한 운동량보존법칙은 눈에 보이는 큰 물체인 당구공은 물론 광자, 전자 등 파동의 성질을 띠는 입자들이 충돌할 때에도 동일하게 적용된다.

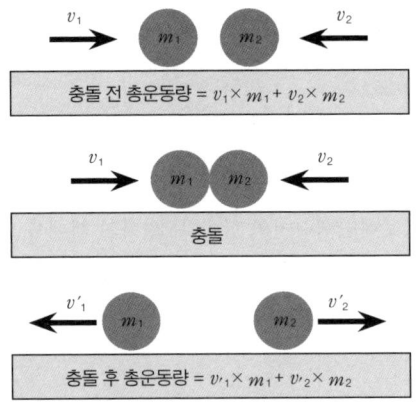

과학자 드브로이(de Broglie)는 광자(빛), 전자와 같이 파동의 특성을 갖는 입자의 경우 파장은 입자의 운동량에 반비례한다는 것을 발견하였다. 즉 파장이 작으면 운동량이 커지고 다른 입자와 충돌할 때 더 큰 힘을 가할 수 있다는 의미이다. 이를 수식으로 간략히 나타내면 오른쪽의 식(i)과 같다. 충돌 전후 파장의 변화를 측정하면 운동량의 변화를 알 수 있다.

$$\lambda = \frac{h}{p} = \frac{h}{mv} \quad \cdots (i)$$

λ는 파동의 파장 $[m]$

h는 플랭크 상수$(6.63 \times 10^{-34}[J \cdot s])$

p는 운동량 $[kg \cdot m/s]$

m은 입자의 질량 $[kg]$, v는 입자의 속도 $[m/s]$

- **원자**: 화학적인 방법으로는 더 이상 간단한 물질로 분리할 수 없는, 그 물질을 대표하는 가장 작은 입자이다. 원자는 양전하를 띤 양성자, 전하를 띠지 않는 중성자, 음전하를 띤 전자로 구성된다.

- **유도전압**: 영구자석이 코일에 접근하거나 멀어질 때 흐르는 유도전류(i)의 크기에 비례하여 발생하는 전압이다. 유도전압(ϵ)은 코일이 감긴 횟수(N)와 영구자석에서 나와 구리도선 코일의 단면적을 수직으로 통과하는 자기선속(ϕ)의 시간당 변화율에 비례한다. 자기선속(ϕ)은 구리도선 코일의 단면적을 수직으로 지나는 자기력선의 총개수이다. 유도전압(ϵ)을 수식으로 표현하면 다음과 같다.

$$\epsilon = -N \times \frac{d\phi}{dt} \quad \cdots (i)$$

ϵ는 유도전압[V], N은 코일이 감긴 횟수[회]

$\frac{d\phi}{dt}$는 자기선속의 시간당 변화율$[Wb/s]$

'$-$' 기호는 자기선속의 변화를 반대하는 방향을 의미함

- **이온결합**: 반대 전하를 띠는 이온들이 정전기력(인력)에 의해 결합하는 것이다. 나트륨이온(Na^+)과 염소이온(Cl^-)은 정전기력(인력)에 의해 결합하여 고체인 소금($NaCl$)을 만든다.[10]

· **자기력**: 운동하는 전하를 띤 입자 혹은 전류가 흐르는 도선이 자기장 내에서 받는 힘으로서 관련 수식은 과학자 로렌츠(Lorentz)가 제안하였다. 우선 운동 하는 전하를 띤 입자가 자기장 내에서 받는 자기력의 크기는 식(i)과 같다.

$$F = q \times v \times (B \times \sin\theta) \quad \cdots\text{(i)}$$

F는 전하를 띤 입자가 받는 자기력의 크기 [N], q는 전하를 띤 입자의 전하량 [C]

v는 전하를 띤 입자의 속도 [m/s]

B는 자기장의 세기 [T]

θ는 전하를 띤 입자의 운동 방향과 자기력선 방향 사이의 각 [rad]

전류가 흐르는 도선이 자기장 내에서 받는 자기력의 크기는 식(ii)와 같다.

$$F = I \times L \times (B \times \sin\theta) \quad \cdots\text{(ii)}$$

F는 전류가 흐르는 도선이 받는 자기력의 크기 [N]

I는 도선에 흐르는 전류의 크기 [A]

L은 전류가 흐르는 도선의 길이 [m]

B는 자기장의 세기 [T], θ는 도선에 흐르는 전류의 방향과 자기력선 방향 사이의 각 [rad]

· **자기장**: 영구자석의 자기력이나 전하의 흐름으로 발생하는 자기력이 작용하는 공간이다. 자기장 내에는 가상의 자기력선이 지나가고 그 방향은 N극에서 나와 S극으로 향한다. 자기력선에 수직인 면을 지나는 자기력선의 개수가 많을수록(자기력선들 사이의 간격이 좁을수록) 자기장(B)의 세기가 크다. 자기장의 단위는 테슬라[T]이다.

· **자발적인 반응**: 에너지를 공급해 주지 않아도 진행되므로 마치 아무 노력 없이

저절로 진행되는 듯한 화학반응을 자발적인 반응이라 한다. 언덕의 높은 곳으로부터 공이 굴러내려오듯 진행되기 때문에 자발적인 반응을 영어 표현으로 'Downhill Process'라 한다. 단, 자발적인 반응인지는 깁스 자유에너지 변화가 반응 전후에 음의 값이 되는지를 계산해 보고 판정한다.

- **전기에너지**: 전하를 띤 입자(예, 전자, 이온)가 도체 내에서 전압(전기적 포텐셜)차에 의해 움직일 때 발생하는 에너지이다. 우리에게 친숙한 전기에너지(Electrical Energy)의 표현은 식(i)과 같다.

$$E = i \times V \times t \quad \cdots(i)$$

E는 전기에너지 $[J]$, i는 흐르는 전류의 크기 $[A]$, V는 전압 $[V]$, t는 시간 $[s]$

한편 전류의 의미는 시간당 흐르는 전하량이므로 식(ii)와 같다.

$$i = \left(\frac{q}{t} \right) \quad \cdots(ii)$$

i는 전류 $[A]$, t는 시간 $[s]$, q는 전하량 $[C]$

따라서 식(i)에 식(ii)를 대입하면 전기에너지는 식(iii)과 같다.

$$E = i \times V \times t = \left(\frac{q}{t} \right) \times V \times t = q \times V \quad \cdots(iii)$$

E는 전기에너지 $[J]$, q는 전하량 $[C]$, V는 전압 $[V]$

- **전기음성도**: 원자들이 전자를 공유하여 결합할 때 공유한 전자를 원자의 핵 방향으로 끌어당기는 힘이다. 이 힘을 과학자 파울링(Pauling)이 제안한 식에 의해 수치화하면 불소(F)의 전기음성도(Electronegativity)가 약 4.0으로 가장 크

고, 프랑슘(Fr)이 0.7로 가장 낮다.[11] 극성 결합은 공유한 전자를 끌어당기는 원자 간 전기음성도 차이가 대략 0.5~1.7이고 무극성 결합은 0.4 이하다.[12]

- **전자**: 원자를 구성하는 음전하를 띠는 입자. 전자의 질량은 양성자 대비 1/1836 로서 매우 작다.[13] 전자 하나의 전하량은 $-1.6 \times 10^{-19}[C]$이다.[14]

- **전자배치**: 원자번호에 따라 원자 내 각 전자를 원자핵에 가까운 전자껍질에 있는 오비탈부터 시작하여 차례대로 배치한 것을 전자배치라 한다. 원자의 전자 배치는 아래 예를 는 것처럼 전자껍질을 나타내는 주양자수(n)와 부껍질을 나타내는 알파벳 심볼에 위첨자로 전자의 개수를 넣어서 완성한다. 리튬(Li)의 경우 3개의 전자를 가장 낮은 에너지 준위부터 배치하면 $1s^2 2s^1$이다. 이렇게 해서 얻어진 전자배치를 리튬원자의 기저상태(Ground State)라 한다.

6개 원소의 기저상태[15]

원자번호(양성자수)	원소	전자배치	전자의 개수 및 전자배치의 의미		
1	수소(H)	$1s^1$	1개	K껍질($n=1$)	s 오비탈에 1개
2	헬륨(He)	$1s^2$	2개	K껍질($n=1$)	s 오비탈에 2개
3	리튬(Li)	$1s^2 2s^1$	3개	K껍질($n=1$)	s 오비탈에 2개
				L껍질($n=2$)	s 오비탈에 1개
4	베릴륨(Be)	$1s^2 2s^2$	4개	K껍질($n=1$)	s 오비탈에 2개
				L껍질($n=2$)	s 오비탈에 2개
5	보론(B)	$1s^2 2s^2 2p^1$	5개	K껍질($n=1$)	s 오비탈에 2개
				L껍질($n=2$)	s 오비탈에 2개
					p 오비탈에 1개
6	탄소(C)	$1s^2 2s^2 2p^2$	6개	K껍질($n=1$)	s 오비탈에 2개
				L껍질($n=2$)	s 오비탈에 2개
					p 오비탈에 2개

- **정전기력**: 전하를 띠는 두 물체 사이에 작용하는 힘이다. 아래의 식(i)처럼 표현할 수 있다.

$$F = \pm k \times \frac{q_1 \times q_2}{r^2} \text{ (동일 전하는 밀어내는 척력 +, 다른 전하는 당기는 인력 -)} \quad \cdots \text{(i)}$$

F는 정전기력의 크기$[N]$, k는 쿨롱상수 $(9 \times 10^9[N \cdot m^2 \cdot C^{-2}])$

q_1 및 q_2는 각 물체의 전하량 $[C]$, r은 두 물체 사이의 거리 $[m]$

- **줄열**: 전자 혹은 이온의 이동으로 전류가 흐를 때 저항으로 인해 발생하는 열이다. 줄열(Joule Heat)은 저항열(Resistive Heat)이라고도 한다. 수식으로는 다음과 같이 표현된다.

$$Q = i^2 \times R \times t \quad \cdots \text{(i)}$$

Q는 줄열의 크기 $[J]$, i는 전류 $[A]$, R은 저항 $[\Omega]$, t는 시간 $[s]$

- **층간삽입**: 리튬이온의 층간삽입(Intercalation)은 2019년 노벨 화학상 공동수상자인 스탠리 위팅엄(Stanley Whittingham) 교수팀이 발견하였다. 층상구조를 갖는 이황화티타늄(TiS_2)의 층 사이로 리튬이온이 들어가 결합한다는 것을 최초로 발견한 것이다.[16] 이후 층간삽입 반응 물질들이 리튬이온배터리의 산화 환원 물질로 사용될 수 있는 길이 열렸다.[17]

- **파동함수**: 슈뢰딩거가 제안한 미분방정식을 만족하는 해(Solution)이다. 파동함수에는 ① 주양자수(n), ② 방위양자수(l), ③ 자기양자수(m_l)가 포함되어 있는데 이를 파라미터(Parameter)라 한다. 세 가지의 양자수는 오비탈 관련 중요한 정보를 제공해 준다. 즉 오비탈의 전자핵으로부터의 상대적인 거리, 오비탈의 모양과 방향이다(용어설명의 '슈뢰딩거 방정식', '오비탈' 참조).

- **파우치**: 알루미늄 호일을 고분자 필름 사이에 넣어 샌드위치 형태로 압착하여 만든 리튬이온배터리의 포장 재질이다.[18] 외부의 열과 습기로부터 내부의 리튬이온 전기화학셀을 보호하는 역할을 한다.

- **포텐셜에너지**: 어떤 물체가 다른 물체와의 상대적인 위치에 의해 갖게 되는 에너지이다. 중력을 받는 물체는 지구와의 상대적인 위치에 따라 중력 포텐셜에너지를 갖는다. 또한 원자 내의 전자는 원자핵과의 상대적인 위치에 따라 정전기력에 의한 포텐셜에너지를 갖는다.

- **표준전극전위**: 표준상태(온도: 25[°C], 압력: 1[atm], 용액의 농도: 1[M])에서 산화 환원 반응에 의한 전기화학셀 전압은 식(i)을 사용한 이론적인 계산이 가능하다. 과학자 마이클 패러데이(Michael Faraday)가 산화 환원 반응 전후의 깁스 자유에너지 변화($\triangle G^o_{sys}$)[4]와 전자의 이동으로 얻어지는 전기에너지를 같은 것으로 간주하고 아래와 같이 식(i)을 처음으로 제안하였다.[19]

$$E^\circ = -\frac{\triangle G^o_{sys}}{n \times F} \quad \cdots (i)$$

E°는 표준전극전위(표준상태의 전기화학셀 전압)[V]

' − '는 자발적인 반응이라는 의미

$\triangle G^o_{sys}$ 은 표준상태에서 산화 환원 반응 전후의 깁스 자유에너지 변화 [J]

n 은 산화 환원 반응 중 이동하는 전자의 몰 수 [mol]

F는 패러데이 상수 (96,487[C/mol])

----

4. 깁스 자유에너지는 화학반응의 자발성 판별을 위해 고안된 상태함수이다. 반응 전후에 깁스 자유에너지 변화값이 음(-)이면 자발적인 반응이다. 용어설명 '반응의 자발성' 참조.

- **픽의 법칙**: 고체 내의 원자나 이온은 각자 차지하고 있는 위치에서 고정된 것이 아니라 계속 움직인다. 이렇게 원자나 이온이 고체 안에서 배열될 때 처음에 차지한 자리에서 상·하·좌·우 다른 자리로 한 걸음 한 걸음 움직이는 것을 확산(Diffusion)이라고 한다. 예를 들어 만약 고체 내에서 빈자리(Vacancy) 등의 결함이 많이 포함되어 있으면 확산이 잘 일어난다. 과학자 픽(Adolf Fick)은 고체 내에서 원자나 이온이 이동하면서 만들어지는 흐름(J)에 대해서 연구하였고 두 개의 법칙을 만들었다.

픽의 제1법칙(Fick's 1ˢᵗ Law)은 고체 내의 한 단면을 중심으로 앞, 뒤 표면에서의 농도가 일정한 경우이다. 농도는 뒤 표면에서 더 크다. 즉 시간과 상관없이 단면을 통과하여 원자나 이온이 일정하게 흘러 나갈 때 앞면에서 작고 일정한 농도가 유지되는 상황이다. 이때 농도 변화의 기울기를 아래의 식(i)과 같이 나타낼 수 있다. 이를 픽의 제1법칙(Fick's 1ˢᵗ Law)이라 한다.

$$J = D \times \frac{dC}{dx} \quad \cdots \text{(i)}$$

J 는 원자나 이온의 흐름(일정 면적, 시간 동안 빠져나간 무게)$[kg/m^2 \cdot s]$

D는 확산계수(*Diffusion Coefficient*)$[m^2/s]$

$\frac{dC}{dx}$ 는 위치에 따른 농도의 순간 변화율

C 는 위치에 따른 원자나 이온의 농도$[kg/m^3]$

x 는 거리$[m]$

픽의 제2법칙(Fick's 2ⁿᵈ Law)은 고체 내의 한 단면을 중심으로 앞, 뒤의 표면은 물론 중간에도 위치와 시간에 따라 농도가 계속 변하는 경우이다. 아마 현실에서는 이러한 경우가 더욱 일반적인 상황일 것이다. 이 상황을 수학적으로 표현해 보면 바로 픽의 제2법칙이다. 다음 페이지의 식(ii)이다.

$$\frac{\partial C}{\partial t} = \frac{\partial}{\partial x} \times \left(D \times \frac{\partial C}{\partial x} \right) = D \times \frac{\partial^2 C}{\partial x^2} \quad \cdots \text{(ii)}$$

원자나 이온의 농도는 시간(t)과 위치(x)의 함수 $C(t, x)$

$\frac{\partial C}{\partial t}$ 는 원자나 이온의 농도를 시간(t)만의 변화율로 나타냄

시간에 대한 편미분으로 표현

$D \times \frac{\partial C}{\partial x}$ 는 위치(x)에 따른 농도 변화율을 위치(x)만의 편미분으로 표현

(D는 확산계수 $[m^2/s]$)

$\frac{\partial}{\partial x} \times \left(D \times \frac{\partial C}{\partial x} \right)$ 는 위치(x)에 따른 농도 변화율의 위치(x)에 대한 변화율

위치(x)만의 편미분으로 표현

$\frac{\partial}{\partial x} \times \left(D \times \frac{\partial C}{\partial x} \right)$ 는 위치(x)에 대한 편미분을 두 번 하는 것과 같으므로

$D \times \frac{\partial^2 C}{\partial x^2}$ 와 같이 표현

- **하이젠베르크의 불확정성 관계**: 고전역학에 기반하여 원자 내에 있는 전자의 위치(x)와 운동량(p)을 정확히 측정하여 운동에너지를 계산하고자 하는 사고실험 과정에서 과학자 하이젠베르크(Werner Heisenberg)가 발견한 것이다. 불확정성(Uncertainty)은 측정오차를 의미하는 용어이다. 전자의 위치와 운동량의 측정값을 수식으로 간략히 표현하면 식(i), 식(ii)와 같다.

  - 전자의 위치 측정값 = x(참값) + $\triangle x$(측정오차) $\cdots$(i)
  - 전자의 운동량 측정값 = p(참값) + $\triangle p$(측정오차) $\cdots$(ii)

전자의 위치 측정오차($\triangle x$)와 운동량 측정오차($\triangle p$) 사이에 다음의 식(iii)과 같은 관계가 성립하는데, 이를 하이젠베르크의 불확정성 관계(Heisenberg's Uncertainty Relationship)라 한다.[20]

$$\triangle x = \frac{h}{\triangle p} \quad \cdots \text{(iii)}$$

$\triangle x$는 위치 측정오차 $[m]$

h는 플랑크 상수 $(6.62 \times 10^{34} [m^2 \cdot kg / s])$

$\triangle p$는 운동량 측정오차 $[kg \cdot m / s]$

불확정성 관계에서 알게 되는 중요한 의미는 위치 측정오차($\triangle x$)를 줄이면 운동량 측정오차($\triangle p$)가 더욱 커지고, 운동량 측정오차($\triangle p$)를 줄이면 위치 측정오차($\triangle x$)가 더욱 커진다는 것이다. 즉 전자의 위치를 정확히 알고자 하면 할수록 운동량은 더욱 알 수 없게 된다. 사고실험이라는 것을 생각할 때 어느 하나를 정확히 안다고 가정하는 순간 다른 하나는 전혀 알 수 없게 되는 것이다. 전자와 관련한 현재 운동상태를 알 수 없으므로 당연히 미래 운동상태도 제대로 예측할 수 없다.

미주(출처 및 참고자료)

일러두기

(1) 〈https://physics.nist.gov/cuu/Units/checklist.html〉(Accessed 13 September 2024)

　〈https://www.kriss.re.kr/menu.es?mid=a10302060000〉(Accessed 13 September 2024)

　〈https://www.kriss.re.kr/gallery.es?mid=a10306010000&bid=0013〉(Accessed 15 September 2024)

　〈https://www.kasto.or.kr/news/notice_view.asp?page=1&search_colume=&search_text=&idx=18368〉(Accessed 15 September 2024)

　〈https://www.kriss.re.kr/main/download/si2.pdf〉(Accessed 15 September 2024)

(2) 〈https://encykorea.aks.ac.kr/Article/E0078797〉(Accessed 15 September 2024)

(3) 〈https://chem.libretexts.org/Bookshelves/Inorganic_Chemistry/Supplemental_Modules_and_Websites_(Inorganic_Chemistry)/Chemical_Reactions/Chemical_Reactions_Examples/Chemical_Reactions_Overview〉(Accessed 15 September 2024)

프롤로그

(1) 〈https://www.iea.org/energy-system/electricity/electrification〉(Accessed 27 July 2024)

　〈https://www.energy.gov/electricity-insights/what-electrification〉(Accessed 16 September 2024)

(2) 〈https://news.mt.co.kr/mtview.php?no=2024032421515437355〉(Accessed 25 March 2024)

　〈https://news.mit.edu/2023/decarbonize-chemical-industry-electrify-it-0131〉(Accessed 16 September 2024)

　〈https://www.technologyreview.com/2022/06/28/1055027/green-steel-electricity-boston-metal/〉(Accessed 16 September 2024)

(3) 〈https://www.bloomberg.com/news/articles/2024-01-25/ai-needs-so-much-power-that-old-coal-plants-are-sticking-around〉(Accessed 5 June 2024)

(4) 〈https://afdc.energy.gov/vehicles/how-do-lng-cars-work〉(Accessed 5 May 2024)

(5) 〈https://www.eia.gov/energyexplained/energy-and-the-environment/greenhouse-gases.php〉

(Accessed 29 May 2024)

(6) 〈https://www.un.org/en/climatechange/science/climate-issues/water〉(Accessed 15 May 2024)

(7) 〈https://www.nhm.ac.uk/discover/quick-questions/how-does-carbon-dioxide-increase-global-temperature.html〉(Accessed 15 May 2024)

(8) 〈https://naei.beis.gov.uk/overview/ghg-overview〉(Accessed 15 May 2024)

(9) 〈https://www.statista.com/statistics/1129656/global-share-of-co2-emissions-from-fossil-fuel-and-cement/〉(Accessed 15 May 2024)

　〈https://www.epa.gov/ghgemissions/overview-greenhouse-gases〉(Accessed 20 May 2024)

(10) 탄소연감네트워크(지음), 세스 고딘(엮음), 《우리에게 보통의 용기가 있다면》(성원 옮김), 책세상, pp.44~45, 2022

　〈https://www.snexplores.org/article/explainer-how-photosynthesis-works〉(Accessed 29 July 2024)

(11) Theodore L. Brown, H. Eugene LeMay, Jr., Bruce E. Bursten. *Chemistry The Central Science 7th Edition*, Prentice-Hall, p.94, 1997

(12) 〈https://newscenter.lbl.gov/2015/02/25/co2-greenhouse-effect-increase/〉(Accessed 15 May 2024)

(13) 〈https://commission.europa.eu/strategy-and-policy/priorities-2019-2024/european-green-deal_en〉(Accessed 15 May 2024)

　〈https://www.virta.global/blog/this-is-how-eu-regulation-accelerates-the-electric-vehicle-revolution〉(Accessed 15 May 2024)

(14) 〈https://www.nortonrosefulbright.com/en/knowledge/publications/b01d19d5/eu-scales-up-green-subsidies-how-you-can-benefit-from-new-support-for-clean-investments〉(Accessed 16 May 2024)

(15) 〈https://environment.ec.europa.eu/topics/waste-and-recycling/batteries_en〉(Accessed 16 May 2024)

(16) 〈https://afdc.energy.gov/vehicles/electric-batteries〉(Accessed 10 June 2024)

　〈https://ennovi.com/different-types-ev-batteries/〉(Accessed 10 June 2024)

(17) 〈https://www.youtube.com/watch?v=LdanRFqzHlM〉(Accessed 7 June 2024)

　〈https://www.samsungsdi.co.kr/column/technology/detail/56501.html〉(Accessed 16 May 2024)

　〈https://blog.lgchem.com/2023/06/16_battery_materials_cnt/〉(Accessed 16 May 2024)

01 메커니즘

(1) RSHAD H. CHAUDRY, Ph.D., Does ATP Cross the Cell Plasma Membrane? *THE YALE JOURNAL OF BIOLOGY AND MEDICINE* 55, 1982, pp.1~10

(2) 〈https://www.youtube.com/watch?v=00jbG_cfGuQ〉 (Accessed 24 May 2024)

　　쿠로타니 아케미,《교과서보다 쉬운 세포 이야기》(최동헌 옮김), 푸른숲, pp.116~120, 2004

(3) 〈https://www1.grc.nasa.gov/beginners-guide-to-aeronautics/newtons-laws-of-motion/〉 (Accessed 26 May 2024)

(4) 〈https://physics.nist.gov/cgi-bin/cuu/Value?re〉 (Accessed 28 July 2024)

　　〈https://www.britannica.com/science/atom/Atomic-mass-and-isotopes〉 (Accessed 03 August 2024)

(5) 〈https://www.scienceworld.ca/resource/static-electricity/〉 (Accessed 14 May 2024)

(6) 〈https://www.pbs.org/wgbh/aso/tryit/atom/elempartp.html〉 (Accessed 16 May 2024)

　　〈https://science.nasa.gov/universe/overview/forces/〉 (Accessed 17 May 2024)

(7) 〈https://www.britannica.com/science/proton-subatomic-particle〉 (Accessed 04 August 2024)

(8) 〈https://www.quora.com/What-is-the-radius-of-an-electron〉 (Accessed 04 August 2024)

　　〈https://www2.lbl.gov/abc/wallchart/chapters/02/2.html〉 (Accessed 04 August 2024)

(9) 〈https://pubchem.ncbi.nlm.nih.gov/ptable/atomic-radius/〉 (Accessed 04 August 2024)

(10) 〈https://physics.weber.edu/carroll/honors/failures.htm〉 (Accessed 04 August 2024)

　　〈https://phys.libretexts.org/Bookshelves/University_Physics/Physics_(Boundless)/29%3A_Atomic_Physics/29.2%3A_The_Early_Atom〉 (Accessed 17 September 2024)

　　〈https://en.wikipedia.org/wiki/Atomic_orbital〉 (Accessed 17 September 2024)

　　Hantaro Nagaoka. "Kinetics of a System of Particles illustrating the Line and the Band Spectrum and the Phenomena of Radioactivity", *Philosophical Magazine and Journal of Science 7 (41)*: 445-455, 1904 (doi:10.1080/14786440409463141.)

(11) Arthur March. *Quantum Mechanics of Particles and Wave Fields*. Dover Publications, pp.1~8, 2006

　　〈https://www.aps.org/archives/publications/apsnews/200802/physicshistory.cfm〉 (Accessed 17 September 2024)

(12) 〈https://gplab.pusan.ac.kr/gplab/44361/subview.do〉 (Accessed 18 June 2024)

(13) 〈https://www.expii.com/t/types-of-error-overview-comparison-8112〉 (Accessed 04 August 2024)

(14) 〈https://www.scribbr.com/methodology/random-vs-systematic-error/〉(Accessed 04 August 2024)

〈https://www.physics.umd.edu/courses/Phys276/Hill/Information/Notes/ErrorAnalysis.html〉(Accessed 04 August 2024)

(15) 〈http://www.physicsbootcamp.org/sec-Wave-Particle-Duality.html〉(Accessed 19 September)

(16) 〈https://courses.lumenlearning.com/suny-physics/chapter/30-6-the-wave-nature-of-matter-causes-quantization/〉(Accessed 19 September)

(17) 〈https://www.youtube.com/watch?v=6k6BuYK_PwQ〉(Accessed 19 May 2024)

〈https://www.youtube.com/watch?v=zuH3IISYQxw〉(Accessed 17 October 2024)

(18) 〈https://imagine.gsfc.nasa.gov/science/toolbox/atom.html〉(Accessed 21 May 2024)

(19) 〈https://www.sciencedirect.com/topics/engineering/chemical-energy〉(Accessed 18 June 2024)

〈https://www britannica.com/science/internal-energy〉(Accessed 18 June 2024)

〈https://byjus.com/chemistry/internal-energy/〉(Accessed 04 August 2024)

(20) 〈https://web.fscj.edu/Milczanowski/psc/lect/Ch11/slide3.htm〉(Accessed on 21 May 2024)

〈https://energyeducation.ca/encyclopedia/Octane〉(Accessed on 21 May 2024)

(21) Theoore L. Brown, H. Eugene LeMay, Jr., Bruce E. Bursten. *Chemistry The Central Science 7th Edition*, Prentice-Hall, pp.145~174, 1997

Herman Erlichson. Sadi Carnot, 'Founder of the Second Law of Thermodynamics', *Eur. J. Phys. 20*, 1999, pp.183~192

〈https://www1.grc.nasa.gov/beginners-guide-to-aeronautics/what-is-thermodynamics-1/〉Accessed 21 May 2024)

(22) 〈https://chem.libretexts.org/Bookshelves/Organic_Chemistry/Organic_Chemistry_I_(Cortes)/03%3A_Covalent_Bonding/3.07%3A_Polarity〉(Accessed 21 May 2024)

(23) 〈https://www.bloomberg.com/news/articles/2024-01-25/ai-needs-so-much-power-that-old-coal-plants-are-sticking-around〉(Accessed 5 June 2024)

(24) 〈https://www.instituteforenergyresearch.org/electricity-generation-2/〉(Accessed 21 May 2024)

〈https://www.nationalgrid.com/stories/energy-explained/history-energy-united-states〉(Accessed 21 May 2024)

(25) 〈https://energyeducation.ca/encyclopedia/DC_generation〉(Accessed 5 June 2024)

〈https://journals.lib.unb.ca/index.php/MCR/article/view/17509/22460〉(Accessed 5 June 2024)

(26) 〈https://energyeducation.ca/encyclopedia/DC_generation〉(Accessed 5 June 2024)

〈https://journals.lib.unb.ca/index.php/MCR/article/view/17509/22460〉 (Accessed 5 June 2024)

(27) 〈https://energyeducation.ca/encyclopedia/AC_generation〉 (Accessed 5 June 2024)

(28) 〈https://www.energy.gov/ne/articles/3-reasons-why-nuclear-clean-and-sustainable〉 (Accessed 21 May 2024)

〈https://pgs.com.vn/en/what-is-liquefied-natural-gas-lng〉 (Accessed 5 May 2024)

(29) 〈https://www.energy.gov/ne/articles/3-reasons-why-nuclear-clean-and-sustainable〉 (Accessed 21 May 2024)

〈https://pgs.com.vn/en/what-is-liquefied-natural-gas-lng〉 (Accessed 5 May 2024)

(30) 〈https://www.index.go.kr/unity/potal/main/EachDtlPageDetail.do?idx_cd=1339〉 (Accessed 21 May 2024)

(31) 〈https://byjus.com/physics/magnetic-field/〉 (Accessed 29 July 2024)

〈https://www.physik.uzh.ch/~matthias/espace-assistant/manuals/en/anleitung_h_e.pdf〉 (Accessed 29 July 2024)

(32) 〈http://www.lscollege.ac.in/sites/default/files/e-content/Bohr_magneton.pdf〉 (Accessed 3 June 2024)

〈https://users.ox.ac.uk/~sjb/magnetism/units.pdf〉 (Accessed 3 June 2024)

(33) William D. Callister, Jr. *Materials Science and Engineering An Introduction*, John Wiley & Sons, pp.663~664, 1997.

(34) 〈https://winter.group.shef.ac.uk/webelements/iron/atoms.html〉 (Accessed 3 June 2024)

〈https://winter.group.shef.ac.uk/webelements/nickel/atoms.html〉 (Accessed 3 June 2024)

(35) 〈https://www.physik.uzh.ch/~matthias/espace-assistant/manuals/en/anleitung_h_e.pdf〉 (Accessed 29 July 2024)

(36) 〈https://www.youtube.com/watch?v=0o7K-4LipbM〉 (Accessed 6 June 2024)

(37) 〈https://www.kps.or.kr/content/voca/search.php?et=en&find_kw=magnetic%20domain〉 (Accessed 30 July 2024)

https://physics.stackexchange.com/questions/721128/what-happened-to-the-magnetic-domains-and-orientation-of-spins-and-domain-walls〉 (Accessed 30 July 2024)

〈https://nationalmaglab.org/magnet-academy/watch-play/interactive-tutorials/magnetic-domains/〉 (Accessed 30 July 2024)

(38) 〈https://www.britannica.com/science/Curie-point〉 (Accessed 30 July 2024)

(39) 〈https://aktif.net/en/origin-of-electric-frequencies-and-the-use-of-50-hz-and-60-hz/〉(Accessed 30 July 2024)

(40) 〈https://www.komipo.co.kr/kor/content/81/main.do?mnCd=FN100404〉(Accessed 13 February 2023)

(41) 〈DOI: https://doi.org/10.11113/jm.v46.486〉(Accessed 30 May 2024)
〈https://www.toyodenki.co.jp/en/products/transport/train/panto.php〉(Accessed 30 May 2024)

(42) 〈https://www.eia.gov/tools/faqs/faq.php?id=104&t=3〉(Accessed 3 June 2024)

(43) 〈https://energyeducation.ca/encyclopedia/Coal_fired_power_plant〉(Accessed 3 June 2024)
〈https://360energy.net/how-does-using-energy-create-carbon-emissions/〉(Accessed 5 June 2024)
〈https://www.usgs.gov/faqs/what-are-types-coal〉(Accessed 5 June 2024)

(44) 〈https://www.greenvehicleguide.gov.au/pages/UnderstandingEmissions/VehicleEmissions〉(Accessed 30 May 2024)

(45) 〈https://n.news.naver.com/mnews/article/008/0005032444?sid=104〉(Accessed 3 May 2024)

02 배터리와 전기화학셀

(1) 〈https://afdc.energy.gov/vehicles/how-do-all-electric-cars-work〉(Accessed 6 June 2024)

(2) 〈https://info.ornl.gov/sites/publications/Files/Pub133363.pdf〉(Accessed 6 June 2024)

(3) 〈https://msds.kosha.or.kr/temp/msds.pdf〉(Accessed 3 June 2024)
〈http://www.hanilplastic.co.kr/customer_service/dataroom/?uid=52&mod=document〉(Accessed 4 June 2024)

(4) 〈https://www.youtube.com/watch?v=Bxqd6k03eIQ〉(Accessed 6 June 2024)

(5) M. Sashe and J. A. Santaballa. A Note on the Meaning of the Electroneutrality Condition for Solutions. *Journal of Chemical Education, Volume 66* Number 5 May 1989

(6) 〈https://www.youtube.com/watch?v=705mr95c_QA〉(Accessed 6 June 2024)

(7) 〈https://alevelchemistry.co.uk/notes/electrochemical-cells/〉(Accessed 6 June 2024)
〈https://www.khanacademy.org/test-prep/mcat/physical-processes/intro-electrochemistry-mcat/a/electrochemistry〉(Accessed 6 June 2024)

(8) 〈https://byjus.com/chemistry/daniell-cell/〉(Accessed 21 May 2024)
〈https://collection.sciencemuseumgroup.org.uk/objects/co33732/daniell-cell-used-by-edward-davy-with-spare-pot-1836-1839-battery〉(Accessed 21 May 2024)

(9) ⟨https://chem.libretexts.org/Bookshelves/General_Chemistry/ChemPRIME_(Moore_et_al.)/07%3A_Further_Aspects_of_Covalent_Bonding/7.13%3A_Formal_Charge_and_Oxidation_Numbers⟩ (Accessed 6 June 2024)

(10) ⟨https://www.doitpoms.ac.uk/tlplib/fuel-cells/history.php⟩ (Accessed 6 June 2024)

⟨https://driveclean.ca.gov/hydrogen-fuel-cell⟩ (Accessed 6 June 2024)

⟨https://www.energy.gov/eere/vehicles/articles/hydrogens-role-transportation⟩ (Accessed 5 June 2024)

(11) ⟨https://www.giikorea.co.kr/report/gmi1237816-fuel-cell-electric-vehicle-fcev-market-size-by.html⟩ (Accessed 30 July 2024)

⟨https://afdc.energy.gov/vehicles/fuel-cell⟩ (Accessed 30 July 2024)

(12) ⟨https://americanhistory.si.edu/fuelcells/basics.htm⟩ (Accessed 30 July 2024)

⟨https://hyfindr.com/en/hydrogen-knowledge/fuel-cell-stack⟩ (Accessed 30 July 2024)

⟨https://www.twi-global.com/technical-knowledge/faqs/what-is-a-hydrogen-fuel-cell#HowDoesAHydrogenFuelCellWork⟩ (Accessed 30 July 2024)

(13) ⟨https://www.twi-global.com/technical-knowledge/faqs/what-are-the-pros-and-cons-of-hydrogen-fuel-cells⟩ (Accessed 30 July 2024)

(14) ⟨https://fcs.umicore.com/en/fuel-cells/why-fuel-cells/fuel-cells-battery-difference/⟩ (Accessed 30 July 2024)

(15) ⟨https://www.tel.com/museum/exhibition/principle/semiconductor.html⟩ (Accessed 22 May 2024)

Supriyo Datta. *Quantum Transport Atom to Transistor*, Cambridge, pp. 1~32, 2005

Rahnuma Rahman and Supriyo Bandyopadhyay. *Appl. Sci.* 2021, 11, 5590

(16) ⟨https://chem.libretexts.org/Courses/Mount_Royal_University/Chem_1202/Unit_6%3A_Electrochemistry/6.2%3A_Standard_Electrode_Potentials⟩ (Accessed 22 May 2024)

Michael Root. *The Tab Battery Book*, McGraw Hill, pp.60~61, 2011

(17) ⟨https://chem.libretexts.org/Bookshelves/Introductory_Chemistry/Introductory_Chemistry_(CK-12)/23%3A_Electrochemistry/23.06%3A_Calculating_Standard_Cell_Potentials⟩ (Accessed 31 July 2024)

03 리튬이온배터리

(1) ⟨https://blog.upsbatterycenter.com/history-batteries-timeline/⟩ (Accessed 24 May 2024)

⟨https://www.youtube.com/watch?v=un7jNa0hGJk&t=455s⟩ (Accessed 7 June 2024)

(2) ⟨https://www.nobelprize.org/prizes/chemistry/2019/goodenough/facts/⟩ (Accessed 24 May 2024)

⟨https://ui.adsabs.harvard.edu/abs/2021AdEnM..1100982L/abstract⟩ (Accessed 24 May 2024)

(3) ⟨https://stancold.co.uk/services/cleanrooms-labs/battery-manufacturing-suites/⟩ (Accessed 6 June 2024)

⟨https://afry.com/en/insight/clean-room-atmosphere-requirements-battery-production⟩ (Accessed 6 June 2024)

(4) ⟨https://www.mbraun.com/en/products/glovebox-workstations.html⟩ (Accessed 6 June 2024)

(5) Yonas Tesfamhret. Transition metal dissolution from Li-ion battery cathodes, Digital Comprehensive Summaries of Uppsala Dissertations from the Faculty of Science and Technology 2178

Xiao Han, Saisai Xia, Jie Cao, Chris Wang, Ming-gong Chen. Effect of Humidity on Properties of Lithium-ion Batteries, Int. *J. Electrochem. Sci.*, *16* (2021) (doi: 10.20964/2021.05.54)

Daojun Yang, Xiaojie Li, Ningning Wu, Wenhuai Tian, Effect of moisture content on the electrochemical performance of LiNi1/3Co1/3Mn1/3O2/graphite battery, Electrochimica Acta ⟨http://dx.doi.org/10.1016/j.electacta.2015.12.063⟩

Maxwell Woody. Strategies to limit degradation and maximize Li-ion battery service lifetime - critical review and guidance for stakeholders, A thesis submitted in partial fulfillment of the requirements for the degree of Master of Science(Environment and Sustainability) in the University of Michigan, April 2020

⟨https://deepblue.lib.umich.edu/bitstream/handle/2027.42/154859/Woody_Maxwell_Thesis.pdf⟩

(6) S. Wiemers-Meyer, M. Winter and S. Nowak. Mechanistic insights into lithium ion battery electrolyte degradation - a quantitative NMR study, *Phys. Chem. Chem. Phys.*, 2016, 18, 26595-26601

(7) ⟨https://www.chemistryislife.com/the-chemistry-of-lithium-batteries-1⟩ (Accessed 30 May 2024)

(8) Dresselhaus, M. S., & Dresselhaus, G. (2002). Intercalation compounds of graphite. *Advances in Physics, 51(1)*, pp.1~186

(9) ⟨https://www.chemtube3d.com/lib_lco-2/⟩ (Accessed 8 June 2024)

(10) ⟨https://www.chemtube3d.com/lib_graphite-2/⟩ (Accessed 8 June 2024)

(11) Theodore L. Brown, H. Eugene LeMay, Jr., Bruce E. Bursten. *Chemistry The Central Science*

7th Edition, Prentice Hall, pp.112~114, 1997

(12) ⟨https://www.broadbit.com/news/Electrolyte-launch/⟩ (Accessed 23 May 2024)

(13) ⟨https://wme-z1.pwr.edu.pl/wp-content/uploads/2019/03/2DecompositionPotential_MTS_2019.pdf⟩ (Accessed 4 June 2024)

(14) ⟨https://www.youtube.com/watch?v=Vxqe_ZOwsHs⟩ (Accessed 6 June 2024)

(15) Chisato Kato, Sadafumi Nishihara, Ryo Tsunashima, Yoko Tatewaki, Shuji Okada, Xiao-Ming Ren, Katsuya Inoue, De-Liang Long and Leroy Cronin. Quick and selective synthesis of Li6[α-P2W18O62]·28H2O soluble in various organic solvents. *Dalton Trans.*, 2013, 42, 11363

William D. Callister, Jr. *Materials Science and Engineering An Introduction*, John Wiley & Sons, pp.625~633, 1997

(16) ⟨https://physics.nist.gov/cgi-bin/cuu/Value?ep0⟩ (Accessed 31 July 2024)

(17) ⟨https://physicsgirl.in/understanding-permittivity-definition-concepts-formulas-examples-values-and-applications-in-physics/⟩ (Accessed 31 July 2024)

(18) Yixuan Wang, Shinichiro Nakamura, Ken Tasaki, Perla B Balbuena. Theoretical studies to understand surface chemistry on carbon anodes for lithium-ion batteries: how does vinylene carbonate play its role as an electrolyte additive? J Am Chem Soc. 2002 Apr 24;124(16):4408-21 (doi: 10.1021/ja017073i)

D. Aurbach, K. Gamolsky, B. Markovsky, Y. Gofer, M. Schmidt, U. Heider, On the use of vinylene carbonate (VC) as an additive to electrolyte solutions for Li-ion batteries. *Electrochimica Acta 47*, 2002, pp.1423~1439

(19) ⟨https://www.chem.ucla.edu/~harding/IGOC/S/solvation.html⟩ (Accessed 15 June 2024)

(20) Hiroto Tachikawa, Shigeaki Abe. Solvent Stripping Dynamics of Lithium ion solvated by ethylene carbonates: A direct ab-initio molecular (AIMD) Study. *Electrochimica Acta 120*, 2014, pp.57~64

⟨https://www.jcesr.org/microscopic-view-of-the-ethylene-carbonate-based-lithium-ion-battery-electrolyte-by-small-angle-x-ray-scattering/⟩ (Accessed 15 June 2024)

(21) Marco Ströbel, Larissa Kiefer and Kai Peter Birke. Investigation of a Novel Ecofriendly Electrolyte-Solvent for Lithium-Ion Batteries with Increased Thermal Stability. Batteries 2021, 7(4), 7 (https://doi.org/10.3390/batteries7040072)

Jina Lee, A-Re Jeon, Hye Jin Lee, Ukseon Shin, Yiseul Yoo, Hee-Dae Lim, Cheolhee Han,

이토록 쓸모 있는
리튬이온배터리 이야기

Hochun Lee, Yong Jin Kim, Jayeon Baek, Dong-Hwa Seo and Minah Lee. Molecularly engineered linear organic carbonates as practically viable nonflammable electrolytes for safe Li-ion batteries. Energy & Environmental Science, Issue 7, 2023 (https://doi. org/10.1039/D3EE00157A)

(22) ⟨https://www.samaterials.com/lithium/2019-lithium-hexafluorophosphate-powder.html⟩ (Accessed 23 May 2024)

(23) E. R. Logan, Erin M. Tonita, K. L. Gering, Jing Li, Xiaowei Ma, L. Y. Beaulieu, and J. R. Dahn. A Study of the Physical Properties of Li-Ion Battery Electrolytes Containing Esters. Journal of The Electrochemical Society, 165 (2) A21-A30 (2018)

(24) ⟨https://www.artiencegroup.com/en/products/wax/about.html⟩ (Accessed 01 August 2024) ⟨https://waxness.com/blog/post/74-what-is-wax-crystallization.html⟩ (Accessed 01 August 2024)

(25) ⟨https://www.3m.com/3M/en_US/bonding-and-assembly-us/resources/science-of-adhesion/ introduction-surface-energy/⟩ (Accessed 01 August 2024)

⟨https://www.ck12.org/flexi/chemistry/surface-tension/what-is-the-relationship-between-polarity-and-surface-tension/⟩ (Accessed 01 August 2024)

⟨https://www.ossila.com/pages/a-guide-to-surface-energy⟩ (Accessed 01 August 2024)

(26) ⟨https://www.brighton-science.com/what-is-contact-angle⟩ (Accessed 01 August 2024) ⟨https://www.dataphysics-instruments.com/knowledge-hub/contact-angle/⟩ (Accessed 01 August 2024)

(27) Dong Hyup Jeon. Wettability in electrodes and its impact on the performance of lithium-ion batteries. Energy Storage Materials 18, 2019, pp.139~147

(28) W.J. Weydanz, H. Reisenweber, A. Gottschalk, M. Schulz, T. Knoche, G. Reinhart, M. Masuch, J. Franke, R. Gilles. Visualization of electrolyte filling process and influence of vacuum during filling for hard case prismatic lithium ion cells by neutron imaging to optimize the production process. Journal of Power Sources, Volume 380, pp.126~134, 2018

Dong Hyup Jeon. Wettability in electrodes and its impact on the performance of lithium-ion batteries. Energy Storage Materials 18, 2019, pp.139~147

(29) ⟨https://byjus.com/jee/molecular-orbital-theory/⟩ (Accessed 01 August 2024)

(30) S.M.-M. Dubois, Z. Zanolli, X. Declerck, and J.-C. Charliera. Electronic properties and quantum transport in Graphene-based nanostructures. Eur. Phys. J. B (2009) (DOI:

10.1140/epjb/e2009-00327-8)

L. Zhang, X. Li, A. Augustsson, C. M. Lee, J.-E. Rubensson, J. Nordgren, P. N. Ross, Jr., and J.-H. Guo. Revealing the electronic structure of LiC6 by soft X-ray spectroscopy. *Applied Physics Letters 110*, 104106 (2017)

C. Lohaus, J. Morasch, J. Brötz, A. Klein, W. Jaegermann. Investigations on RF-magnetron sputtered Co3O4 thin films regarding the solar energy conversion properties, Journal of Physics D: Applied Physics, March 2016 (DOI: 10.1088/0022-3727/49/15/155306)

⟨https://www.pond5.com/stock-footage/item/146058886-licoo2-lithium-cobalt-oxide⟩ (Accessed 11 June 2024)

⟨https://next-gen.materialsproject.org/materials/mp-1001581⟩ (Accessed 11 June 2024)

(31) Arumugam Manthiram. A reflection on lithium-ion battery cathode chemistry, Nature Communications (2020) 11:1550(https://doi.org/10.1038/s41467-020-15355-0)

John B. Goodenough and Youngsik Kim. Challenges for Rechargeable Li Batteries, Chem. Mater., Vol. 22, No. 3, 2010

⟨https://lithiuminventory.com/fundamentals/introduction-li-ion/thermodynamics-of-li-ion/⟩ (Accessed 28 May 2024)

(32) 김대현, 김대희, 서화일, 김영철. 리튬이온 전지용 리튬 코발트 산화물 양극에서의 삽입 전압과 리튬이온 전도. *Journal of the Korean Electrochemical Society, Vol. 13, No. 4*, 2010, pp.290~294

(33) ⟨https://namu.wiki/w/%EC%9E%90%EC%9C%A0%20%EC%97%90%EB%84%88%EC%A7%80⟩ (Accessed 11 September 2024)

(34) ⟨https://www.youtube.com/watch?v=abEdGKuzsvY⟩ (Accessed 19 September 2024)

(35) 김대현, 김대희, 서화일, 김영철. 리튬이온 전지용 리튬 코발트 산화물 양극에서의 삽입 전압과 리튬이온 전도. *Journal of the Korean Electrochemical Society, Vol. 13, No. 4*, 2010, 290-294

(36) A. Lerf. Storylines in intercalation chemistry. Dalton Trans., 2014, 43, 10276

(37) M.Stanley Whittingham. Chemistry of intercalation compounds: Metal guests in chalcogenide hosts. Progress in *Solid State Chemistry Volume 12*, Issue 1, 1978, pp. 41-99

(38) ⟨https://patents.google.com/patent/US4002492A/en⟩ (Accessed 7 June 2024)

Heligman, B. T., Manthiram, A. (2021). Elemental Foil Anodes for Lithium-Ion Batteries. *ACS*

Energy Letters, 6(8), 2666-2672

(39) 〈https://enertec.co.za/blog/battery-cycle-count-comparison-between-lithium-ion-vs-lead-acid. html〉(Accessed 2 June 2024)

(40) 〈https://www.wevolver.com/article/nimh-vs-lithium-ion-btteries〉(Accessed 2 June 2024)

(41) 〈https://www.dnkpower.com/nickel-cadmium-battery-vs-lithium-ion-battery/〉(Accessed 2 June 2024)

〈https://www.electronics-notes.com/articles/electronic_components/battery-technology/ nicad-nicd-nickel-cadmium-memory-effect.php〉(Accessed 2 June 2024)

04 성능과 안전성

(1) 〈https://www.poscochemical.com/business/energy.do〉(Accessed 23 May 2024)

(2) 〈https://electrodesandmore.com/collections/anode-materials/products/graphite-anode-for-high-power-applications-html〉(Accessed 23 May 2024)

(3) 〈https://www.ossila.com/products/lithium-cobalt-oxide-powder〉(Accessed 23 May 2024)

(4) 〈https://www.asahi-kasei.com/asahikasei-brands/yoshino/〉(Accessed 31 May 2024)

요시노 아키라. 《노벨화학상 요시노 박사의 리튬이온전지 발명 이야기》(한원철 옮김), 성안 당, pp.62~65, 2020

(5) 〈https://www.rapidtables.com/convert/charge/ah-to-coulomb.html〉(Accessed 05 August 2024)

(6) Qian Wu, Bing Zhang, Yingying Lu. Progress and perspective of high-voltage lithium cobalt oxide in lithium-ion batteries. *Journal of Energy Chemistry, Volume 74*, November 2022, pp.283~308

Sanaz Banifarsi, Yug Joshi, Robert Lawitzki, Gábor Csiszár and Guido Schmitz. Optical Modulation and Phase Distribution in LiCoO2 upon Li-Ion De/Intercalation. *Journal of The Electrochemical Society*, 2022, 169, 046509

H. Xia, L. Lu, Y. S. Meng and G. Ceder. Phase Transitions and High-Voltage Electrochemical Behavior of LiCoO2 Thin Films Grown by Pulsed Laser Deposition. *Journal of The Electrochemical Society*, 154 (4), 2007, A337-A342

Ziyang Xiao, Xiangbing Zhu, Shuguang Wang, Yanhong Shi, Huimin Zhang, Baobin Xu, Changfeng Zhao and Yan Zhao. Construction of Uniform LiF Coating Layers for Stable High-Voltage LiCoO2 Cathodes in Lithium-Ion Batteries. *Molecules 2024, 29(6)*, 1414

(7) R.V. Chebiam, A.M. Kannan, F. Prado, A. Manthiram. Comparison of the chemical stability of the high energy density cathodes of lithium-ion batteries. *Electrochemistry Communications 3* (2001) 624-627

(8) G.G. Amatucci, J.M. Tarascon, L.C. Klein. Cobalt dissolution in LiCoO2-based non-aqueous rechargeable batteries. *Solid State Ionics 83*, 1996, pp.167~173

Gongrui Wang, Zhihong, Anping Zhang, Pratteek Das, Hu Lin, Zhong-Shuai Wu. High-Voltage and Fast-Charging Lithium Cobalt Oxide Cathodes: From Key Challenges and Strategies to Future Perspectives. *Engineering 37*, 2024, pp.105~127

(9) Yuanmin Zhu, Duojie Wu, Xuming Yang, Leiying Zeng, Jian Zhang, Deliang Chen, Biao Wang, Meng Gu. Microscopic investigation of crack and strain of LiCoO2 cathode cycled under high voltage. *Energy Storage Materials, Volume 60*, June 2023, 102828

(10) Hui Zhou, Fengxia Xin, Ben Pei and M. Stanley Whittingham. What Limits the Capacity of Layered Oxide Cathodes in Lithium Batteries? *ACS Energy Lett.* 2019, 4, 1902- 1906

ZhiXiong Yang, RenGui Li and ZhengHua Deng. A deep study of the protection of Lithium Cobalt Oxide with polymer surface modifcation at 4.5V high voltage. Scientific Reports (2018) 8:863 (doi:10.1038/s41598-018-19176-6)

〈https://www.youtube.com/watch?v=un7jNa0hGJk&t=455s〉 (Accessed 7 June 2024)

(11) Alloyssius E.G. Gorospe, Dongwoo Kang, and Dongwook Lee. Electrochemical Characteristics of Elastic, Non-Polar Polyurethane-Based Polymer Gel Electrolyte for Separator-Less Lithium-Ion Batteries. 《대한금속·재료학회지 (Korean J. Met. Mater.)》, Vol. 61, No. 8 (2023) pp.616~624

(12) Xin Su, Fulya Dogan, Jan Ilavsky, Victor A. Maroni, David J. Gosztola, and Wenquan Lu, Mechanisms for Lithium Nucleation and Dendrite Growth in Selected Carbon Allotropes. *Chem. Mater.* 2017, 29, 6205-6213

(13) 〈https://areweanycloser.wordpress.com/2013/06/21/dendritic-lithium-and-battery-fires/〉 (Accessed 22 May 2024)

(14) 〈https://insideevs.com/news/539940/hyundai-ioniq5-battery-pack-opened/〉 (Accessed 23 May 2024)

(15) 〈https://www.emobility-engineering.com/bms-battery-management-systems/〉 (Accessed 23 May 2024)

(16) Jiawei Qian, Lei Liu, Jixiang Yang, Siyuan Li, Xiao Wang, Houlong L. Zhuang and Yingying Lu. Electrochemical surface passivation of LiCoO2 particles at ultrahigh voltage and its applications in lithium-based batteries. Nature Communications (2018) 9:4918 (doi: 10.1038/s41467-018-07296-6)

(17) ⟨https://ch301.cm.utexas.edu/section2.php?target=imfs/mo/homo-lumo.html⟩ (Accessed 23 May 2024)

⟨https://www.chem.ucla.edu/~harding/IGOC/H/homo_lumo_gap.html⟩ (Accessed 23 May 2024)

Yixuan Wang, Shinichiro Nakamura, Makoto Ue, and Perla B. Balbuena. Theoretical Studies To Understand Surface Chemistry on Carbon Anodes for Lithium-Ion Batteries: Reduction Mechanisms of Ethylene Carbonate. J. Am. Chem. Soc. 2001, 123, 11708-11718

(18) Yixuan Wang, Shinichiro Nakamura, Makoto Ue, and Perla B. Balbuena. Theoretical Studies To Understand Surface Chemistry on Carbon Anodes for Lithium-Ion Batteries: Reduction Mechanisms of Ethylene Carbonate. J. Am. Chem. Soc. 2001, 123, 11708-11718

(19) Pengjian Guan, Lin Liu, Xianke Lin. Journal of The Electrochemical Society, 162 (9) A1798-A1808 (2015)

Ignas Andriunas, Zoran Milojevic, Neal Wade, Prodip K. Das. Journal of Power Sources, Volume 525, 30 March 2022, 231126

(20) Perla B. Balbuena, Yixuan Wang(Editors). Lithium-Ion Batteries Solid Electrolyte Interphase. pp.1~11, Imperial College Press, 2004

(21) ⟨https://www.evengineeringonline.com/what-is-battery-formation-and-test/⟩ (Accessed 24 May 2024)

(22) Iban Azcarate, Wei Yin, Christophe Méthivier, François Ribot, Christel Laberty-Robert, and Alexis Grimaud. Assessing the Oxidation Behavior of EC:DMC Based Electrolyte on Non-Catalytically Active Surface. Journal of The Electrochemical Society, 2020 167 080530

Jie-Nan Zhang, Qinghao Li, Yi Wang, Jieyun Zheng, Xiqian Yu, Hong Li. Dynamic evolution of cathode electrolyte interphase (CEI) on high voltage LiCoO2 cathode and its interaction with Li anode. Energy Storage Materials 14, 2018, pp.1~7

David S. Hall, Ahmed Eldesoky, E. R. Logan, Erin Marie Tonita, Xiaowei Ma, and J. R. Dahn.

Exploring Classes of Co-Solvents for Fast-Charging Lithium-Ion Cells. *Journal of The Electrochemical Society*, 165 (10) 2018, A2365-A2373

(23) Wei Lu, Jiansheng Zhang, Jingjing Xu, Xiaodong Wu and Liwei Chen. In Situ Visualized Cathode Electrolyte Interphase on LiCoO2 in High Voltage Cycling. *ACS Appl. Mater. Interfaces* 2017, 9, 19313-19318

(24) 〈https://batteryuniversity.com/article/pouch-cell-small-but-not-trouble-free〉(Accessed 23 May 2024)

(25) 〈https://www.tcichemicals.com/KR/en/product/topics/battery_materials〉(Accessed 23 May 2024)

(26) 〈https://batteryuniversity.com/article/bu-303-confusion-with-voltages〉(Accessed 20 October 2024)

(27) LI Hui-Fang, GAO Jun-Kui, ZHANG Shao-Li. Effect of Overdischarge on Swelling and Recharge Performance of Lithium Ion Cells. *Chinese Journal of Chemistry*, 2008, 26, 1585-1588

(28) Daniel Juarez-Robles, Anjul Arun Vyas, Conner Fear, Judith A. Jeevarajan and Partha P. Mukherjee. Overdischarge and Aging Analytics of Li-Ion Cells. *Journal of The Electrochemical Society*, 2020 167 090558

(29) Marius Flügel, Michael Kasper, Claudia Pfeifer, Margret Wohlfahrt-Mehrens, and Thomas Waldmann. Cu Dissolution during Over-Discharge of Li-Ion Cells to 0 V: A Post-Mortem Study. *Journal of The Electrochemical Society*, 2021 168 020506

(30) 〈https://batteryuniversity.com/article/bu-808c-coulombic-and-energy-efficiency-with-the-battery〉(Accessed 7 June 2024)

Gustavo M. Hobold, Jeffrey Lopez, Rui Guo, Nicolò Minafra, Abhik Banerjee, Y. Shirley Meng, Yang Shao-Horn and Betar M. Gallant. Moving beyond 99.9% Coulombic efficiency for lithium anodes in liquid electrolytes. *Nature Energy*, Vol 6, October 2021, 951-960

(31) Thomas B. Reddy(Editor). *Linden's Handbook of Batteries 4th Edition*. McGraw Hill, pp.2.1~2.4, 2002

(32) https://futurebatterylab.com/lithium-batteries-where-does-the-energy-actually-come-from/〉(Accessed 26 May 2024)

(33) Jian Gao, Si-Qi Shi, and Hong Li. Brief overview of electrochemical potential in lithium ion batteries. *Chin. Phys. B Vol. 25*, No. 1 (2016) 018210

V. Pop, H. J. Bergveld, J. H. G. Op het Veld, P. P. L. Regtien. D. Danilov, and P. H. L. Notten. Modeling Battery Behavior for Accurate State-of-Charge Indication. *Journal of The Electrochemical Society, 153(11)* A2013-A2022 (2006)

(34) LiuQun Zheng, et al. Effects of Water Contamination on the Electrical Properties of 18650 LithiumIon Batteries. *Russian Journal of Electrochemistry*, 2014, Vol. 50, No. 9, pp. 904~907

(35) ⟨https://www.zitara.com/resources/lithium-ion-battery-degradation⟩ (Accessed 04 November 2024)

(36) ⟨https://www.wtamu.edu/~cbaird/sq/2014/02/19/what-is-the-speed-of-electricity/⟩ (Accessed 19 September 2024)

(37) ⟨https://bionumbers.hms.harvard.edu/filea/Ionic%20Radii%20in%20Crystals.pdf⟩ (Accessed 05 August 2024)

⟨https://mrlweb.mrl.ucsb.edu/~seshadri/Periodic/index.html⟩ (Accessed 05 August 2024)

Franziska Klein, Birte Jache, Amrtha Bhide and Philipp Adelhelm. Conversion reactions for sodium-ion batteries: Phys. Chem. *Chem. Phys.*, 2013, 15, 15876

(38) ⟨(https://www.dimensions.com/element/baseball)⟩ (Accessed 05 August 2024)

(39) ⟨https://www.quora.com/What-is-the-size-difference-between-the-new-Yankee-Stadium-and-the-old-one⟩ (Accessed 05 August 2024)

⟨https://en.wikipedia.org/wiki/Yankee_Stadium_(1923)⟩ (Accessed 05 August 2024)

(40) ⟨https://www.chem.ucla.edu/~harding/IGOC/R/rate_determining_step.html⟩ (Accessed 17 June 2024)

⟨https://www.chem.ucla.edu/~harding/IGOC/A/activation_energy.html⟩ (Accessed 17 June 2024)

⟨https://chem.libretexts.org/Courses/Prince_Georges_Community_College/CHEM_2000%3A_Chemistry_for_Engineers_%28Sinex%29/Unit_5%3A_Kinetics_and_Equilibria/Chapter_13%3A_Chemical_Kinetics/Chapter_13.6%3A_Reaction_Rates_-_A_Microscopic_View⟩ (Accessed 17 June 2024)

(41) ⟨https://lithiuminventory.com/fundamentals/introduction-li-ion/transference/⟩ (Accessed 31 May 2024)

(42) Perla B. Balbuena, Yixuan Wang(Editiors). *Lithium-Ion Batteries Solid-Electrolyte Interphase.*

Imperial College Press, pp.1~11, 2004

(43) Thomas B. Reddy, David Linden. *Linden's Handbook of Batteries 4th Edition*. McGraw Hill, pp.2.1~2.10, 2002

Denny A. Jones. *Principles and Prevention of Corrosion 2nd Edition*. Simon & Schuster, pp.75~86, 1997

(44) Dion Hubble, David Emory Brown, Yangzhi Zhao, Chen Fang, Jonathan Lau, Bryan D. McCloskey and Gao Liu. Liquid electrolyte development for low-temperature lithium-ion batteries. *Energy Environ. Sci.*, 2022, 15, pp.550~578

(45) ⟨https://www.hankyung.com/article/202403109037Y⟩ (Accessed 23 May 2024)

(46) Myounggu Park, Xiangchun Zhang, Myoungdo Chung, Gregory B. Less, Ann Marie Sastry(2010). A review of conduction phenomena in Li-ion batteries. *Journal of Power Sources, 195(24)*, 7904-7929

(47) ⟨https://cdflowengineering.com/battery-cooling-techniques-in-electric-vehicle/#google_vignette⟩ (Accessed 23 May 2024)

⟨https://www.ifam.fraunhofer.de/en/magazine/a-new-generation-of-gap-fillers.html⟩ (Accessed 23 May 2024)

⟨https://www.unitechcorp.com/business/battery/⟩ (Accessed 23 May 2024)

(48) ⟨https://www.consumernews.co.kr/news/articleView.html?idxno=602266⟩ (Accessed 19 May 2024)

(49) ⟨https://www.tdaily.co.kr/m/view.php?idx=37429⟩ (Accessed 23 May 2024)

(50) ⟨https://www.donga.com/news/It/article/all/20230523/119439761/1⟩ (Accessed 23 May 2024)

(51) ⟨http://www.hdhy.co.kr/news/articleView.html?idxno=18760⟩ (Accessed 22 April 2024)

(52) Christoph R. Birkl, Matthew R. Roberts, Euan McTurk, Peter G. Bruce, David A. Howey. Degradation diagnostics for lithium ion cells. *Journal of Power Sources 341*, 2017, pp.373~386

(53) Juner Zhu, Ian Mathews, Dongsheng Ren, Wei Li, Daniel Cogswell, Bobin Xing, Tobias Sedlatschek, Sai Nithin R. Kantareddy, Mengchao Yi, Tao Gao, Yong Xia, Qing Zhou, Tomasz Wierzbicki, Martin Z. Bazant. End-of-life or second-life options for retired electric vehicle batteries. *Cell Reports Physical Science 2*, 100537, August 18, 2021

⟨https://www.caranddriver.com/features/a31875141/electric-car-battery-life/⟩ (Accessed 23

이토록 쓸모 있는
리튬이온배터리 이야기

May 2024)

(54) 〈https://www.greencars.com/greencars-101/ev-battery-warranties-and-exclusions〉 (Accessed 23 May 2024)

(55) 〈https://www.unitechcorp.com/business/battery/〉 (Accessed 23 May 2024)

〈https://www.greencars.com/greencars-101/ev-battery-warranties-and-exclusions〉 (Accessed 23 May 2024)

(56) 〈https://industry.nikon.com/en-gb/blog/a-breakthrough-in-lithium-ion-cell-inspection-rapid-x-ray-ct-analysis-of-anode-overhang/〉 (Accessed 23 May 2024)

(57) 〈https://www.e-motec.net/x-ray-metrology-of-battery-cells〉 (Accessed 23 May 2024)

(58) 〈https://genevamotorshow.com/structural-batteries-a-revolution-for-electric-vehicles/〉 (Accessed 13 June 2024)

(59) 〈http://large.stanford.edu/publications/coal/references/docs/tesla.pdf〉 (Accessed 13 June 2024)

〈https://na.industrial.panasonic.com/products/batteries/rechargeable-batteries/lineup/lithium-ion〉 (Accessed 13 June 2024)

(60) https://www.newsis.com/view/NISX20240804_0002837539〉 (Accessed 05 August 2024)

(61) 〈https://www.monolithicpower.com/jp/learning/mpscholar/battery-management-systems/introduction-to-battery-technology/battery-parameters〉 (Accessed 9 June 2024)

(62) 〈https://www.emobility-engineering.com/battery-safety/〉 (Accessed 23 May 2024)

〈https://www.ul.com/services/ul-9540a-test-method〉 (Accessed 29 May 2024)

(63) 〈https://theconversation.com/electric-vehicle-fires-are-very-rare-the-risk-for-petrol-and-diesel-vehicles-is-at-least-20-times-higher-213468〉 (Accessed 23 May 2024)

〈https://internationalfireandsafetyjournal.com/research-highlights-lower-fire-risk-in-electric-cars-compared-to-petrol-and-diesel-vehicles/〉 (Accessed 23 May 2024)

〈https://www.motortrend.com/features/you-are-wrong-about-ev-fires/〉 (Accessed 30 May 2024)

(64) 〈https://www.m-chemical.co.jp/en/products/departments/mcc/c2/product/1200981_7910.html〉 (Accessed 12 September 2024)

〈https://en.wikipedia.org/wiki/Flash_point〉 (Accessed 12 September 2024)

〈https://www.britannica.com/science/flash-point〉 (Accessed 12 September 2024)

(65) 〈https://www.sc.edu/ehs/training/Fire/01_triangle.htm〉 (Accessed 9 June 2024)

(66) Xuning Feng, Minggao Ouyanga, Xiang Liu, Languang Lu, Yong Xia, Xiangming He. Thermal

runaway mechanism of lithium ion battery for electric vehicles: A review. *Energy Storage Materials 10*, 2018, pp. 246~267

Xiang Liu, et al., In situ observation of thermal-driven degradation and safety concerns of lithiated graphite anode. NATURE COMMUNICATIONS (https://doi.org/10.1038/s41467-021-24404-1)

⟨https://www.youtube.com/watch?v=Axlrx3qolic⟩ (Accessed 23 May 2024)

Liwen Zhang, Yi Chen, Haiwen Ge, Ankur Jain and Peng Zhao. Radiation-Induced Thermal Runaway Propagation in a Cylindrical Li-Ion Battery Pack: Non-Monotonicity, Chemical Kinetics, and Geometric Considerations. Appl. Sci. 2023, 13(14), 8229 (https://doi.org/10.3390/app13148229)

⟨https://www.batterydesign.net/thermal-runaway/⟩ (Accessed 12 September 2024)

(67) ⟨https://www.ul.com/services/ul-9540a-test-method⟩ (Accessed 9 June 2024)

(68) ⟨https://www.lgchem.com/product/PD00000269?lang=ko_KR⟩ (Accessed 23 May 2024)

(69) ⟨https://www.motortrend.com/features/you-are-wrong-about-ev-fires/⟩ (Accessed 30 May)

(70) ⟨https://www.carexpert.com.au/car-news/firefighters-still-struggle-to-defeat-ev-fires-effectively⟩ (Accessed 9 June 2024)

⟨http://kfia.kr/?page_id=1225&mod=document&uid=2836⟩ (Accessed 30 May 2024)

(71) ⟨https://www.youtube.com/watch?v=9kNIyTQ2jeM⟩ (Accessed 9 June 2024)

(72) ⟨https://www.youtube.com/watch?v=blWg6HGMi8k⟩ (Accessed 7 June 2024)

⟨https://www.youtube.com/watch?v=rbt1Jn4gJXA⟩ (Accessed 7 June 2024)

⟨https://www.youtube.com/watch?v=MH_24j2YH70⟩ (Accessed 7 June 2024)

(73) Duygu Karabelli, Kai Peter Birke and Max Weeber. A Performance and Cost Overview of Selected Solid-State Electrolytes: Race between Polymer Electrolytes and InorganicSulfide Electrolytes. Batteries 2021.7.18. ⟨https://doi.org/10.3390/batteries7010018⟩ (Accessed 26 May 2024)

(74) Sold-State Battery Roadmap 2035+, Fraunhofer ISI, April, 2022

(75) ⟨https://www.samsungsdi.com/column/technology/detail/56462.html?listType=gallery⟩ (Accessed 26 May 2024)

(76) Simon Schweidler, Lea de Biasi, Alexander Schiele, Pascal Hartmann, Torsten Brezesinski, Jürgen Janek. Volume Changes of Graphite Anodes Revisited: A Combined Operando

X-ray Diffraction and In Situ Pressure Analysis Study. *J. Phys. Chem.* C 2018, 122, 16, 8829-8835

B. Jerliu, E. Hüger, L. Dörrer, B.-K. Seidlhofer, R. Steitz, V. Oberst, U. Geckle, M. Bruns, H. Schmidt. Volume Expansion during Lithiation of Amorphous Silicon Thin Film Electrodes Studied by In-Operando Neutron Reflectometry. *J. Phys. Chem.* C 2014, 118, 18, 9395-9399

Dehua Xu, Nian Zhou, Aoxuan Wang, Yang Xu, Xingjiang Liu, Shan Tang, Jiayan Luo. Mechano-Electrochemically Promoting Lithium Atom Diffusion and Relieving Accumulative Stress for Deep-Cycling Lithium Metal Anodes (https://doi.org/10.1002/adma.202302872)

(77) ⟨https://www.batterypowertips.com/li-ion-batteries-part-3-anodes-faq/⟩ (Accessed 17 June 2024)

Jakob Asenbauer, Tobias Eisenmann, Matthias Kuenzel, Arefeh Kazzazi, Zhen Chen and Dominic Bresser. The success story of graphite as a lithium-ion anode material-fundamentals, remaining challenges, and recent developments including silicon (oxide) composites. *Sustainable Energy Fuels*, 2020, 4, 5387-5416

Yaodong Ma, Pengqian Guo, Mengting Liu, Pu Cheng, Tianyao Zhang, Jiande Liu, Dequan Liu, Deyan He. To achieve controlled specific capacities of silicon-based anodes for high-performance lithium-ion batteries. *Journal of Alloys and Compounds, Volume 905*, 5 June 2022, 164189

Wu Xu, Jiulin Wang, Fei Ding, Xilin Chen, Eduard Nasybulin, Yaohui Zhang and Ji-Guang Zhang. *Energy Environ. Sci.*, 2014,7, pp.513~537

(78) ⟨https://futurebatterylab.com/li-metal-anodes-at-a-glance-challenges-and-opportunities/⟩ (Accessed 05 August 2024)

⟨https://www.cleantech.com/silicon-anodes-can-improve-ev-battery-density-and-extend-range-without-cost-increase/⟩ (Accessed 05 August 2024)

(79) ⟨https://futurebatterylab.com/overview-on-solid-state-electrolyte-materials/⟩ (Accessed 05 August 2024)

(80) ⟨https://skinnonews.com/global/archives/10872⟩ (Accessed 05 August 2024)

(81) ⟨https://etekware.com/ko/energy-density-lithium-ion-battery/⟩ (Accessed 30 May 2024)

(82) ⟨https://biz.newdaily.co.kr/site/data/html/2024/03/06/2024030600100.html⟩ (Accessed 23

May 2024)

⟨https://www.businesskorea.co.kr/news/articleView.html?idxno=214841⟩ (Accessed 15 June 2024)

(83) ⟨https://n.news.naver.com/mnews/article/092/0002329587?sid=103⟩ (Accessed 21 April 2024)

⟨https://www.energytrend.com/news/20240430-46763.html⟩ (Accessed 16 June 2024)

(84) ⟨https://phys.org/news/2012-09-toyota-solid-state-lithium-superionic.html⟩ (Accessed 15 June 2024)

⟨https://www.toyota.ie/company/news/2021/solid-state-batteries⟩ (Accessed 15 June 2024)

⟨https://asia.nikkei.com/Spotlight/Most-read-in-2020/Toyota-s-game-changing-solid-state-battery-en-route-for-2021-debut⟩ (Accessed 15 June 2024)

(85) ⟨https://patents.google.com/patent/US10020537B2/ja⟩ (Accessed 15 June 2024)

⟨https://www.hitachi-hightech.com/global/en/sinews/topics/130405/⟩ (Accessed 15 2024)

Ediga Umeshbabu, Bizhu Zheng, Yong Yang. Recent Progress in All-Solid-State Lithium-Sulfur Batteries Using High Li-Ion Conductive Solid Electrolytes. Electrochemical Energy Reviews (https://doi.org/10.1007/s41918-019-00029-3)

(86) ⟨https://www.cnet.com/roadshow/news/toyota-solid-state-battery-electric-olympics/#google_vignette⟩ (Accessed 15 June 2024)

(87) ⟨https://insideevs.com/news/732940/japan-toyota-solid-state-production/⟩ (Accessed 19 September 2024)

(88) ⟨https://www.reuters.com/business/autos-transportation/toyota-roll-out-solid-state-battery-evs-couple-years-india-executive-says-2024-01-11/⟩ (Accessed 15 June 2024)

⟨https://www.techbriefs.com/component/content/article/50354-can-solid-state-batteries-commercialize-by-2030⟩ (Accessed 15 June 2024)

(89) ⟨https://www.bluesystems.ai/technology/bluecar/⟩ (Accessed 15 June 2024)

⟨https://evfleetworld.co.uk/renault-starts-assembly-of-bollor23339s-bluecar/⟩ (Accessed 15 June 2024)

(90) ⟨https://www.electrive.com/2021/03/03/actually-we-are-the-pioneer-of-solid-state-battery/⟩ (Accessed 15 June 2024)

⟨https://www.electrive.com/2018/08/01/bollore-to-scrap-half-their-autolib-fleet/⟩ (Accessed 15 June 2024)

(91) Jorge L. Olmedo-Martínez, Leire Meabe, Andere Basterretxea, David Mecerreyes and

Alejandro J. Müller. Effect of Chemical Structure and Salt Concentration on the Crystallization and Ionic Conductivity of Aliphatic *Polyethers*. Polymers 2019, 11, 452 (doi:10.3390/polym11030452)

(92) ⟨https://www.greencarcongress.com/2009/03/pininfarinaboll.html⟩ (Accessed 15 June 2024)

(93) Jorge L. Olmedo-Martínez, Michele Pastorio, Elena Gabirondo, Alessandra Lorenzetti, Haritz Sardon, David Mecerreyes and Alejandro J. Müller. Polyether Single and Double Crystalline Blends and the Effect of Lithium Salt on Their Crystallinity and Ionic Conductivity. *Polymers* 2021, 13, 2097. (https://doi.org/10.3390/polym13132097)

(94) ⟨https://www.marklines.com/en/report/rep2429_202302⟩ (Accessed 16 June 2024)

⟨https://www.electrive.com/2023/06/19/prologium-creates-solid-state-battery-pack-with-higher-energy-density/⟩ (Accessed 16 June 2024)

05 지속가능한 미래

(1) ⟨https://n.news.naver.com/mnews/article/658/0000073157?sid=110⟩ (Accessed 24 April 2024)

(2) ⟨https://www.whitehouse.gov/cleanenergy/inflation-reduction-act-guidebook/⟩ (Accessed 23 May 2024)

⟨https://www.mckinsey.com/industries/public-sector/our-insights/the-inflation-reduction-act-heres-whats-in-it⟩ (Accessed 23 May 2024)

(3) ⟨https://www.wbcsd.org/Overview/News-Insights/Member-spotlight/Consumers-say-their-environmental-concerns-are-increasing-due-to-extreme-weather-study-shows-they-re-willing-to-change-behavior-pay-12-more-for-sustainable-products⟩ (Accessed 30 May 2024)

(4) ⟨https://www.beresfordresearch.com/age-range-by-generation/⟩ (Accessed 30 May 2024)

(5) ⟨https://www.europarl.europa.eu/topics/en/article/20240111STO16722/stopping-greenwashing-how-the-eu-regulates-green-claims⟩ (Accessed 30 May 2024)

(6) ⟨https://www.korea.kr/briefing/policyBriefingView.do?newsId=148903322&pageIndex=&startDate=2022-07-12&endDate=2023-07-12&srchWord⟩ (Accessed 30 May 2024)

(7) ⟨https://ecoinvent.org/⟩ (Accessed 10 June 2024)

⟨https://www.energy.gov/eere/buildings/life-cycle-inventory-database⟩ (Accessed 10 June 2024)

(8) ⟨https://ecochain.com/blog/coca-colas-first-lca-in-1969-a-brief-history-of-lca/⟩ (Accessed 10 June 2024)

〈https://clearstreamsolutions.ie/2022/09/12/life-cycle-assessment/〉(Accessed 10 June 2024)

(9) Ibham Veza, Muhammad Zacky Asy'ari, M. Idris, Vorathin Epin, I.M. Rizwanul Fattah, Martin Spraggon. Electric vehicle (EV) and driving towards sustainability: Comparison between EV, HEV, PHEV, and ICE vehicles to achieve net zero emissions by 2050 from EV. *Alexandria Engineering Journal 82* (2023) 459-467 (https://doi.org/10.1016/j.aej.2023.10.020)

(10) 〈https://thedriven.io/2020/04/27/life-cycle-emissions-of-electric-cars-are-fraction-of-fossil-fuelled-vehicles/〉(Accessed 23 May 2024)

(11) 〈https://www.wapcar.my/news/are-electric-vehicles-ev-truly-cleaner-than-combustionengine-cars-28131〉(Accessed 23 May 2024)

〈https://www.index.go.kr/unity/potal/main/EachDtlPageDetail.do?idx_cd=1339〉(Accessed 23 May 2024)

〈https://www.statista.com/statistics/1025497/distribution-of-electricity-production-in-norway-by-source/〉(Accessed 24 May 2024)

(12) 〈https://www.poscofuturem.com/pr/view.do?num=707〉 (Accessed 04 November 2024)

(13) 〈https://ec.europa.eu/eurostat/statistics-explained/index.php?title=Glossary:Carbon_dioxide_equivalent〉(Accessed 10 June 2024)

〈https://news.skecoplant.com/plant-tomorrow/2995/〉(Accessed 10 June 2024)

〈https://www.cbs.nl/en-gb/news/2019/37/greenhouse-gas-emissions-down/co2-equivalents〉(Accessed 10 June 2024)

(14) 〈https://www.visualcapitalist.com/life-cycle-emissions-evs-vs-combustion-engine-vehicles/〉 (Accessed 10 June 2024)

(15) Justus Poschmann, Vanessa Bach and Matthias Finkbeiner. Decarbonization Potentials for Automotive Supply Chains:
Emission-Intensity Pathways of Carbon-Intensive Hotspots of Battery Electric Vehicles. Sustainability 2023, 15(15), 11795
〈https://doi.org/10.3390/su151511795〉(Accessed 30May 2024)

(16) 〈https://www.there100.org/increasing-ambition〉(Accessed 24 May 2024)

〈https://www.un.org/en/climatechange/net-zero-coalition〉(Accessed 24 May 2024)

에필로그

(1) Xiaotao Qiao, Guotao Chen, Weichao Lin and Jun Zhou. The Impact of Battery Performance on Urban Air Mobility Operations. Aerospace 2023, 10, 631 (https://doi.org/10.3390/aerospace10070631)

(2) ⟨https://www.youtube.com/watch?v=RPhk0ulRNUs⟩ (Accessed 9 June 2024)

⟨https://www.youtube.com/watch?v=MMso8CFOPWY⟩ (Accessed 9 June 2024)

⟨https://www.youtube.com/watch?v=m75HjVs0gsM⟩ (Accessed 9 June 2024)

(3) ⟨https://www.ovans.es/wp-content/uploads/2017/08/Volocopter-2X-design-specifications-ovans.pdf⟩ (Accessed 16 September 2024)

⟨https://www.electronicsworld.co.uk/extending-flight-endurance/36058/⟩ (Accessed 16 September 2024)

(4) ⟨https://n.news.naver.com/mnews/article/366/0001009276?sid=105⟩

(5) ⟨https://aerospacetechreview.com/volocopters-evtol-launch-at-paris-olympics-scrapped/⟩ (Accessed 16 September 2024)

⟨https://www.kiast.or.kr/kr/sub03_01_01.do⟩ (Accessed 17 September 2024)

용어설명

(1) ⟨https://www.khanacademy.org/science/physics/quantum-physics/photons/a/photoelectric-effect⟩ (Accessed 24 May 2024)

(2) William D. Callister, Jr. Materials Science and Engineering An Introduction. John Wiley & Sons, pp.22~23, 1997

(3) ⟨https://www.nobelprize.org/prizes/chemistry/2019/goodenough/facts/⟩ (Accessed 24 May 2024)

⟨https://ui.adsabs.harvard.edu/abs/2021AdEnM..1100982L/abstract⟩ (Accessed 24 May 2024)

(4) Theodore L. Brown, H. Eugene LeMay, Jr., Bruce E. Bursten. Chemistry the Central Science 7th Edition. Prentice Hall, pp.691~714, 1997

(5) ⟨https://chemed.chem.purdue.edu/genchem/topicreview/bp/ch8/mo.html⟩ (Accessed 02 August 2024)

⟨https://brilliant.org/wiki/sigma-and-pi-bonds/⟩ (Accessed 12 June 2024)

⟨https://www.nagwa.com/en/explainers/384125736467/⟩ (Accessed 12 June 2024)

⟨https://wisc.pb.unizin.org/chem109fall2021ver02/chapter/molecular-orbital-mo-diagram/⟩ (Accessed

02 August 2024)

(6) David J. Griffiths. *Introduction to Quantum Mechanics 2nd Edition*. Pearson Prentice Hall, p. 1, 2005

(7) ⟨https://e-magnetica.pl/doku.php/right-hand_rule⟩ (Accessed 26 May 2024)

(8) ⟨https://www.youtube.com/watch?v=F-xLQ1WBIlQ⟩ (Accessed 20 May 2024)

⟨https://www.youtube.com/watch?v=UK7i-L9Wds8⟩ (Accessed 20 May 2024)

(9) ⟨https://www.chemistry.mcmaster.ca/esam/Chapter_3/section_2.html⟩ (Accessed 19 September 2024)

⟨https://www.wtamu.edu/~cbaird/sq/2014/02/07/what-is-the-shape-of-an-electron/⟩ (Accessed 19 September 2024)

(10) William D. Callister, Jr. *Materials Science and Engineering An Introduction*. John Wiley & Sons, pp. 19~20, 1997

(11) William D. Callister, J. *Materials Science and Engineering An Introduction*. John Wiley & Sons, p. 17, 1997

(12) ⟨https://www.chem.ucla.edu/~harding/IGOC/P/polar_covalent_bond.html⟩ (Accessed 26 May 2024)

(13) ⟨https://www.britannica.com/science/proton-subatomic-particle⟩ (Accessed 26 May 2024)

(14) ⟨https://www.britannica.com/science/electron-charge⟩ (Accessed 26 May 2024)

(15) William D. Callister, J. *Materials Science and Engineering An Introduction*. John Wiley & Sons, p. 15, 1997

(16) M. Stanley Whittingham, Intercalation Chemistry and Energy Storage. *Journal of Solid State Chemistry 29*, 1979, pp. 303~310

(17) ⟨https://blog.upsbatterycenter.com/m-stanley-whittingham-father-of-intercalation/⟩ (Accessed 26 May 2024)

(18) ⟨https://www.targray.com/li-ion-battery/packaging-materials/aluminum-laminate-pouch⟩ (Accessed 26 May 2024)

(19) Theodore L. Brown, H. Eugene LeMay, Jr., Bruce E. Bursten. *Chemistry The Central Science 7th Edition*, Prentice Hall, pp. 742~747, 1997

Jian Gao, Si-Qi Shi, and Hong Li. Brief overview of electrochemical potential in lithium ion batteries, *Chin. Phys. B Vol. 25* No. 1, 2016, 018210

(20) Arthur March. *Quantum Mechanics of Particles and Wave Fields*. Dover Publications, pp. 1~8, 2006